普通高等教育"十三五"规划教材

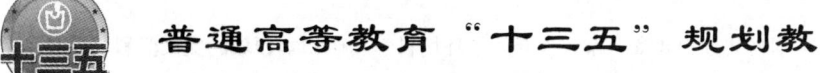

环 境 矿 物 材 料

主　编　董颖博
副主编　林　海　李　冰

北　京

冶 金 工 业 出 版 社

2020

内 容 提 要

本书共分为8章，系统地介绍了环境科学和矿物学领域的交叉学科——环境矿物材料的概念、基本性质、加工和改性方法、结构和性能表征手段，并列举了大量近年来国内外环境矿物材料在环境污染治理中的相关研究成果及应用工程案例。

本书内容丰富、系统性强，具有鲜明的实用性。可作为高等院校环境工程、环境科学、矿物加工工程等专业本科生、研究生的教材或参考书，也可供从事相关专业的科技开发人员和工程技术人员学习和参考。

图书在版编目(CIP)数据

环境矿物材料/董颖博主编.—北京：冶金工业
出版社，2020.3
普通高等教育"十三五"规划教材
ISBN 978-7-5024-8383-8

Ⅰ.①环… Ⅱ.①董… Ⅲ.①矿物—材料—高等
学校—教材 Ⅳ.①P57

中国版本图书馆 CIP 数据核字(2020)第 008575 号

出 版 人 陈玉千
地 址 北京市东城区嵩祝院北巷 39 号 邮编 100009 电话 (010)64027926
网 址 www.cnmip.com.cn 电子信箱 yjcbs@cnmip.com.cn
责任编辑 于昕蕾 美术编辑 吕欣童 版式设计 孙跃红
责任校对 郭惠兰 责任印制 李玉山
ISBN 978-7-5024-8383-8
冶金工业出版社出版发行；各地新华书店经销；固安华明印业有限公司印刷
2020 年 3 月第 1 版，2020 年 3 月第 1 次印刷
787mm×1092mm 1/16；13.75 印张；332 千字；209 页
39.00 元

冶金工业出版社 投稿电话 (010)64027932 投稿信箱 tougao@cnmip.com.cn
冶金工业出版社营销中心 电话 (010)64044283 传真 (010)64027893
冶金工业出版社天猫旗舰店 yjgycbs.tmall.com
(本书如有印装质量问题，本社营销中心负责退换)

前　言

环境矿物材料是涉及环境学、矿物学、材料学、工程学、物理学、化学等多个学科的交叉、渗透和融合，可以定义为由矿物及其改性产物组成的与生态环境具有良好协调性或直接具有防治污染和修复环境功能的一类矿物材料。因此，环境矿物材料不是一类新的特殊材料，而是在环境保护观念指导下开发的矿物材料或是矿物材料环境功能的延伸。环境矿物材料由于其优异的性能在水污染治理、大气污染治理、固体废物治理、土壤污染治理与修复等领域得到了广泛的应用，系统了解环境矿物材料基本性能、净化污染机理，通过定向改造拓展其净化功能，将有利于进一步扩大环境矿物材料的应用领域。

本书在查阅国内外大量科技文献资料的基础上，简要地阐述了环境矿物材料的定义、应用现状、发展趋势以及天然环境矿物材料的结构和性能。重点介绍了环境矿物材料的加工、改性和再生方法，结构和性能的表征手段，以及环境矿物材料在水、大气、固废和土壤污染治理的机理、技术及应用案例。本书主要特色如下：（1）在内容上引入了国内外近十年在环境矿物材料领域的最新科研成果，从理论研究上增加了环境矿物材料表征和环境矿物材料去除污染物机理的内容，从实践上增加了工程案例等内容；（2）在体系上遵从"知识要点—基础知识—实际应用—工程案例—理论探究—课后思考"原则，全书逻辑关系明确，融入"递进式"思维模式；（3）教材内容将环境、矿业、材料等学科知识有机融合，突出学科交叉与创新。

在本书编写过程中，参考了国内外许多专家、学者和现场工程技术人员的研究成果，研究生杨越晴、靳晓娜、殷文慧、陶艳茹、薛宇航、张曦日、赵一鸣、江昕昳等提供了各种帮助，中国矿业大学（北京）郑水林教授、北京科技大学唐晓龙教授为本书的审稿人，在此深表感谢。

本书的编写得到了北京科技大学教材建设基金的资助。

由于水平有限，书中不妥之处，恳请同行和广大读者批评指正。

编　者

2020 年 1 月于北京

目　　录

1 绪　　论

本章要点：

本章主要介绍了环境矿物材料产生的背景、定义和分类，并提出了环境矿物材料的发展趋势。通过学习，可以了解环境矿物材料的发展历程和基本类别，从而将其应用到不同环境污染物的治理与资源化中，以实现矿物资源在生态环境领域的有效利用。

1.1　环境矿物材料的定义和分类

1.1.1　环境矿物材料的提出

环境矿物材料是近年发展起来的环境矿物学的重要研究内容之一。第 29 届国际地质大会（1992 年）明确提出环境矿物学这一学科。环境矿物学是研究天然矿物与地球表面各个圈层之间交互作用及其反映自然演变、防治生态破坏、净化环境污染及参与生物作用的科学。叶大年在回顾人类利用矿物的历史时，提出环境矿物学是矿物学几个发展阶段中的必然产物。他还认为矿物的概念要有所发展，指出矿物是自然界中产生或人类非生产目标活动中产生的具有一定化学成分和晶体结构的物质。

进入 21 世纪以来，环境矿物学得到了迅猛的发展，正在引起越来越多的国家和地区矿物学工作者们的重视，环境矿物学的整体研究水平已经进入了新的发展时期，年轻的环境矿物学学科展现出欣欣向荣的发展前景。中国环境矿物学研究基本上与国际环境矿物学研究同步发展。但我国在出版环境矿物学论文集、召开环境矿物学学术会议和建立环境矿物学学术组织等方面略领先于其他国家。例如，在论文出版方面，《岩石矿物学杂志》分别于 1999 年、2001 年、2003 年、2005 年、2007 年和 2009 年，陆续出版了 6 期环境矿物学专辑，共收录环境矿物学论文 176 篇；《矿物岩石地球化学通报》于 2006 年出版了 1 期环境矿物学专辑，同年《Acta Geologica Sinica》出版了 1 期英文版中日环境矿物学论文集，进一步扩大了我国环境矿物学研究的学术影响。在学术交流方面，于 2001 年 5 月在北京大学成功召开了首届全国环境矿物学学术研讨会，于 2004 年 8 月在昆明理工大学召开了第二届全国环境矿物学学术研讨会，2005 年 4 月、2007 年 4 月和 2009 年 4 月，分别在武汉、北京和贵阳召开的中国矿物岩石地球化学学会学术年会上，主办环境矿物学分会场 3 次。在学术组织建设方面，于 1999 年 4 月在中国地质学会矿物学专业委员会设立环境矿物学分会，于 2004 年 3 月在中国矿物岩石地球化学学会成立环境矿物学专业委员会。

20 世纪 90 年代初，日本学者山本良一教授针对人类社会经济活动日益受到资源和环境的制约，提出了"环境材料"的概念。所谓环境材料，通常是指同时具有实用性能和最佳环境协调性的材料。可见，这与过去只重视材料实用性能的做法形成了巨大不同，环境材料并非指一种具体的材料，而是一大类考虑到资源、能源和生态问题的材料的总称，或者说是在环境协调和环境保护的思想指导下进行设计、加工和使用的材料。目前涉及环境保护和人体健康的矿物学研究已发展成独立的分支学科，即环境矿物材料学。2016 年 12 月 10 日中国科协批准成立中国硅酸盐学会矿物材料分会，标志着矿物材料特别是环境矿物材料的发展进入一个新的时期。

1.1.2　环境矿物材料的定义

环境矿物材料是指由矿物及其改性产物组成的与生态环境具有良好协调性或直接具有防治污染和修复环境功能的一类矿物材料。它既是矿物材料，又是环境材料，是两者的交集。换句话说，环境矿物材料是具有环境协调性或环境功能的矿物材料，或者说是直接来源于矿物的环境材料。按照后者来理解，环境矿物材料也可称之为矿物环境材料。因此，环境矿物材料应该具备的两个最基本特征是：（1）材料本身是以天然矿物或岩石为主要原料；（2）材料具有环境协调性或具有环境修复和污染治理功能。按照这样的理解，环境矿物材料同样不是一类新的特殊材料，而是环境保护观念指导下开发的矿物材料或是矿物材料环境功能的延伸。由于矿物材料种类丰富，而环境功能或环境协调性可以从多方面表现，因此，环境矿物材料也必然有众多种类。

环境矿物材料的诞生，在很大程度上得益于天然矿物所具有的良好基本性能。这种基本性能主要是指矿物天然自净功能，包括矿物表面吸附作用、孔道过滤作用、结构调整作用、离子交换作用、化学活性作用、物理效应作用、纳米效应作用及与生物交互作用等。它是环境矿物学的重要研究内容之一，是利用天然（或改性）矿物有效治理固、液、气三类污染物的环境工程技术。

1.1.3　环境矿物材料的分类

由于环境矿物材料是矿物材料的一部分，所以环境矿物材料的分类也是基于矿物材料的分类而进行分类的。

根据环境矿物材料的特点，环境矿物材料分为如下四大类型：

（1）天然环境矿物材料：指能够直接利用其物理、化学性质用作环境治理与修复的矿物（或岩石）功能材料，如一些膨润土、沸石、珍珠岩、硅藻土、蛭石等；

（2）改性环境矿物材料：指将矿物或岩石进行超细、超纯、改型、改性等加工改造后用作环境治理或修复的矿物（或岩石）功能材料，如超细石英粉、云母粉、高纯超细的高能石墨乳、改性膨润土、沸石等；

（3）复合及合成环境矿物材料：指以一种或数种天然矿物或岩石为主要原料，与其他有机和无机材料按适当配比进行烧结、胶凝、黏结、胶连等复合或合成加工改造所获得的用于环境修复的功能材料，如岩棉、活性炭、陶粒等；

（4）工业废弃物：指选矿尾矿、煤矸石、石棉尾矿，火力发电厂排出的粉煤灰，冶炼产生的废钢渣，化学工业排出的电石渣、硫酸渣、赤泥等一类材料。

根据环境矿物材料的用途可分为治理大气污染的矿物材料、治理水污染的矿物材料、治理土壤污染的矿物材料和处理放射性污染的矿物材料。

（1）治理大气污染的矿物材料。有害气体多为酸酐，大部分能溶于水，可用呈碱性的矿物与之发生中和反应，从而吸收酸酐，达到清除废气的目的。这类矿石有石灰石、方解石、生石灰、方镁石、水镁石等。如日本用方镁石、水镁石吸收 SO_2、SO_3 废气：

$$MgO+SO_2 === MgSO_3$$
$$Mg（OH）_2+SO_2 === MgSO_3+H_2O$$
$$Mg（OH）_2+SO_3 === MgSO_4+H_2O$$

石灰石和生石灰可进行烟道干法脱硫，在 $t=820\sim1370℃$ 下，用粒度为 $0.1\sim2mm$ 的石灰石或生石灰对含 SO_2 为 $0.1\%\sim1\%$（体积分数）的烟气作脱硫处理，停留时间为 $30s\sim6h$，石灰石、生石灰对废气的吸收容量可达 50%。

石盐添加进煤和石灰石的沸腾炉内可降低有害气体的生成量。黏土矿物、沸石以及改性后的多孔状物质可作有害气体的吸附剂。

（2）治理水污染的矿物材料。人类活动对水体造成严重的污染，水体中污染物按性质可分为无机污染物、有机污染物、放射性污染物等。用矿物材料处理废水的主要方法有过滤、中和、沉淀、离子交换、吸附等。处理后水中所含的杂质应达到国家规定的排放标准。

1）过滤用矿物材料。凡在水中稳定，即不溶解、不电离、不与水发生反应，并保持中性的矿物均可作过滤材料。常用的有石英、尖晶石、石榴石、多孔 SiO_2、硅藻土等，板柱状矿物和片状矿物不宜单独作过滤用矿物材料。

2）控制水体 pH 值的矿物。能与水体中的 H^+ 或 OH^- 发生反应并消耗掉的矿物，可起到调节水体 pH 值的作用。方解石、白云石、生石灰、石灰乳、水镁石、方镁石、橄榄石、蛇纹石、长石等矿物可处理酸性水，石英等酸性矿物可处理碱性水。

3）利用矿物材料的其他性质处理污水。利用矿物的荷电性，与水体中具异号电荷的污染物作用产生凝聚，消除污染。如明矾、绿矾、苏打、生石灰、三水铝石、高岭石、蒙脱石等均具有这种作用。膨润土对清除有机碳效果很好；沸石、蒙脱石、石墨、蛭石、伊利石、绿泥石、高岭石、凹凸棒石、坡缕石、海泡石等具有良好的吸附性和离子交换性，可用于清除废水中的 NH_4^+、$H_2PO_4^-$、PO_4^{3-} 和重金属离子 Hg^{2+}、Cd^{2+}、Pb^{2+}、Cr^{3+}、As^{3+}、Ni^{2+} 等。海泡石处理含 Ni^{2+} 污水，对 Ni^{2+} 的去除率可达 $85\%\sim96\%$，优于活性炭吸附剂，且易于再生；凹凸棒石作吸附剂处理印染厂污水，对 Cr 系有机染料的脱除率和脱色率分别可达 84% 和 95%。软锰矿可用于处理酸性含 As 废水。磁铁矿可去除废水中的颜色、悬浮物和铁、铝等。硫铁矿粉可处理含 Hg 废水。磁黄铁矿可清除 Cu^{2+}、Cd^{2+}、Pb^{2+}、As^{3+}、As^{5+}、Cr^{6+} 等，去除率可达 98%，符合饮用水标准。海泡石可清除钻井泥浆中的 Pb^{2+}。

（3）土壤修复用矿物材料。在土壤污染治理与土壤环境功能修复过程中，环境矿物材料因其具有良好的使用性能和环境协调性等特点，受到了广泛关注。土壤污染治理环境矿物材料目前主要用于固定、降解和去除土壤环境中的重金属和有机污染物。常用的土壤污染治理环境矿物材料包括煤基复合材料及粉质矿物材料、黏土矿物、铁氧化物、磷石灰、活性炭等。

磷酸盐、碳酸盐和硅酸盐材料是常见的土壤重金属修复稳定化材料，常单独使用或几种材料联合使用。磷酸盐材料常作为一种主要的低成本修复材料，被广泛地应用于土壤重金属的修复中，其对 Pb 的固定作用非常明显，对 Cr、Cd、Cu、Zn 等污染土壤的修复也均有报道。主要含磷材料有羟基磷灰石、氟磷灰石、磷酸二氢钙、磷酸氢钙、磷酸钙、重过磷酸钙、过磷酸钙、钙镁磷肥及含磷污泥等。碳酸盐材料作为传统的土壤修复剂，主要有石灰石、碳酸钙镁。硅酸盐材料主要有硅酸钠、硅酸钙、硅肥、含硅污泥、硅酸盐类黏土矿物（沸石、海泡石、坡娄石、膨润土）等。

（4）处理放射性污染的矿物材料。石棉、玻璃纤维、人造有机纤维以及某些高吸气性矿物可用于吸附、过滤放射性气体和空气中具有放射性的尘埃，沸石等可净化被放射性物质污染的水体，软锰矿对放射性元素也有强的吸附作用。

矿物固化法是处理放射性废渣的最有效方法，"固化"包括对放射性元素的永久性吸附、包裹或经反应生成安全性固体物质。如硼砂、磷灰石、石英混合物在 1000℃ 以上熔化后，可制成耐辐射的稳定玻璃体，这种玻璃体可取代过去使用的水泥（抗水性差、易于浸出放射性的物质）和沥青（易老化而造成泄漏），固化放射性废物。

1.2　环境矿物材料的应用现状及发展趋势

环境矿物材料因其对污染物具有良好的表面吸附作用、孔道过滤作用、结构调整作用、离子交换作用等优良性能，在污染治理、环境修复领域具有独特的功能，并且环境矿物材料是与环境协调性最佳的材料，具有处理方法简单、成本低、处理效果好且不出现二次污染等优势，还体现了以废治废、污染控制与废物资源化并行，自净化作用的特色，具有广阔的应用前景。

1.2.1　污染物净化与矿物资源化

环境矿物材料及其制品在污染物净化和资源化中得到了广泛的利用，许多矿物材料经过加工具有选择性吸附有害及各种有机和无机污染物的功能，而且具有原料易得、单位处理成本低、本身不产生二次污染等优点。

环境矿物材料在污染物净化方面的应用具体体现在以下几个方面：

（1）利用具有孔状结构的如坡缕石和海泡石等处理有机废水。

（2）利用具有片状结构、良好的分子交换性和强吸附性的如蛭石，作土壤改良剂和重金属污染废水的处理介质。

（3）利用比表面积大、离子交换性高及吸附性能优良的如蒙脱石、凹凸棒土、沸石等，来处理生活废水、工业废水，去除废水中的重金属离子（如 Ni^{2+}、Hg^{2+}、Cd^{2+}、Pb^{2+}、Cr^{3+} 等）、有机污染物及磷酸根离子等。重金属废水的传统处理方法有离子交换法、电解法、结合法等。研究表明，用吸附法在去除效率和成本上是有效的，吸附法具有材料来源广、价廉、节能、吸附效率高的特点。

（4）利用经表面改性的黏土矿物材料处理固体垃圾，可防止二次污染。

（5）利用膨胀石墨治理大气污染和海洋油类污染。在处理油轮近海原油泄漏时，膨胀石墨清除海面油污的试用效果很好，优于传统的活性炭、棉花吸附和氧化清除等方法。膨胀石墨对重油、润滑油、柴油和汽油的吸附量均高于活性炭。

（6）利用吸附性强、比表面积大的膨润土、海泡石、坡缕石、高岭土等作为吸附过滤材料，清洁空气，处理臭气、毒气（NH_3、SO_2）之类的有害气体。用沸石制取空气净化剂、冰箱除臭剂，以及养殖场里用于排除动物排泄物所产生的 NH_3、NO、SO_2、CH_4 等有害气体。

（7）利用环境矿物材料如天然沸石、海泡石、蒙脱石、坡缕石等，在国防工业、核工业、航天工业中治理放射性污染、防毒、防辐射等。

（8）利用具有体轻、热导率小、耐高温、吸音等特点的沸石、硅藻土、膨胀珍珠岩、蛭石、浮石、海泡石等非金属矿，生产安全健康型生态建材。

环境矿物材料在环境治理中的应用见表 1-1。

表 1-1 环境矿物材料在环境治理中的应用

治理范围	功能	环境矿物材料
水污染治理	过滤 吸附 净化	石英、尖晶石、石榴石、海泡石、坡缕石、膨胀珍珠岩、硅藻土及多孔 SiO_2、膨胀蛭石、麦饭石等用于化工和生活用水过滤。白云石、石灰石、方镁石、水镁石、蛇纹石、钾长石、石英等用于清除水中过多的 H^+ 或 OH^-，明矾石、三水铝石、高岭石、蒙脱石、沸石等用于清除废水中有机物和重金属离子等
大气污染治理	中和 吸附	石灰石、菱镁矿、水镁石等碱性矿物用于中和可溶于水的气体，这些有害气体多为酸酐。沸石、坡缕石、海泡石、蒙脱石、高岭石、白云石、硅藻土等多孔物质制作吸附剂吸附有毒有害气体
固体废物处理与处置	吸附 固化	膨润土、海泡石、石膏、浮石、粉煤灰、电石渣
放射性污染治理	过滤 离子交换 吸附 固化	石棉用作过滤材料清除放射性气体及尘埃。沸石、坡缕石、海泡石、蒙脱石等用作阳离子交换剂净化被放射性污染的水体。沸石、坡缕石、海泡石、蒙脱石、硼砂、磷灰石等可对放射性物质永久性吸附固化
土壤污染修复	中和 吸附	膨润土、海泡石、沸石、珍珠岩、石膏、蛭石、高岭土、硅藻土、石灰石、铁锰矿物、浮石、粉煤灰、电石渣等
噪声	隔音	沸石、浮石、蛭石、珍珠岩等轻质多孔非金属矿物可生产用于保温、隔热、隔声的建筑材料

环境矿物材料在资源化应用方面具体体现在以下几个方面：

（1）大多数工业废渣为可利用的二次资源，如炉渣、粉煤灰、冶金渣、煤矸石、尾矿、赤泥等。这些废弃物的矿物组成绝大部分是非金属矿物，对于此类矿物材料的处理主要是使其二次资源化。例如煤矸石，其成分与黏土相似，可用以生产砖瓦、水泥、轻骨料、砌筑砂浆；含碳量很低的煤矸石可用于生产陶瓷、耐火材料等。

（2）从矿山废弃物中回收有用组分。在矿产资源开采利用过程中，绝大部分只利用主要矿产，大量的共伴生矿物随矿山固体废弃物被丢弃。因此从矿山固体废弃物中回收有用组分，不仅可以减少废弃物的数量，而且可以获得更多的有用矿物组分，进行资源化利用。例如江西德兴铜矿曾把含铜量低于 0.3% 的矿石作为废石丢弃，为了回收这部分资源，采用堆浸→萃取→电积工艺提取废石中的铜,该矿10多年已处理含铜废石5500多万吨,回收铜14.7万t,黄金11.6t,取得了较好的经济收益。

（3）生产农业用肥。在粒化高炉矿渣中含有大量的可溶性硅酸盐,容易被植物吸收利用,磨细后可作为农业肥施用。钢渣中含有较高的钙、硅以及锰、锌、铁、铜等多种微量元素,部分还含有磷,在其冶炼的过程中经过高温煅烧,提高了其溶解度,植物吸收较容易,可被用于制备磷肥、硅肥和钙镁磷肥,还可以作为酸性土壤改良剂。

1.2.2　环境矿物材料发展趋势

根据相关报道,环境污染使我国发展成本比世界平均水平高7%,环境污染和生态破坏造成的损失占到GDP的15%;2015年环保部的生态状况调查表明,仅西部9省区生态破坏造成的直接经济损失占到当地GDP的13%,日益严重的环境污染与生态破坏对我国国民经济和社会发展产生了重大的影响。矿物材料经过几十年的认识和发展,已在环境保护领域呈现很好的社会和经济价值。目前,环境矿物材料在改性、表征及再生方面的研究较多,但主要关注点在于通过化学处理、表面和热处理改性等方式改变矿物的物化性质以获得高性能材料,今后应加强以下几个方面的研究。

（1）环境矿物材料的结构与性能数据库构建。目前天然或经过改性后的环境矿物材料在环境污染治理工程中得到了广泛应用,但是缺乏其结构与应用领域和环境净化性能之间的关系研究,环境矿物材料的研究开发涉及众多的学科,需要各学科的交叉和协同。由于产业关联及体制等方面的原因,我国矿物材料工业还相对落后,平均技术含量还较低,没有形成系统健全的矿物材料应用体系,还难以满足相关应用领域的需要。今后应通过矿业和环境等学科之间的交叉与融合,基于现有试验室和工程应用大数据,建立我国环境矿物材料应用数据库,以指导环境矿物材料的开发和应用。

（2）新型多功能环境矿物材料的开发。为了实现资源利用效率最大化,能源消耗最优化以及环境负荷最小化,需要在现有的技术基础上开发出新的环境矿物材料。目前已经开发出的环境矿物材料在环境污染治理领域性能较单一,往往仅对单一污染物具有较好的效果,但是无论是水、大气、固体废物以及土壤等环境要素中,多种污染物同时并存,如无机与有机污染物并存、不同价态离子并存等,因此应在充分认识矿物本身结构和性质的基础上,研究新的改性方法（如无机、有机与生物的复合改性）,赋予环境矿物材料同步去除多种污染物的功能。

（3）环境矿物材料的造粒和再生循环利用研究。环境矿物材料粒度越细,污染物净化效果越好,但是给实际应用带来很多困难,如水处理易于流失、水流阻力大、土壤修复时污染物难于移除等。因此今后应加强环境矿物材料的造粒研究,重点研究不改变材料性能的造粒技术以及污染物移除技术。另外,大多数环境矿物材料在污染治理过程中最终会达到吸附饱和,为了不产生二次污染和解决材料循环利用问题,今后应发展新型矿物材料再生技术。

（4）环境矿物材料改性和污染物去除基础理论研究。基于矿物的地球化学特性,借助于有机界生物净化环境的理论,开发新的环境矿物材料改性技术,通过更为先进的表征手段研究环境矿物材料的改性机理,同时研究环境矿物材料的性能与污染物去除之间的关系行为规律,为新型环境矿物材料的设计、制备提供依据。

（5）拓展与其他方法的联用。近年来利用矿物材料的特殊性质来增强其他污染治理方法的效率是一个研究热点，目前已有不少研究证实了这一途径的可行性。如在制膜的过程中加入纳米电气石颗粒可以有效提高膜的亲水性和抗菌性；在二氧化钛光催化降解有机污染物时，加入纳米电气石颗粒可以显著提高二氧化钛光催化降解效率。因此，在未来环境矿物材料在污染治理中的研究应用，拓展矿物材料与其他处理技术联用也将是一个重要方向。

（6）加强环境矿物材料的应用研究。环境矿物材料的所有工业应用都是利用矿物材料赋有的特殊性质，加强对矿物材料的深入研究，是开发更好、更适用的环境矿物材料的基本保障。我国矿物品种多，资源比较丰富，具有规模化开发环境矿物材料的物质基础。加大研究力度，提高产品的技术含量，扩大环境矿物材料的应用领域是开发高质量环境矿物材料的关键。

思 考 题

1-1 简述环境矿物材料的由来。
1-2 说明环境矿物材料的基本特征。
1-3 何为环境矿物材料？请举例说明常见的环境矿物材料及其潜在可利用性。
1-4 阐述环境矿物材料的分类依据。
1-5 与其他环境材料相比，环境矿物材料在环境治理领域的优势有哪些？
1-6 概述环境矿物材料的应用现状。
1-7 你认为环境矿物材料在污水处理中的应用需要考虑哪些因素？
1-8 概述环境矿物材料的发展趋势。
1-9 简述环境矿物材料的结构与性能数据库构建的必要性。

参 考 文 献

[1] 陈丰. 二十一世纪的矿物学 [J]. 矿物学报, 2001, 21 (1): 1~13.
[2] 陈镇, 向明辉, 蒋鹏, 等. 低品位海泡石的酸热改性及对吸附性能的影响 [J]. 湖南工程学院学报（自然科学版）, 2017, 27 (4): 59~63.
[3] 戴劲草, 肖子敬, 吴航宇, 等. 纳米多孔性材料的现状与展望 [J]. 矿物学报, 2001, 21 (3): 284~294.
[4] 高瑞平. 纳米材料和技术的研究及展望 [J]. 材料导报, 2001, 15 (5): 6~7.
[5] 韩跃新. 矿物材料 [M]. 北京: 科学出版社, 2006.
[6] 黄万抚. 矿物材料及其加工工艺 [M]. 北京: 冶金工业出版社, 2012.
[7] 黄占斌. 环境材料学 [M]. 北京: 冶金工业出版社, 2017.
[8] 李春生, 吴国霖, 徐传云. 海泡石基催化材料的应用 [J]. 中国非金属矿工业导刊, 2014 (1): 10~12+51.
[9] 郑水林. 非金属矿物环境污染治理与生态修复材料应用研究进展 [J]. 中国非金属矿工业导刊, 2008 (2): 3~7.
[10] 鲁安怀. 环境矿物材料基本性能——无机界矿物天然自净化功能 [J]. 岩石矿物学杂志, 2001,

20 (4)：371~381.

[11] 商平，申俊峰，赵瑞华．环境矿物材料 [M]．北京：化学工业出版社，2008.

[12] 余志伟．矿物材料与工程 [M]．长沙：中南大学出版社，2012.

[13] 张立娟，孙家寿．环境矿物材料的研究现状与展望 [J]．化学与生物工程，2003，20 (3)：10~12.

[14] 郑水林，孙志明，胡志波，等．中国硅藻土资源及加工利用现状与发展趋势 [J]．地学前缘，2014，21 (5)：274~280.

[15] 金士威，赵淑荣，周威．氢氧化镁处理含磷废水 [J]．武汉工程大学学报，2012，34 (8)：19~23.

[16] Duffy A, Walker G M, Allen S J. Investigations on the adsorption of acidic gases using activated dolomite [J]. Chemical Engineering Journal, 2006, 117 (3): 239~244.

[17] 王农，陈利轩，杨利娟，等．碳酸钙改性高吸水树脂对铜离子的吸附研究 [J]．现代化工，2014，34 (3)：78~81.

[18] Yuan X L, Xia W T, An J, et al. Removal of phosphate anions from aqueous solutions using dolomite as adsorbent [J]. Advanced Materials Research, 2013, 864~867: 1454~1457.

[19] 朱润良，曾淳，周青，等．改性蒙脱石及其污染控制研究进展 [J]．矿物岩石地球化学通报，2017 (5)：697~705.

[20] 穆启运．联苯胺被蒙脱石及铝柱层蒙脱石吸附作用的研究 [J]．陕西师范大学学报（自然科学版），2001 (1)：59~61.

[21] 张媛，王亚娥，康峰，等．钠基蒙脱石对水体中 Cd^{2+} 的大容量吸附实验研究 [J]．非金属矿，2015 (2)：74~76.

[22] 潘永月，周北海，马方曙，等．印染废水处理厂二级出水的硫自养反硝化脱氮工艺 [J]．环境工程学报，2017，11 (7)：4073~4078.

[23] 倪浩，李义连，崔瑞萍，等．白云石矿物对水溶液中 Cu^{2+}、Pb^{2+} 吸附的动力学和热力学 [J]．环境工程学报，2016，10 (6)：3077~3083.

[24] 陈淼，吴永贵．两种天然碳酸盐矿物对废水中 Cd^{2+} 的吸附及解吸试验 [J]．桂林理工大学学报，2014，34 (1)：94~98.

[25] 聂发辉，吴晓芙，胡日利．人工湿地中蛭石填料净化污水中氨氮能力 [J]．城市环境与城市生态，2005 (6)：280~282.

[26] 李晖，谭光群，李瑞．蛭石对汞的吸附性能研究 [J]．重庆环境科学，2001 (2)：65~67.

[27] 鲁安怀．小学科彰显巨大生命力，环境矿物学发展前景广阔——写在《岩石矿物学杂志》出版我国环境矿物学专辑十周年之际 [J]．岩石矿物学杂志，2009，28 (6)：503~506.

[28] 张其武．碳酸钙矿物材料用于环境治理的新概念 [J]．矿产保护与利用，2018 (4)：93~96.

[29] 胡锐，程飞飞，岑对对，等．矿物功能材料的发展现状、问题及趋势 [J]．矿产综合利用，2019 (3)：1~6.

[30] 王永卿，张均，王来峰．我国矿山固体废弃物资源化利用的重要问题及对策 [J]．中国矿业，2016，25 (9)：69~73+91.

2 天然环境矿物材料的结构、性能与应用

本章要点：

　　本章主要介绍了黏土矿物材料、多孔矿物材料、钙质矿物材料、镁质矿物材料等天然环境矿物材料的结构、性能以及在环境污染治理中的作用原理，同时对天然环境矿物材料在水污染、大气污染、固废处理以及土壤修复等方面的应用现状进行了简要介绍，并提出了目前应用过程中存在的问题。

2.1　常见天然环境矿物材料的结构与性能

　　天然矿物特别是天然非金属矿物由于其发达的孔道结构、较大的比表面积以及荷电等性能，表现出对环境污染具有一定的净化能力，而决定其净化能力的关键在于其化学组成、晶体结构和表面性质等。用于环境污染治理的天然矿物材料主要有黏土矿物材料、多孔矿物材料、钙质矿物材料、镁质矿物材料等。

2.1.1　黏土矿物材料

　　黏土矿物通常是指构成沉积岩、页岩和土壤的，呈细分散状态的（粒度<2μm），含水的层状硅酸盐矿物或层链状硅酸盐矿物及含水的非晶质硅酸盐矿物的总称。本节主要介绍的黏土矿物为高岭土和蒙脱石。

2.1.1.1　高岭土

　　高岭石族矿物包括高岭石、迪开石、埃洛石和珍珠陶土，均为单斜晶系，同属 1∶1 型二八面体的层状硅酸盐，结构单元层完全相同，主要区别在于单元层间的堆叠方式不同。以高岭石为主要矿物成分的黏土称为高岭土。高岭石是长石和其他硅酸盐矿物天然蚀变的产物，是一种含水的铝硅酸盐。

　　A　化学组成与晶体结构

　　a　化学组成

　　高岭石、迪开石、珍珠陶土的化学式为 $Al_4[Si_4O_{10}](OH)_8$，理论组成为 Al_2O_3 39.50%、SiO_2 46.54%、H_2O 13.96%。埃洛石，又称为多水高岭石，其化学式为 $Al_4[Si_4O_{10}](OH)_8 \cdot 4H_2O$，理论组成为 Al_2O_3 34.66%、SiO_2 40.9%、H_2O 24.44%。高岭石族矿物的化学成分比较简单，常见少量的 Mg、Fe、Cr、Cu 等代替八面体中的 Al、Fe 代替四面体中的 Si，但数量极少。常含有少量的 Ti 和碱金属元素。

　　b　晶体结构

高岭石矿物均为 1：1 结构单元层，它们主要的区别是层堆垛的特点、层间以及晶体延伸的几何形态不同，从而构成了不同的矿物种或变种。高岭石、迪开石、珍珠陶石的晶层均为平面延伸，无层间物，但结构单元层的叠置方式不同。高岭石为一层三斜堆垛；迪开石和珍珠陶石是二层单斜堆垛，可认为这 3 种矿物是同一矿物的不同类型。埃洛石的结构单元层之间含水分子，具有卷曲的管状或球状结构，为两层单斜堆垛。

（1）高岭石结构特点。高岭石是滑单元层结构，为 1：1 型的二八面体层状结构硅酸盐矿物。高岭石的单位晶胞由一个单位构造层组成，即由一个 [SiO_2] 硅氧四面体片与一个 [Al(O-OH)] 八面体片构成。高岭石是由高岭石的基本结构单元层堆垛而成的，两层之间错动 $a/3$；高岭石层间无水分子或阳离子充填；高岭石为多键型矿物，Si—O 为共价键，边缘为氧原子；Al—O、Al—OH 为离子键，边缘为氢氧基团；O—OH 为氢键。层内的键力较强，层间键力较弱，具有可分剥性。

（2）埃洛石结构特点。埃洛石层间含两层水分子，四面体层与八面体层的距离不同，四层与八面体层堆垛时，导致外层的四面体层卷曲，对应八面体层，即形成管状结构。

（3）迪开石结构特点。迪开石裂开呈六角板状。与高岭石不同的是，它是单斜层结构，结构上为两层重复，在层的堆叠上，八面体位每层互换一次。迪开石的单位晶胞由两个单位构造层组成，单斜晶系，迪开石的生成温度（120℃以上）和水热压力比高岭石高得多，在我国的煤系地层中常发现高岭石与迪开石的混层矿物，是一种高岭石向迪开石的转化过渡物，而高岭石和迪开石仅为两种多型的差别，所以把它称为多型过渡结构。

（4）珍珠陶土结构特点。珍珠陶土是高岭石族中晶体结构中较稳定的一种。由 6 个高岭石构造层形成一个单位层。单斜晶系，常呈假六方形片状晶体。

c　晶体形态

高岭石多呈隐晶质致密块状或土状集合体。鳞片大小一般为 $0.2 \sim 5\mu m$，厚度为 $0.05 \sim 2\mu m$。结晶有序度高的 2M1 高岭石鳞片大小可达 $0.1 \sim 0.5mm$，结晶有序度最高的 2M2 高岭石鳞片大小可达 5mm。集合体通常为片状、鳞片状、书状（风琴状）及放射状等。

埃洛石结构单元层之间有层间水存在，故也称多水高岭石。在 $50 \sim 90$℃失去大部层间水，成为变埃洛石，与高岭石构成同质多象。埃洛石通常呈致密块状或土状，在电子显微镜下可见晶体呈直的或弯曲的管状形态。

迪开石矿物无色透明或白色结晶，有蜡样光泽，硬度 1~3，主要呈块状，它是组成鸡血石的主要成分（质量分数常为 85%~95%）。

B　物化性质

a　基本物性

高岭土的颜色为白色或近于白色，最高白度大于 95%；硬度：软质高岭土硬度一般为 1~2，有时达 3~4；光泽：集合体光泽暗淡或呈蜡状光泽；密度：$2.60 \sim 2.63 g/cm^2$；结土状、致密块状；干燥具吸水性，湿态具可塑性，加水不膨胀。

b　白度

白度是高岭土工艺性能的主要参数之一。高岭土的白度分自然白度和煅烧后的白度。自然白度：清洗 325 目粉，经 105℃烘干后所测白度；煅烧白度：经 1300℃煅烧、磨细成 325 目粉后的白度。对陶瓷原料来说，煅烧后的白度更为重要，煅烧白度越高则质量越好。陶瓷工艺规定，105℃为自然白度的分级标准，煅烧 1300℃为煅烧白度的分级标准。

c 粒度

粒度是指天然高岭土中的颗粒在给定的连续的不同粒级范围内所占的比例。高岭土粒度对矿石的可选性及工艺应用具有重要意义，其颗粒大小，对其可塑性、泥浆度交量、成型性能、干燥性能、烧成性能均有很大影响。高岭土的粒度分自然粒度和加工粒度，自然粒度指原矿中各种粒级的含量，加工粒度指原矿经分选、分级、剥片、研磨等加工手段后各粒级的含量，其中 325 目与 250 目的含量是判断该高岭土质量和用途的基本数据，粒度小于 $2\mu m$ 的高岭土多用于加工涂布级高岭土。

d 黏性和触变性

黏性是指流体内部由于内摩擦作用而阻碍其相对流动的一种特征，以黏度来表示其大小。在生产工艺中，黏度不仅是陶瓷工业的重要参数，对造纸工业影响也很大。触变性指已经稠化成凝胶状不再流动的泥浆受力后变为流体，静止后又逐渐稠化成原状的特性，以厚化系数表示其大小。可塑性高的高岭土，稠度大，坯体的含水量大；可塑性低的高岭土，稠度小，坯体的含水量少。高岭土的细度越小，可塑性越大，达到一定稠度所需要的水越多。

e 耐火性

高岭土耐火性是指高岭土抵抗高温不致熔化的能力。在高温作业下发生软化并开始熔融时的温度称耐火度。耐火度与高岭土的化学组成有关，纯的高岭土耐火度一般在 1700℃ 左右。高岭土在高温（>700℃）下具有吸附碱金属蒸气和重金属蒸气的能力，可以作为炉内吸附剂高温脱除重金属和碱金属。金属蒸气首先扩散到高岭土表面，然后与表面发生化学吸附，接着吸附分子与表面进一步反应，如果表面发生熔化，反应产物还会向高岭土内部进行扩散。其本质是通过化学吸附和化学反应促进碱金属和重金属蒸气向易捕集的大颗粒迁移。最后被除尘设备捕集，从而避免积灰、结渣、高温腐蚀和生成细颗粒。

f 吸附性

高岭土具有较大的比表面积和吸附容量，吸附性能良好。在水体磷净化方面，国内外已开展了利用天然或改性高岭土作为新型吸附材料的研究，并取得了较好的效果。研究发现，高岭土对废水的处理效果良好，二次污染小，可作为一种良好的净化废水中磷的材料。

g 化学性质

高岭石可与许多极性有机分子（如甲酰胺 $HCONH_2$、乙酰胺 CH_3CONH_2、尿素 $NH-CONH_2$ 等）相互作用而生成高岭石–极性有机分子嵌合复合体。有机分子可进入层间域，并与结构层两表面以氢键相联结。其结果是使高岭石的结构单元层厚度增大，同时改变了高岭石的表面性质（如亲水性）等。高岭土具有强的耐酸性能，但其耐碱性能差，利用这一性质可用它合成分子筛。

2.1.1.2 蒙脱石

蒙脱石属蒙皂石族，是结构层为 2∶1 型，层间具有水分子和可交换性阳离子的二八面体型铝硅酸盐。单位化学式层电荷数为 0.2~0.6，随层间阳离子的类型和水分子层的厚度而变化。以蒙脱石为主要矿物成分的黏土称为膨润土。

A 化学组成与晶体结构

a 化学成分

在四面体中，Si 除了可被 Al 代替外，还有 Fe、Ti 等。在八面体中，Al 可被 Mg 代替，也可以被 Fe、Zn、Ni、Li、Cr 等代替。二价阳离子 Mg^{2+}、Fe^{2+} 等代替 Al^{3+} 是产生层间电荷的主要原因。

$E_x(H_2O)_4\{(Al_{2-x}, Mg_x)_2[(Si, Al)_4O_{10}](OH)_2\}$ 又称微晶高岭石，晶体化学式中的 E 为层间可交换的阳离子，主要为 Ca^{2+}、Na^+，其次有 K^+、Li^+ 等；x 为 E 作为一价阳离子时单位化学式的层电荷数，一般在 0.2~0.6 之间。根据层间主要阳离子的种类，蒙脱石分为钙蒙脱石、钠蒙脱石等成分变种。

层间水的含量取决于层间阳离子的种类和环境中的温度和湿度。水分子的吸附是以排列成层的形式存在于结构层之间，最多可达 4 层。一般在前一层未充满时，不形成新的水分子层。钙蒙脱石以含有两层水分子最稳定；钠蒙脱石可以含有一、二、三层水分子，层间为 K^+ 时，吸水性最差。吸水性的强弱除与层间阳离子种类等有关外，还与层电荷来自八面体片还是来自四面体片有关，层电荷来自八面体片时吸水强，来自四面体片时吸水弱。

b　晶体结构

蒙脱石的晶体结构与叶蜡石、滑石的晶体结构相似，均为 2：1 型层状结构。其不同点是：（1）四面体中的 Si 可被 Al 代替，Al 代替 Si 的量一般不超过 15%。（2）八面体中的 Al 可被 Mg、Fe、Zn、Ni、Cr 等代替，置换结果都会引起电荷不平衡。蒙脱石的层电荷主要来自八面体中异价阳离子之间的代替，部分来自四面体中的 Al^{3+} 代替 Si^{2+}。四面体片和八面体片中的阳离子置换所引起的电荷不平衡主要由层间阳离子（多为 Na^+、Ca^{2+}）来补偿，这些层间阳离子具有可交换性，可被其他无机或有机阳离子置换。（3）蒙脱石结构层之间的层间域除能吸附水分子外，还能吸附有机分子。

蒙脱石的结构层是"TOT"型（类三明治结构）的二维纳米单元，真实厚度小于 1nm。结构层内强的共价键和离子键与结构层之间的很弱离子键，使蒙脱石具有良好的剥离分散性。

B　物化性质

蒙脱石的形态、成分和结构特点决定了它具有优良的吸附性、阳离子交换性、分散悬浮性、可塑性、黏结性等性质。

a　表面电性

蒙脱石的表面电性由来自以下三方面：（1）层电荷。每个晶胞最高可达 0.6，且不受所在介质 pH 值的影响。这是蒙脱石表面负电性的主要原因。（2）破键电荷。产生于四面体片的基面、八面体片的端面，系 Si—O 破键和 Al-O（OH）破键的水解作用所致。当 pH<7 时，因破键吸引 H^+，带正电；pH>7 时带负电。（3）八面体片中离子离解形成的电荷。在酸性介质中，OH^- 离解占优势，端面电荷为正电；在碱性介质中，Al^{3+} 离解占优势，端面电荷为负电；pH 值为 9.1 左右为等电点。

b　膨胀性

蒙脱石吸水或吸附有机物质后，晶层底面间距 c_0 增大，体积膨胀。自然界产出的较稳定的蒙脱石，其单位化学式有 $3H_2O$ 时，$c_0 = 12.4 \times 10^{-10}$ m；有 $6H_2O$ 时，$c_0 = 15.4 \times 10^{-10}$ m；高水化状态时 c_0 可达 $(18.4~21.4) \times 10^{-10}$ m；吸附有机分子时，c_0 最大可达 48×10^{-10} m 左

右。钙蒙脱石在水介质中的最终吸水率和膨胀倍数大大低于钠蒙脱石，后者的膨胀倍数高达 20~30 倍，而钙蒙脱石仅几倍到十几倍。

c 分散悬浮性和造浆性

蒙脱石在水介质中能分散成胶体状态。蒙脱石胶体分散体系的物理、化学性质首先取决于分散相颗粒的大小和形态。由于蒙脱石晶体表面不同部位的电荷的多样性以及颗粒的不规则性可造成颗粒之间的不同附聚形式。在分散液中添加大量金属阳离子将降低蒙脱石晶层面上的电动电位，产生面-面型聚集，这在碱性分散液中更易发生。聚集使分散相的表面积和分散度减小。在酸性分散液中，若外来金属阳离子干扰少或没有干扰时，蒙脱石晶体带正电荷的端面与晶层面组成面-端型絮凝。在中性分散液中，端面没有双电层，是端-端型絮凝。蒙脱石的造浆性不如坡缕石和海泡石好，钠蒙脱石的造浆率可达 $10m^3/t$，钙蒙脱石的造浆率较低。

d 阳离子交换性

天然蒙脱石在 pH 值为 7 的水介质中的阳离子交换容量为 70~140mmol/100g（相当于每个晶胞带 0.5~1 个静电荷）。蒙脱石的离子交换主要是层间阳离子的交换。晶体层面所吸附的离子也具有可交换性，且随颗粒变细而增大。蒙脱石的阳离子交换能力主要与层间阳离子的类型有关。此外，也受蒙脱石的粒度、结晶程度、介质性质等因素的影响。阳离子电价和水化能越高，交换性能越强，而被交换性也就越差。蒙脱石具有较大的比表面积及离子交换容量，吸附性能好，对废水中重金属离子的吸附有着特殊功效。研究表明，蒙脱石对重金属离子如 Cd^{2+}、Zn^{2+} 等有一定的吸附能力。蒙脱石的改性可显著提高其对重金属离子的去除能力。柱撑改性后的蒙脱石具有很强的吸附水中的硫酸根离子的能力，在 pH 值为 4 和 5 时对硫酸根离子去除效果最好。根据改性所用表面活性剂的不同，有机膨润土可分为单阳离子有机膨润土、双阳离子有机膨润土、阴阳离子有机膨润土，研究最多的是单阳离子有机膨润土。柱撑黏土是潜在的新型环保材料，通过对其研究，可以更好地了解有害物质在环境中的迁移、沉淀和解体，为更好地控制环境污染提供理论依据。

e 吸附性

吸附作用包括表面吸附和离子交换吸附。蒙脱石由于层间域的存在，不但具有外表面积，而且还具有内表面积，因此比表面积大，表面能也很高，使其具有较高的表面吸附能力。由于蒙脱石存在类质同象置换而产生负电荷，为了平衡电荷必须吸附环境中的阳离子，此乃为离子交换吸附。如钙蒙脱石，在与环境污水、环境废液或其他金属离子相遇时，会发生吸附作用或离子交换反应。环境中污染元素被蒙脱石固定，失去了进一步污染环境的能力，从而达到治理环境的目的。

f 热性能

蒙脱石加热至 200~700℃ 期间出现缓慢的膨胀。到 700~800℃ 时有一急剧膨胀过程，生成无水蒙脱石。接着有一个较大的收缩，直到 950℃ 又重新开始膨胀。钠蒙脱石加热至 100℃ 后，阳离子交换容量略有增加；加热至 100~300℃ 后，阳离子交换容量有所降低；加热至 300~350℃，阳离子交换容量有较明显降低；至 390~490℃ 即丧失膨胀性能，阳离子交换容量降低到 39mmol/100g。以上各性能，钙蒙脱石相对钠蒙脱石约低 100℃。

g 可塑性和黏结性

蒙脱石具有良好的可塑性能，其塑限和液限值均大大高于高岭石和伊利石，可达 83%

和25%。蒙脱石黏土成型后发生变形所需的外力较其他黏土矿物小。蒙脱石的可塑性也与层间可交换性阳离子的种类有关。钠蒙脱石和钙蒙脱石的塑限和液限值有明显差别。可塑性也与水分子层的厚度、颗粒形态及粒度有关。蒙脱石黏土具有优良的黏结性，与钠蒙脱石黏土相比，钙蒙脱石黏土黏结性较差。

2.1.2　多孔矿物材料

多孔矿物材料，顾名思义，是指表面具有较多孔道结构的矿物。多孔矿物材料的特殊孔道结构和形态决定了其具有空岛效应和表面荷电效应，并具有良好的过滤、吸收、离子交换、功能载体等物理化学性能，在环境治理领域中得到了广泛的应用。

2.1.2.1　沸石

沸石是瑞典科学家克罗斯特德于1756年首先发现的，因加热时有明显的泡沸现象而得名，现在所指的沸石实际上是沸石族矿物的总称。

沸石是重要的架状硅酸盐矿物。迄今在自然界已发现43种天然沸石，合成沸石则已超过100种。沸石具有由 $[SiO_4]$ 和 $[AlO_4]$ 四面体通过共角顶彼此联结而形成三维骨架。骨架中的负电荷由占据架间空穴的阳离子平衡。

A　化学组成与晶体结构

a　化学组成

沸石是一族具有连通孔道、架状构造的含水铝硅酸盐矿物，其离子交换性表现为可逆性；天然沸石中的 Si/Al 比（除钙沸石外）和阳离子含量（除方沸石外）都是可变化的；R 代表沸石中的四面体被 Si 占有的百分数，$R=n(Si)/[n(Si)+n(Al)+n(Fe)]$。在沸石族矿物中，$0.5<R<0.87$。

由化学通式可看出，沸石的化学成分实际上是由 SiO_2、Al_2O_3、H_2O 和碱或碱土金属离子4部分组成。在不同的沸石矿物中，硅和铝的比值不一样，根据硅铝比值的不同，沸石族矿物可划分为高硅沸石（$SiO_2/Al_2O_3>8$）、中硅沸石（SiO_2/Al_2O_3 为 $4\sim8$）和低硅沸石（$SiO_2/Al_2O_3<4$）。

b　晶体结构

沸石晶体由四面体单元排列成的空间网络结构所构成。由于晶体结构的开放性，沸石含有许多大小不均匀的孔道和空腔。由于四面体中铝置换硅电价不平衡而导致的补偿正电荷的需要，这些孔道和空腔中常被碱金属或碱土金属离子和沸石水分子所占据。构成沸石骨架的最基本单位硅氧四面体（SiO_4）和铝氧四面体（AlO_4），还被称为"一级结构"，这些四面体通过位于其顶角的氧原子互相连接起来形成的在平面上显示的封闭多元环，称为二级结构或次级结构，而由这些多元环通过桥氧在三维空间连接成的规则多面体构成的孔穴或笼，如立方体笼、β 笼和 γ 笼等被称为晶穴结构。

沸石结构中存在的连通而又宽阔的空洞和孔道，被 Na^+、K^+、Ca^{2+} 等阳离子和水分子（沸石水）所占据。阳离子 Na、K 等与格架结构的联系较弱，可被其他离子代替而不破坏结构；阳离子的交换能力一般随失水而减小；阳离子含量低的沸石中，阳离子较为活动；Na^+ 比 Ca^{2+} 更易活动。

沸石水的性质介于结晶水和吸附水之间。沸石水是以中性水分子形式存在于沸石族矿物晶格中的水，在矿物晶格中占有确定的位置。沸石的具体含水量则随外界条件变化而变化。当温度至 80~110℃时，水分大部分逸出。在失水过程中并不导致晶格的破坏，但折射率密度则相应增大。脱水的沸石在适当的外在条件下，可以重新吸水并恢复原来的物理性质。沸石中的水分子被驱除后，可以吸附其他物质分子。直径比孔径小的分子可进入孔洞，而直径比孔道大的分子则被拒之孔外，具有分子筛的作用。沸石吸附分子与分子大小、分子的结构、极性、化学键等有关。

B 物化性质

a 吸附性

沸石的结构决定了它具备良好的吸附性，在实际应用中得到了广泛深入的研究，应用领域不断扩大。

(1) 吸附量大。脱水后的沸石具有大量相互连通的孔道结构，孔道、空隙占总体积的 50%以上，故具有巨大的内比表面积，因此具有吸附性能。例如，A 型沸石，内比表面积为 $1000m^3/g$；菱沸石、丝光沸石和斜发沸石的内比表面积分别为 $750m^3/g$、$440m^3/g$ 和 $400m^3/g$，比一般大小微米颗粒的内比表面积大几百倍。沸石巨大的内比表面积是沸石具有高效吸附性能的基础。研究表明，湖北鄂州太和丝光沸石经盐酸或碱（NaOH）溶液活化后制成的沸石吸附剂，处理 Pb 质量浓度为 207mg/L，pH = 2 的废水，以 10g/L 的用量，常温吸附 120min，对 Pb 吸附率达 99.10%，饱和后的吸附剂可用氯化钠溶液洗脱再生。甘肃白银斜发沸石活化后，制成粒度范围为 0.525mm 滤料，控制滤速为 68m/h，在简单跌水曝气条件下，使 12.0mg/L 的含铁废水中的铁离子降至饮用水标准 0.3mg/L 以下。

(2) 选择性吸附。选择性吸附是沸石吸附性能的一个重要特征。沸石对 H_2O、NH_3、CO_2 等极性分子和乙炔、乙烯、乙烷等不饱和的易极化分子具有很强的选择吸附作用，并且不受湿度、温度和浓度等外界条件的影响。而且沸石是一种高温吸附剂，在吸附质高速流下也能保持良好的吸附效果。

(3) 分子筛效应。沸石内部的孔穴和通道，在一定的物理-化学条件下，具有精确而固定的直径，各种不同的沸石，其直径也不同，小于这个直径的物质能被其吸附，而大于这个直径的物质则被排除在外，这种现象被称为分子筛作用。沸石不仅具有吸附水的性能，而且还具有吸附氧化钙、SO_2、F_2、氮、铵、甲醇以及吸附放射性物质的性能。

国外专利（J52034549）介绍，将斜发丝光沸石改型为 Na 型、NH_3 型沸石后，利用其对溶液中某些离子有"离子筛"的作用，处理有色金属矿山冶炼厂、化工厂排入的含重金属离子的废水，然后通过解吸回收金属。将 3590 目天然沸石与 $MgCl_2$、$AlCl_3$ 按 2∶3∶1 质量比混合后，在 300℃温度下恒温 1h，制备成沸石复合吸附剂，当投加量为 8g/L 时，使 PO_4^{3-} 浓度为 80.48mg/L 的城市生活污水中磷去除率达 92%以上。孙家寿对天然沸石经镁铝盐改性后，用于处理含磷废水，磷去除率达 98%~99.8%，残留磷浓度降至 0.1mg/L。

b 离子交换性

与沸石分子筛性质相似，在离子交换过程中，沸石对溶液中的某些离子也表现出离子筛性质。离子筛的性质主要取决于沸石晶体结构特点、交换阳离子性质及交换条件。利用分子筛、离子筛作用分离某种混合物时，可选择适当的沸石，其孔道尺寸只要介于待分离的各组分的分子、离子尺寸之间即可。沸石分子筛特别适用于各种气体、液体及其混合物的吸附和分离，也适于吸水、干燥方面的应用。

离子交换性是沸石的重要性质之一。在沸石晶格中的孔穴中 K、Na、Ca 等阳离子和水分子与格架结合不紧密，极易与其周围水溶液里的阳离子发生交换作用，交换后的沸石晶格结构也不被破坏。

2.1.2.2 蛭石

A 化学组成与晶体结构

蛭石的晶体化学式$(Mg, Ca)_{0.3 \sim 4.5}(H_2O)_n \{(Mg, Fe^{3+}、Al)_3[(Si, Al)_4O_{10}](OH)_2\}$。四面体片中一般有 1/3~1/2 的 Si 被 Al^{3+} 代替，还有部分 Si 被 Fe^{3+} 代替。单位化学式的层电荷数在 0.6~0.9 之间。蛭石的层电荷的补偿，一方面靠八面体中的 Al 代替 Mg，另一方面靠层间阳离子。层间阳离子以 Mg 为主，也可以是 Ca、Na、K、（H_3O^+），还可以有 Rb、Cs、Li、Ba 等。八面体片中的阳离子主要为 Mg，还有 Fe^{3+}、Al、Cr、Ni、Li 等。层间水的含量取决于层间阳离子水合能力及环境的温度和湿度。其较高水合能力的 Mg 在正常的温度和湿度下，单位化学式可含 4~5 个水分子。但阳离子为水合能力弱的 Cs 时，几乎可以不含水分子。层间水分含量最大时，约相当于双层水分子层。但因水化程度不同，氧化作用不一样，即使同为蛭石，其化学成分也不相同。

蛭石为单斜晶系，$a_0 = 0.53nm$，$b_0 = 0.92nm$，$c_0 = 2.89nm$，$z = 4$，这是常见的三八面体型蛭石的晶胞参数。二八面体型蛭石的晶胞参数与此稍有不同。蛭石晶体结构为 2:1 型层状结构，结构特点为：四面体片中有 Al 代替 Si 而产生层电荷，导致层间充填可交换性阳离子和水分子；水分子以氢键与结构层表面的桥氧相连，在同一水分子层内，彼此又以弱的氢键相互联结。一部分水分子围绕层间阳离子形成配位八面体，在结构中占有特定的位置；另一部分水分子呈游离状态。这种结构特点使蛭石具有强的阳离子交换能力。

B 物化性质

a 一般物性

蛭石呈鳞片状和片状或单斜晶系的假晶体，鳞片重叠，在 0.54cm 厚度内可叠 100 万片；颜色显金黄、褐（珍珠光泽）、褐绿（油脂光泽）、暗绿（无光泽）、黑色（表面暗淡）及杂色多光泽，光泽较云母弱，能够完全解理，解理片有挠性；密度为 2.2~2.8g/cm³，松散密度为 1.1~1.2g/cm³，熔点为 1320~1350℃，抗压强度为 100~150MPa。

b 膨胀性

蛭石在高温下焙烧时，体积会剧烈膨胀，体积密度明显变小。这是因蛭石的层间水分子受热变成蒸汽所产生的压力使结构层迅速撑开所致。

c 阳离子交换性、吸附性和吸水性

（1）交换性能。蛭石结构层间的阳离子为可交换性阳离子。蛭石层电荷较高，故具有较高的阳离子交换容量。其阳离子交换容量与层间阳离子所带的正电荷数成正比。郭亚平等对自行研制的钠改型蛭石对氨离子的吸附进行了试验，研究表明，钠型蛭石对氨根离子的全交换容量在 pH 值等于 7 时最高，为 0.9285mol/kg，操作宜在近中性环境下进行；钠型蛭石的阳离子交换具有反应速度快的特点，在交换的初始阶段（0~60min），交换容量随时间显著上升，此后趋于平缓，可以在 300min 内达到平衡，且对 NH_4^+ 有较高的交换选择性。钠型蛭石可对含氨氮的废水进行较好的处理，也可用于生活污水的治理。

（2）吸附性能。蛭石具有较强的吸附性能，尤其是吸附放射性元素的能力，以分配系数表示［蛭石的分配系数是指一定实验条件下，在单位质量（1g）蛭石上吸附的放射性

元素强度与单位体积（1mL）溶液（活性交换液）中余下的放射性元素之比值]。膨胀蛭石具有良好的吸附性，其吸附机理是：在固/气界面上的机械和静电吸附、通过毛细管吸引力的吸附、在膨胀的空间中的自由吸附。李晖等研究了蛭石对Cd^{2+}的动态吸附，结果表明，用蛭石作为吸附剂装填吸附柱可以用于Cd^{2+}的连续吸附，吸附速度快，吸附容量大，且达饱和吸附的蛭石可以经NaCl多次再生，重复使用，所以NaCl溶液既可作为蛭石的改性试剂，又可作为蛭石的再生试剂。李晖、谭光群等研究了蛭石对汞的吸附性能，结果表明，蛭石对汞具有较强的吸附作用，吸附速度快，20min后基本达到吸附平衡。pH值是影响吸附的主要因素，pH值较小的酸性环境不利于吸附，pH值较高的中性至碱性条件吸附效果好。

（3）吸水性。膨胀蛭石具有很强的吸水性。试验证明，浸入水中15min后，膨胀蛭石的吸水率增长最大。2天以后，吸水率最大值达350%~370%。随蛭石体积密度和粒度的减小，吸水率逐渐增大。在相对湿度为95%~100%的环境下，膨胀蛭石的吸湿率为1.1%。

d　隔声性

膨胀蛭石层片间有空气间隔层。当声波传入时，层间空气发生振动，使部分声能转变为热能，从而产生良好的吸声、隔声效果。当声波频率为512Hz时，膨胀蛭石的吸声系数为0.53~0.73。蛭石的隔声效果与容重及比表面密切相关。材料的孔隙率越大，其吸声、隔声性能就越好。

e　隔热性和耐火性

隔热性能也是膨胀蛭石的重要性能之一。隔热性能用导热系数来表示，两者呈负相关关系。膨胀蛭石的导热系数一般为0.046~0.07W/(m·K)。膨胀蛭石不燃烧，无烟雾，熔点一般为1370~1400℃，在1000℃左右的高温条件下使用，其性能不会改变。若与其他材料配方制成耐火混凝土，使用温度可提高到1450~1500℃。

蛭石尾矿具有良好的固硫效果，其固硫活性因燃烧温度而异，在950℃和1050℃时，膨胀性能好、活性强。蛭石尾砂在型煤燃烧过程中膨胀产生的疏松结构，不仅能提高燃煤固硫效率，还能为煤中碳质成分的充分燃烧创造条件，降低煤炭因不完全燃烧而形成的碳质飞灰，明显减少烟尘污染。

f　耐冻性和抗菌性

蛭石能经受多次冻融交替作用而不破坏，同时，其强度性能无明显下降，膨胀蛭石能在-30℃的低温下保持体积密度和强度不变，也不发生任何变形。蛭石不受菌类侵蚀，且能排斥昆虫、啮齿动物和其他害虫，因而不腐烂，不变质，不易被动物蛀坏。此外，膨胀蛭石的化学性质稳定，不溶于水，pH值在7~8之间，无毒、无味，无副作用。

2.1.3　钙质矿物材料

按照矿物材料的定义，钙质矿物材料是指以含钙矿物或含钙矿物的岩石为基本原料，通过深加工或精细加工而制得的功能材料。从矿物组分的分类上讲，钙质矿物应包括以钙为主要组分的碳酸盐、硫酸盐和硅酸盐等各类别矿物，其中，含钙的碳酸盐矿物主要有方解石（$CaCO_3$）、文石（$CaCO_3$）和白云石（$(Ca, Mg)CO_3$），硫酸盐矿物主要有石膏（$CaSO_4 \cdot 2H_2O$）、硬石膏（$CaSO_4$）和半水石膏（$CaSO_4 \cdot 1/2H_2O$），硅酸盐矿物主要有硅灰石（$CaSiO_3$）等。

2.1.3.1　方解石

A　概述

方解石的化学式为 $CaCO_3$，其理论化学成分（含量）为 CaO 56.03%，CO_2 43.97%。常含有 MgO、FeO、MnO 等形成类质同象变种，有时还含 Zn、Pb、Sr、Ba、Co、Tr 等类质同象替代物。

方解石晶胞结构中的 CO_3 呈平面三角形垂直于三次轴并成层排布，同层内的 CO_3 三角形方向相同，相邻层中 CO_3 三角形方向相反。Ca 也垂直于三次轴的方向成层排列，并与 CO_3^{2-} 交替分布，其钙的配位数为 6，构成 [CaO_6] 八面体。

方解石常发育形态多种多样的完好晶体，形态达 600 余种。方解石常依 {0001} 形成接触双晶，更常依 {0112} 形成聚片双晶。方解石的集合体也是式样繁多，有片板状（层解石）、纤维状（纤维方解石）、致密块状（石灰岩）、粒状（大理岩）、土状（白垩）、多孔状（石灰岩）、钟乳状（石钟乳）、鲕状、豆状、结核状、葡萄状、被膜状及晶簇状等。

B　方解石及石灰岩的理化性能

a　方解石的光学性质和力学性质

无色透明方解石的双折射效应是其重要的光学性质，在白色透明晶体矿物中具有最高的重折率和偏光性能。这种高重折率是由方解石晶体结构所决定的。当光线沿 c 轴（三次对称轴）传播时，电场作用于 CO_3^{2-} 配位三角形平面内，氧离子的极化作用因近邻氧离子的相互作用而加大；当光线垂直 c 轴传播时，电场作用于垂直配位三角形的平面内，氧离子的极化作用因近邻氧离子的相互作用而减弱。

方解石的菱面体形解理发育，极易沿解理方向裂开，形成多平面的等粒状"米石"。在机械作用力下易产生滑移双晶的性质，对冰洲石的块度和光学特性有不利的影响。

b　方解石和石灰岩的化学性质

石灰岩是主要由方解石组成的沉积碳酸盐，有时含白云石、黏土矿物和碎屑矿物。石灰岩不易溶于水，而易溶于酸。在 1000~1300℃下煅烧，石灰岩发生分解转化为高钙型生石灰（CaO）。生石灰遇水潮解，水化产物为高钙型熟石灰 [Ca(OH)$_2$]。熟石灰加水后可调成灰浆，在空气中易于硬化。熟石灰中通入 CO_2 气体所生成的碳酸钙沉淀物，经过滤、烘干、磨细，即制成为轻质碳酸钙粉。

c　方解石和白垩的吸附性

白垩是一种微细的碳酸钙的沉积物，柔软、易碎的粉末状（粒径小于 5μm）微晶灰岩，质地较纯的碳酸盐矿物（方解石或文石）含量达 99%。白垩属生物成因方解石变种，主要由单细胞光线浮游颗石藻的遗骸构成，还含有海绵骨针、浮游性有孔虫壳、菊石、箭石、海胆和贝类化石等海生动物的钙质壳。白垩粉比表面积大，白度高，具良好吸附性，易黏附，吸油性强，但吸水性弱，是重要的白色填料。

d　石灰岩的助熔性

方解石的分解温度不高，CaO 在矿石熔炼过程中有助熔性能，能降低矿石的熔化温度，同时可提高熔炉内的碱度，降低黏度，增加炉渣流动性，促使炼钢炉中矿石的各种杂质进入炉渣。

利用价廉易得的方解石矿物原料经活化处理制备一种新型高效可循环利用吸附材料，方解石原料颗粒产生大量孔洞，化学键不被活化，发生吸附脱色反应，在一定吸附反应条件下其脱色率可达99.39%。该种材料具有优良的吸附催化性能。此外，可修复性特征使其具有低成本、可循环利用、节约资源和环境友好的新型功能。

2.1.3.2 硅灰石

硅灰石是一个新矿种，世界上已有20多个国家发现了硅灰石矿，已查明的储量估计约2亿吨，远景储量有4亿吨。主要分布在独联体、美国、印度、墨西哥和芬兰等国。我国自1975年在湖北大冶小箕铺首次发现具有工业规模的硅灰石矿床以来，先后在吉林、辽宁、黑龙江、内蒙古、河北、新疆、青海、甘肃、湖北、湖南、河南、安徽、江西、浙江、福建、广西、云南等地发现了多处硅灰石矿床。其中湖北和吉林的硅灰石储量丰富，质地优良。

A 化学组成与晶体结构

a 化学组成

硅灰石是一种含钙的偏硅酸盐矿物，硅灰石的化学式为 $CaSiO_3$，理论组成（质量分数）CaO 48.3%，SiO_2 51.7%。常有少量 Fe^{2+}、Mn^{2+}、Mg^{2+}（偶见 K^+、Na^+）代替 Ca^{2+}、Al^{3+}、Fe^{3+}。

b 晶体结构

硅灰石有低温和高温同质多象变体。低温变体硅灰石为单链结构硅酸盐，它包括：三斜晶系的硅灰石-Tc，自然界最常见的硅灰石；单斜晶系硅灰石-2M（或称副硅灰石），自然界产出较少。高温变体硅灰石（β-$CaSiO_3$）为环状结构硅酸盐，称环硅灰石或假硅灰石，属三斜晶系，形成于1126℃以上，自然界罕见。硅灰石为单链结构，其结构特点为：在α-$CaSiO_3$中，钙为六次配位与氧形成钙氧八面体，钙氧八面体共边形成链，3个钙氧八面体链形成带。

自然界单晶极罕见，多呈针状、纤维状或放射状集合体。纤维的长度与直径之比可由8∶1至（20~30）∶1。这种针状或纤维状形态使其在工业上有许多用途。

B 物化性质

a 基本性质

硅灰石的密度为2.75~2.10g/cm³，硬度为4.5~5.5，熔点为1540℃，玻璃光泽；解理中等，这种独特的解理性，经过破碎和研磨，可以获得长径比（15~20）∶1的针状、纤维状填料，硅灰石的很多应用就基于这种特征。

b 硅灰石的光学性质

硅灰石为白色、灰白色或黄白色，条痕白色，由玻璃光泽到珍珠光泽。在偏光显微镜下，中等突起。沿柱状和针状晶体纵切面方向近于平行消光，干涉色一级灰到一级黄白。

硅灰石矿物具有荧光性质。荧光性质依硅灰石的成分和激发源的波长而定。硅灰石具有吸附有害物质的功能，是研究、开发和生产保健型生态建材的重要原料。例如，硅灰石质的纯天然无机涂料具有发荧光、抗静电、消毒、除臭、净化空气等功能。

c 硅灰石的相转变

硅灰石有低温型和高温型。低温型硅灰石是三斜的 Tc 型硅灰石和单斜的 2M 型副硅灰石。高温型的硅灰石是三斜的假硅灰石。根据热力学的基本原理，温度超过 1110℃，具备了从低硅灰石相变为假硅灰石的热力学条件。温度低于 1110℃，低温硅灰石不可能转变为假硅灰石，即 Tc 型硅灰石→假硅灰石。硅灰石转变为假硅灰石将会引起一些性质的变化，如硅灰石的纯白色调变为奶油色调或带黄的色调，这是因为假硅灰石的环状结构不能容纳 Fe、Mn，所以造成原来固溶到硅灰石链状结构中的 Fe、Mn 的出溶，形成了着色的氧化物；硅灰石和假硅灰石，相变时会发生体积变化，这种体积的变化会产生应力，易产生裂纹。

d 硅灰石的化学性质

在焙烧的条件下，硅灰石是化学性质比较活泼的矿物，它可与很多矿物发生固相反应，陶瓷工业中应用较多。硅灰石矿物可以抗弱酸，但它溶于浓盐酸之中。比如，粒度小于 200 目的硅灰石在 HCl 溶液中浸泡一昼夜后，经 X 射线衍射分析证实，它的主要衍射线条全都消失，说明硅灰石已溶解于盐酸。

2.1.4 镁质矿物材料

镁（Mg）在元素周期表上排行 12，原子量为 24.31。镁为银白色金属；熔点为 648.8℃，沸点为 1107℃，密度为 1.74g/cm³，为碱土金属中最轻的结构金属。镁是地球上储量最丰富的轻金属元素之一，地壳丰度为 2%，在自然界分布广泛，主要以固体矿和液体矿的形式存在。固体矿主要有菱镁矿、白云石等。虽然逾 60 种矿物中均蕴含镁，但全球所利用的镁资源主要是白云石、菱镁矿、水镁石、滑石、光卤石和橄榄石，其中菱镁矿、白云石、水镁石和滑石是生产镁质矿物材料的主要原料。

2.1.4.1 水镁石

水镁石是自然界中含镁量最高的矿物之一，密度为 2.35g/cm³，由于 Fe^{2+}、Mn^{2+}、Zn^{2+} 等能替代 Mg^{2+} 形成类质同象，如铁水镁石、锰水镁石、锌水镁石以及锰锌水镁石等。质地较纯的水镁石呈白色、灰白色，有 Mn、Fe 混入时呈绿色、黄色或褐红色。水镁石常呈片状、球状、纤维状集合体赋存于自然界中。

A 化学组成与晶体结构

a 化学组成

水镁石的化学组成为 $Mg(OH)_2$；理论组成（质量分数）为 MgO 69.12%，H_2O 30.88%。Mg^{2+} 常被 Fe^{2+}、Mn^{2+}、Zn^{2+}、Ni^{2+} 等杂质替代，并以类质同象的形式存在。其中 MnO 可达 18%，FeO 可达 10%，ZnO 可达 4%；可形成铁水镁石（FeO≥10%）、锰水镁石（MnO≥18%）、锌水镁石（ZnO≥4%）、锰锌水镁石（MnO 18.11%，ZnO 3.67%）、镍水镁石（NiO≥4%）等变种。

球块状水镁石和纤维水镁石在成分、物性上均有所差异。块状水镁石和纤维水镁石在成分上均比较纯净，阳离子 Mg^{2+} 一般占 95% 以上（亚种除外），主要杂质是 Fe^{2+}、Mn^{2+}；球块状水镁石个别含 Ca、K（Na）稍高。

b 晶体结构

水镁石晶体结构为典型的层状结构，结构中的 OH 近似作六方紧密堆积；阳离子 Mg

充填在堆积层相隔一层的八面体空隙中；每个 Mg 被 6 个 OH 所包围；每个 OH 一侧有 3 个 Mg，原子间距为 Mg—OH 为 0.209m，OH—OH 为 0.322m。

水镁石为复三方偏三角面体晶类，晶体呈板状或页片状。常见单形有平行双面 c{0001}，六方柱 m{1120} 及菱面体 r{1011}、q{0113} 或 {2021}。晶体通常呈板状细鳞片状、浑圆状、不规则粒状集合体，有时出现平行纤维状集合体，称为纤维水镁石。

B　物化性质

a　基本性质

水镁石纤维是天然产出的、罕见的高镁实心纤维，通常呈白色、灰白色，当有 Fe、Mn 混入时呈绿色、黄色或褐红色；新鲜面和断口呈玻璃光泽，解理面呈珍珠光泽，纤水镁石呈丝绢光泽、透明；解理 {1000} 极完全；显微硬度为 70~240，莫氏硬度为 2.5；细片具挠性及柔性；相对密度为 2.44~2.48；具有热电性；块状水镁石白度可达 95%；BET 比表面积为 29.1318m²/g。

b　力学性质

水镁石纤维的抗拉强度达到 900MPa 左右，属于中等强度纤维，是一种很好的石棉代用品；弹性模量为 13800MPa，有一定脆性。维氏硬度为 50.4~260.5，且具有明显的各向异性；水镁石纤维的硬度低（摩氏硬度 2~3），易于研磨成细粒级粉体，并具有良好的劈分性。

c　化学性质

水镁石纤维是在碱性介质条件下形成的，是一种组分简单的碱性矿物，具有较好的抗碱性能，是天然无机纤维中抗碱性最好的，在强碱中稳定性好，碱失量为 2% 左右，远强于抗碱玻璃纤维，但耐酸性极差，不仅在强酸中能全都溶解，在草酸、柠檬酸、乙酸、食醋、混合酸、pH=0.1~2 的缓冲溶液以及 Al(OH)₃ 的两性溶液中，均可以不同的速率溶解；纤维长度越短，细度越高，酸蚀速率越大，且溶解量与作用时间成正比，但溶解量较大的是开始半小时以内。纤维水镁石在潮湿或多雨气候条件下，易受大气中 CO_2 的侵蚀。故在水镁石制品表面需有防水、防潮保护层。

2.1.4.2　滑石

滑石是一种含水的硅酸镁矿物。滑石质地非常软，具有滑腻感。由于色白、质软、无臭无味、化学性质稳定、热稳定性高、低导电性等特性，并具片状结构，滑石被应用于陶瓷、造纸、涂料、塑料、橡胶、医药、化妆品等行业。

A　化学组成与晶体结构

a　化学组成

滑石是一种层状含水镁硅酸盐，化学式为 $Mg_3[Si_4O_{10}](OH)_2$，化学组成为：MgO 23.72%，SiO₂ 63.52%，H₂O 4.76%。滑石中常见 Si 被 Al 或 Ti 所代替。Al、Ni 替代 Si；Mg 常被 Fe 及少量 Mn、Ni、Al 所代替（Fe 达 5%、FeO 达 42%、NiO 达 1%），其中以 Fe 代 Mg 最为常见，当铁（FeO）的含量达到 33.7% 时，则称作为铁滑石。此外，有少量 K、Na、Ca 可能存在于滑石结构单元层之间，或为机械混入物中的组分，也有可能替代八面体层中的 Mg。

较纯的天然产出的滑石可以接近理论成分。但滑石岩（不纯滑石）的化学成分与其共生矿物的成分有关。例如超镁铁质岩中的滑石与镁质碳酸盐岩中生成的滑石，由于母岩化学组成及矿物组合差异，所含杂质成分也有差别。

　　b　晶体结构

　　滑石晶体属单斜晶系，三八面体型。滑石是由两层硅氧四面体［SiO$_4$］夹一层［MgO$_4$(OH)$_2$］八面体层组成的基本结构单元层堆砌而成。基本结构单元层中，硅氧四面体［SiO$_4$］呈六方网层排列，上下两层硅氧四面体中的活性氧相对排列，［MgO$_4$(OH)$_2$］八面层位于两个硅氧四面体片层之间，OH 位于硅四面体六方网格中心，与活性氧处于同一水平层中。Mg、Fe 等离子位于（OH）和 O 形成的八面体空隙中，称为"氢氧镁石层"。

　　滑石为斜方柱晶类，微细晶体呈六方或菱形板状，但很少见。通常呈致密块状、片状或片状集合体。致密块状的滑石称块滑石。滑石常具有橄榄石、顾火辉石、透闪石等矿物的假象。

　　B　物化性质

　　a　基本物理性质

　　滑石通常呈致密块状、解片状集合体，有时见纤维状集合体；密度为 2.58 ～ 2.83 g/cm^3；莫氏硬度为 1，是十个标准硬度矿物中最软的；滑石呈玻璃光泽，断口呈贝壳状，解理面呈珍珠绿彩，解理极完全，薄片具有挠性；具滑感，其摩擦系数在润滑介质中小于 1。

　　b　热学性能

　　滑石既耐热又不导热，滑石耐火度高达 1490~1510℃。

　　c　电绝缘性能

　　滑石的成分特征和层状构造使之具有不导热和良好的电绝缘性。其电阻率为 10^{12} ～ 10^{15}Ω·cm，介电常数为 5.8，常被用作绝缘材料。

　　d　化学稳定性

　　滑石与强酸（硫酸、硝酸、盐酸）和强碱（氢氧化钾、氢氧化钠）一般都不起作用。在煮沸的 1% 六氯乙烷中仅溶解 2%~6%。滑石粉在 400℃ 的高温下和其他物质混合，不起化学变化。

　　e　吸附性和离子交换性

　　由于滑石的晶体构造特征，纯净滑石加工成的超细粉也是细小片状微粒，有很大的比表面积和良好的分散性，从而具有很好的吸附性和牢固覆盖物体表面的性能。此外，滑石具有层间离子交换性能和记忆效应两大特性。水滑石的离子吸附能力在环境污染治理应用中充分利用了以上特性。经焙烧的水滑石氧化物在一定条件下可重新吸收水中阴离子从而恢复为水滑石的层状结构，这种独特的结构记忆效应使得水滑石可以作为高效阴离子吸收剂而应用。

　　f　其他性能

　　润滑性：滑石质软，具滑腻感，摩擦系数在润滑介质中小于 0.1，是优良的润滑材料。滑石岩随滑石含量的增高，润滑性能亦增强，反之则下降。

　　硬度可变性：如把滑石逐步加温至 110℃ 约 2h 后再慢慢冷却，它的外形不变，但硬度大大增高，主要是因为此时的滑石已相变为斜顽辉石，制造块滑石瓷就是利用这一特性。

　　机械加工性能：用滑石碎块或滑石粉加上黏合剂，采用半干压法、湿压法、挤压法即可。

2.1.5 其他天然矿物材料

2.1.5.1 坡缕石

A 化学组成与晶体结构

a 化学组成

坡缕石的晶体化学式为 $Mg_5Al_2Si_8O_{20}(OH)_2(OH_2)_4 \cdot 4H_2O$。坡缕石中的水存在形式有 3 种：一是结构水，即羟基；二是在带状结构层边缘与八面体阳离子配位的配位水；三是在通道中由氢键联结的沸石水。理论值为：MgO 23.35%，SiO_2 56.96%，H_2O 19.21%。坡缕石的主要氧化物组分除 MgO 和 SiO_2 外，还含有数量相差较大的 Al_2O_3、Fe_2O_3，两者之和可高达 20%。诸多样品中特别是土状坡缕石中普遍含有一定量的 TiO_2、CaO、K_2O 和 Na_2O，部分样品中还含有一定的 P_2O_3。

坡缕石矿物的化学成分具有以下特点：(1) 坡缕石矿物的化学成分视成因及产状不同而有一定的差异，沉积及风化作用形成的短纤维坡缕石中 Fe_2O_3 的含量显著高于热液作用形成的长纤维坡缕石，但后者的 Al_2O_3 含量偏高。MgO 的含量有较大的变化。(2) 坡缕石中自身主要氧化物为 SiO_2、Al_2O_3 和 MgO，非自身的主要以吸附状态存在的有 K_2O、Na_2O、TiO_2 和 MnO，Fe_2O_3 介于两者之间；CaO、K_2O、Na_2O、MgO 和 TiO_2 的含量差异较大。以短纤维坡缕石中普遍偏高为特征，同主要氧化物 Al_2O_3 及 MgO 间的关系复杂。

b 晶体结构

坡缕石为单斜晶系，晶体结构属 2:1 型黏土矿物，其基本结构单元是由硅氧四面体双链组成，各个链间通过氧原子连接，硅氧四面体中自由氧原子的指向（即硅氧四面体的角顶）每四个一组，上下交替地排列，二层硅氧四面体夹一层镁（铝）八面体，其四面体与八面体排列方式既类似于角闪石的双链状结构，又类似于云母、滑石、高岭石类矿物的层状结构。在每个 2:1 层中，四面体边角隔一定距离方向颠倒，形成层链状结合特征，从而构成链层状硅酸盐。

B 物化性质

a 一般物性

坡缕石主要有两种类型：土状坡缕石和纤维状坡缕石。坡缕石的水合胶体具有强烈的触变性。纤维状坡缕石集合体呈树皮状、页片状、旧棉絮状，粉红色，湿后呈灰白色，具丝绢光泽，硬度为 2~2.5；于水中湿泡分散后呈絮状、缄丝状，并出现粉红色胶凝体状态，相对密度为 2.230~2.306。

b 坡缕石的微孔结构

坡缕石内部孔道包括两大部分：一为晶体内部的孔道，其大小为 3.7nm×6.4nm，大部分为沸石水充填，其边缘部位还占据与 Mg^{2+} 结合的 4 个配位结晶水；二为坡缕石针、棒状晶体（粒子）构成聚集体中的间隙孔。

c 吸附性

坡缕石由于有较大比表面积，也就赋予其良好的吸附性能，坡缕石的阳离子交换容量为 5~20mmol/100g。坡缕石吸附性能的大小与类质同相替代所形成的层电荷数大小有关；坡缕石结构中潜在有很大的总表面能，具有强的吸附力。坡缕石结构中具有 3 种类型的吸附活性中心。第一是硅氧四面体片上的氧原子，由于 Al^{3+} 代替 Si^{4+} 等可使其提供弱的负电荷，从而对吸附物产生作用力；第二是分布在带状结构层边缘与 Mg 配位的水分子，它可与吸附物形成氢键；第三是由于 Si—O—Si 晶格破键产生的 Si—OH 离子团，通过一个质子或一个羟基来补偿剩余的电荷，这种 Si—OH 离子团可同表面所吸附的分子相互作用，且能与某些有机分子形成共价键。

天然坡缕石及活化后的坡缕石为优良的吸附剂，它不仅吸附 Cu^{2+}、Pb^{2+} 等金属阳离子，此外还吸附包括润滑油脂、醇、醛、芳香烃链等的大分子量化合物和大团块的微菌霉素。坡缕石的吸附性具选择性，坡缕石对水和氨等极性分子具有很好的吸附性；其次是吸附甲醇和乙醇；而氧等非极性分子不能吸附。它们对不同极性分子的吸附能力也是不同的。

以坡缕石为原料制备吸附净化材料主要依靠的是坡缕石的吸附性和催化性，而天然坡缕石黏土由于含有杂质，在对坡缕石进行开发利用时一般会对其进行提纯和改性。经过提纯和改性处理后，坡缕石的吸附性和催化性都得到了提高，被广泛地用作吸附剂、净化剂和脱色剂等吸附净化材料。目前，坡缕石在吸附净化领域已经涉及室内空气和工业废气净化、工业废水、河水污染的治理。

d　坡缕石的催化性

坡缕石的催化作用在于：（1）晶体内部存在通道结构；（2）大的比表面积及集合体的微细孔隙构造；（3）由于非等价阳离子类质同象代替，晶格缺陷及晶格破键等而形成的路易斯酸化中心和碱化中心；（4）经热处理后具有较强的力学性能和热稳定性。因此，它不仅满足异相催化反应所需的微孔和表面特征，影响反应的活化能和级数，同时具有酸碱协同催化作用以及具有分子筛的择形催化裂解作用。

在坡缕石表面存在的 Si—OH 基，对有机质具有很强的亲和力，可与有机反应剂直接作用生成有机矿物衍生物。这种衍生物具有接合有机分子的表面性质和反应性质，而又保留矿物骨架，所以当这些附着的分子含有未饱和基时，就有可能使有机矿物化合物与某些单体聚合。

2.1.5.2　电气石

A　化学组成与晶体结构

a　化学组成

电气石是一种多元素的硅酸岩矿物，化学成分比较复杂，主要成分是硼，还含铝、钠、铁、镁、锂等10多种对人体有利的微量元素，是电气石族矿物的总称。

电气石化学式：$Na(Mg, Fe, Mn, Li, Al)_3Al_6[Si_6O_{18}][BO_3]_3(OH, F)_4$；

晶体化学通式：$NaR_3Al_6Si_6B_3O_{27}(OH)_{24}$。

化学成分：以含 B 为特征，即除硅氧骨干外，还有 $[BO_3]$ 配合阴离子团。其中 Na 可局部被 K 和 Ca 代替，（OH）—可被 F 代替。R 位置类质同象广泛，当 R 以 Fe 为主时，即为铁电气石，亦称黑电气石或黑碧石；以 Mg 为主时称镁电气石；以 Li 为主时称锂电气石；若 Mn 进入此位置时即可成为钠锰电气石。

b　晶体结构

电气石为环状硅酸盐矿物，硅氧四面体以角顶联结形成封闭的环。三方晶系的电气石，$a_0 = 1.584 \sim 1.603nm$，$c_0 = 0.709 \sim 0.722nm$；$Z = 3$。电气石晶体结构基本特点为

［SiO］四面体组成复三方环。

B 物化性质

a 物理性质

颜色：随成分不同而异，富含 Fe 的电气石呈黑色；富含 Li、Mn 和 Cs 的电气石呈玫瑰色，亦呈淡蓝色；富含 Mg 的电气石常呈褐色和黄色；富含 Cr 的电气石呈深绿色。此外，电气石常具有色带现象，垂直 z 轴由中心往外形成水平色带，或 z 轴口两端颜色不同，条纹无色。光泽：玻璃光泽；解理：无解理；硬度：莫氏硬度 7～7.5；相对密度：3.03～3.25，随着成分中 Fe、Mn 含量的增加，相对密度亦随之增大。

电气石是地球上存在的矿物质中唯一带永久电极的晶体。在不需任何附加条件和任何人工助力的情况下，只要吸收太阳的光能，其表面就能够产生电荷。电气石中含 0.06mA 的流动微电流，该微电流可补充和平衡人体的生物电；其散发的负离子可平衡人体体液，使酸性体液碱性化。电气石从太阳光直接吸收自然电磁波，而产生的循环电流从太阳光放射出质子、电子，$1m^3 300$ 个电子，而使电气石不断在吸收电子，产生负离子。

b 压电性和热电性

电气石的单向轴是唯一的极轴、使电气石不仅具有压电性，并且还具有热释电性。一般认为，产生电荷是由于电气石具有热电性和压电性。Nakamura 指出，电荷的产生有两个来源，一个是由自发的极化效应导致，被称为初次热电效应；另一个是由晶体的热振动或受应力导致，在一定方向的电极化现象。电气石的热电性是一种带电的、不对称的、非简谐性振动，热电系数 K 随着温度增高而非线性增加，但是黑电气石（Fe-电气石）几乎没有热电效应。

天然黑色电气石在还原性气条件下进行热处理后，可具有比远红外陶瓷粉料更高的红外比辐射率值，其红外辐射峰值与维恩定律具有很好的对应关系，在室温下峰值辐射波长为 9.5m 左右的天然黑色电气石的强红外辐射特性已引起人们的广泛关注。日本已利用天然黑色电气石开发出一系列科技产品，其中包括化妆品、空气净化防辐射等产品。

c 产生永久性弱电流

电气石单品的优点是能够产生永久性微弱电流（0.06mA），其作用分为以下几个方面。

（1）产生负离子：电气石能够产生负离子，负离子又称为"空气的维他命"，具有调节人体离子平衡的作用，能使身心放松，活化细胞，提高自然治愈率等作用，并能抑制身体的氧化或老化，现代的环境具有许多促使正离子生成的要因，身体经常处于紧张状态，因此，负离子是现代人不可或缺的物质。此外，负离子也具有除臭的功效。

（2）电解水：电气石可以用来电解水，水电解后，能获得界面的活性作用、氯的安定化、铁的钝化效果。电气石与水反应，就能处理连化学洗剂和化学物质都很难处理的问题。

（3）放射远红外线：电气石能够放射 4～18μm 波长的远红外线，该波长的远红外线能够渗透到身体深层部位，温暖细胞，促进血液循环，使新陈代谢顺畅。电气石远红外线发射力将近 100%，数值较其他矿物高。

d 吸附性

电气石的结构紧密、金属离子不易进入其晶体结构，因此电气石的吸附主要为表面吸附，吸附类型主要为离子、分子吸附，类似石英、刚玉等简单氧化物，通过表面配合起吸附作用。电气石对溶液中金属离子、酸根离子均具有吸附浓集作用，并在电气石表面上结晶析出，从而起到净化工业废水的作用。电气石对含 Cu^{2+} 废水的净化原理与蒙脱石等不同，它是通过静电场将 Cu^{2+} 吸附到电气石的负极，局部 Cu^{2+} 浓度增高，与表面羟基离解产生的 OH^- 发生反应，形成各种沉淀。当溶液中离子浓度达到平衡时，反应不再继续，这样不会存在处理过度的问题，因此是很好的绿色环保材料。

2.2　天然环境矿物材料的作用

　　天然环境矿物材料对环境具有一定的净化功能，主要体现在其基本性能方面，包括矿物表面吸附、离子交换、孔道过滤、化学活性、物理效应及纳米效应等作用，在污染治理与环境修复领域中发挥着独特的优势。

2.2.1　表面效应

　　天然矿物材料表面是矿物的外部边界或矿物与气体、液体和固体等介质接触时相与相之间的分界面。在热力学平衡条件下，矿物材料表面没有邻近的原子与之匹配，表面原子的一部分化学键伸向空洞，并在表面处产生过量电荷密度，形成悬挂键，矿物晶体表面处于高能量非稳定状态。

　　天然矿物材料的表面效应包括表面结构重组效应、表面荷电效应和表面吸附效应。表面结构重组效应使得矿物孔结构表面处于高活性状态，表面原子容易发生结构重组，即阴离子产生的成键轨道被电子填充及阳离子产生的反键轨道被置空，有利于矿物与空气中的氧、碳或氮等迅速发生氧化、碳化或氮化。在晶体表面，由于晶体点阵被突然截断，因此晶格电子的势能在垂直表面方向上的平移对称性被破坏，原有能带的布洛赫波在表面发生反射，垂直表面向外一侧的布洛赫波发生衰解，在表面出现电子态。另外，矿物表面的羟基化，会使矿物表面荷电，这类电荷被称为质子电荷，如高岭石矿物表面的电荷。矿物离子化表面与溶液中的阴、阳离子发生配位反应，会使矿物表面荷电，这类电荷被称为表面配位电荷，如石英表面与 Cu^{2+}、Ni^{2+} 等发生配位反应产生的电荷。表面离子发生交换反应，产生具有离子交换功能的电荷，这类电荷被称为表面恒电荷。

　　表面吸附作用与矿物表面性质密切相关。沸石、硅藻土、磷灰石、电气石、石英、磁铁矿等天然矿物具有孔道结构特征，晶体内有大量的空穴和孔道。这些多孔矿物材料表面粗糙，比表面较大，表面能较高，由于其分子结构特殊而形成的较大静电引力，使材料具有相当大的应力场，当晶体内的空穴和孔道一旦"空缺"，就会表现出优异的吸附能力。例如，利用沸石的吸附性能、离子交换性能等可有效去除水中氨氮、有机污染物、铁、氟等，对极性分子如 H_2O、NH_3、H_2S、CO_2 等也有很高的亲和力，可用于废气处理和空气净化。硅藻土具有细腻、松散、质轻、多孔、耐热、耐酸、比表面积大及化学性质稳定等一系列优良特性，在环境中是一种很重要的吸附剂。海泡石属斜方晶系，为链层状水镁硅酸盐或镁铝硅酸盐矿物，其独特的结构使其具有大的比表面积、较强的吸附能力。

　　由于偶极子、电子交换或共有等作用，天然矿物材料表面具有相当大的表面力，在表面力的作用下，矿物表面有自发吸附外来原子或分子，使表面自由能降低并达到能量最低的稳定态的趋势。利用矿物材料的表面效应，可对污染物进行有效处理，达到治理和改善环境的目的。

2.2.2 离子交换

有机物质离子交换类型繁多，且具有聚合物骨架这一共同的结构性质，使之在水中不发生溶解。无机矿物也具有良好的离子交换作用，主要发生在矿物表面上、孔道内与层间域，如碳酸盐和磷灰石等离子晶格矿物表面、沸石和锰钾矿等矿物孔道内及大多数黏土矿物的层间域。

方解石和文石均是 $CaCO_3$ 的天然变体，其表面上的 Ca^{2+} 可与水溶液中 Pb^{2+}、Mn^{2+}、Cd^{2+} 等阳离子发生交换作用。磷灰石可在常温常压下用其表面晶格中的 Ca^{2+} 与溶液中阳离子 Pb^{2+}、Cd^{2+}、Hg^{2+}、Zn^{2+}、Mn^{2+} 广泛发生交换作用。

沸石、凹凸棒石、海泡石、蛭石和蒙脱石等矿物是离子交换量最大的天然矿物，在脱色、去除重金属、制备抗菌材料等方面有独特功效，一旦矿物接触了过渡金属可溶性盐的溶液，离子交换就立刻发生。利用沸石孔道内的 Na^+ 和 Ca^{2+} 交换作用除去污染物已为大家熟知并得到广泛的应用。沸石不会膨胀，其选择吸附系数与离子交换树脂有很显著的区别，由于它有固定的很窄的孔道，因而有一定的分子筛作用。天然沸石的改型主要是改变沸石中阳离子类型，以提高其离子交换、吸附等性能。

黏土矿物在溶液中的分散程度影响到离子交换的动力学性质，如高岭石是最简单的 $1:1$ 型结构黏土矿物，虽无类质同象发生，但 OH^- 基团分布于层的边缘，层与层之间的联系力相当弱，因而在水中易散开，决定了高岭石的离子交换速度较高。

2.2.3 孔道过滤

矿物孔道效应包括孔道分子筛、离子筛效应与孔道内离子交换效应等。具有孔道结构并具有良好过滤性的矿物有沸石、黏土、硅藻土、轻质蛋白石、磷灰石、电气石、软锰矿、蛇纹石、蛭石等，常见的长石类矿物也具有良好的孔道结构，其孔径大小至少能使 H_2O 得以进入和通过。

天然矿物材料因孔道效应而具有过滤作用，在过滤过程中主要是截留水中的悬浮物和絮状物，从而达到净化的目的。微孔的沸石、中孔的硅藻土、大孔的浮石等，这些天然多孔矿物孔隙发育、比表面积大，表现出很高的吸附和过滤性能，其结构引起的吸附性能在工业上得到大规模利用。例如，沸石结构中有一维、二维、三维宽阔的通道，为典型的笼状结构，多种沸石的差别在于笼的形状大小和通道体系，位于通道内的 Na^+ 和 Ca^{2+} 等与 Si-Al 骨干联系力较弱，可被其他阳离子置换而不破坏晶格，这一特性可用来除去废水中放射性元素、重金属离子、氨态氮与磷酸根等有毒有害物质。此外，加热时沸石水被排除后，沸石通道内的剩余电荷可以吸附外来的气体极性分子，如 NH_3、CO_2、H_2S 和 SO_2 等。当然只有直径比沸石通道小的分子可以进入孔道而被吸附，直径较大者则被拒之于孔道外而起分子筛作用。

2.2.4 化学活性

天然矿物材料的溶解反应、酸碱反应、氧化反应、还原反应、配位体交换、沉淀转化、矿物形成和催化作用等均是矿物化学活性方面的研究内容，如黄铁矿和磁黄铁矿微溶作用与还原作用、软锰矿氧化作用、硫化物沉淀转化作用、矿物催化作用、缺氧磁铁矿 Fe_3O_{4-x} 配位体交换作用，以及 $Ca_5(PO_4)_3(OH)$、$KFe(SO_4)_2 \cdot nH_2O$、$Hg_2Hg_3CrO_5S_2$、Hg_4HgCrO_6、Cr_2S_3 和 Fe_3S_4 等矿物形成作用等，这些化学活性作用过程都伴随着对多种污染物的净化作用。

溶解作用包括溶质分子与离子的离散和溶剂分子与溶质分子间产生新的结合或配合。研究表明，具有微溶性的金属矿物其化学成分多由变价元素构成，其化学性质不稳定易被氧化分解，且在一定的水介质条件下可表现出一定的溶解度。如天然铁的硫化物对处理含 Cr^{6+}、Pb^{2+}、Cd^{2+}、Hg^{2+} 等有毒废水效果良好，此由该矿物在一定条件下的微溶作用（Fe^{2+}、S^{2-}、S_2^{2-}）所决定，并且是氧化还原作用（S/S^{2-} 与 Cr^{6+}/Cr^{3+} 电对、S/S_2^{2-} 与 Cr^{6+}/Cr^{3+} 电对、Fe^{3+}/Fe^{2+} 与 Cr^{6+}/Cr^{3+} 电对）和沉淀转化作用（S^{2-} 与 Pb^{2+}、Cd^{2+}、Hg^{2+} 及 Cr^{3+}）的反映。

2.2.5　纳米效应

天然环境中，纳米尺度的矿物颗粒从存在方式上可以分为两种：一种是纳米矿物（nanominerals），即在地表环境中只能以纳米尺寸稳定存在的矿物，部分黏土矿物、锰氧化物、水铁矿都属于这一类型；另一种是矿物纳米颗粒（mineral nanoparticles），即在天然环境中既能以纳米颗粒存在，也能够以大尺寸晶体存在的矿物，例如赤铁矿、磁铁矿等。纳米矿物由于具有比表面积大、反应活性高、迁移能力强等特点，在地表环境中对污染物的迁移、转化和富集具有显著影响。纳米效应则是因纳米矿物具有纳米材料的表面效应、小尺寸效应和量子效应，且与矿物的结晶粒度密切相关。纳米矿物可以作为电子供体/受体、能量来源、产物、辅助因素等多种形式促进微生物的生长代谢，同时自身发生溶解、生长、重结晶、晶相转化、氧化-还原作用等多种转化过程，纳米矿物与微生物的交互作用促进了碳、氮、铁等元素的地球化学循环，显著影响了地表生态环境的演变过程。

2.2.6　物理效应

矿物材料的物理效应包括矿物光学、力学、热学、磁学、电学、半导体等性质，能改善材料结构达到调节材料的光学、热学、声学特性。如方解石的热不稳定性的固硫效应；堇青石热稳定性，可用来制作多孔陶瓷的除尘效应；天然蛭石的热膨胀性，可改善煤燃烧过程中氧化气氛，以防止硫酸钙分解而提高固硫率的效应；磁铁矿的磁性与电气石的电性的除杂效应；尤其是金红石的半导体性，其光催化氧化性可分解有机污染物。

2.2.7　其他作用

结构效应，通常矿物表面的原子结构及电子特性有可能和其内部的有很大差异。暴露的矿物表面要进行重构，即表面的不饱和状态会促使其结构进行某些自发的调整。当有被吸附的分子存在时，表面又会以不同的方式在结构上进行重新调整，不同的晶体表面上重构程度也是不同的。

结晶效应，矿物形成过程尤其是溶液结晶过程，往往可成为污染净化过程。在金属矿山废石堆中形成的含 Hg、Cr 矿物 Hg_4HgCrO_6 和 $Hg_2Hg_3CrO_5S_2$，对防止重金属污染可起到固定化作用。

水合效应，水合作用往往伴随着矿物体积增大，如硬石膏发生水合作用形成石膏后体积可膨胀 30%，蒙脱石等黏土矿物遇水膨胀对工程地基具有不可忽视的影响。其中结晶水常以中性水分子出现于具有大半径配合阴离子的含氧盐矿物中，有时以一定的配位形式围绕着半径较小的阳离子，形成半径较大的水合阳离子，在矿物晶格中也具有固定位置，其数量与矿物成分成简单比例。含水矿物在调节环境水分功能方面，不亚于植物所起的作用，是自然界中最佳的无机控湿调温物质。

2.3 天然环境矿物材料的应用

天然环境矿物材料所具有的表面吸附作用、离子交换作用、孔道过滤作用与分子筛作用、热效应作用及微溶性化学活性作用等优异的净化功能，在污染治理与环境修复领域中发挥着独特的作用，并在污染治理的规模、成本、工艺、设备、操作、效果及无二次污染等方面具有明显的特点和较大的优势。天然环境矿物材料已在水体、大气、固废，以及土壤污染防治方面展现出了广阔的应用前景。

2.3.1 应用现状

2.3.1.1 在水污染治理中的应用

在资源的开发利用过程中，由于人们不合理地生产、生活所带来的水体污染问题越来越严重，更甚的是一些地区出现的地区性疾病直接威胁着人们的健康与生存。水体污染大体上来说可以分为地表水与地下水两方面，地表水污染对环境的危害作用更大，而地下水则在治理上更为困难并且容易与土壤污染互相影响造成污染扩散。因而，被污染的水质亟须改善，水污染问题也应该越来越多地给予重视和关注。

对水体污染来说，天然环境矿物材料中的表面吸附性、孔道过滤性、离子交换、微溶性、化学活性等特性能发挥各自的功能，通过多种方式去除或净化水体中的污染物，包括重金属、油类、病原细菌、色度、氨类、氮类等。另外，绝大多数天然金属矿物能实现对水体中某些元素的回收，这些矿物具有一定的微溶性而且稳定性较差，所以能对污染物中的一些无机元素进行有效的沉淀转化或氧化还原。

目前，利用天然环境矿物材料对污染水体进行处理，尤其是对水体中重金属离子的吸附去除一直是研究的热点，针对各种重金属离子的吸附去除研究也取得一定的成果。天然矿物岩石，如沸石、膨润土、海泡石、凹凸棒石、蛭石、硅藻土等，对 Cu^{2+}、Pb^{2+}、Zn^{2+}、Cd^{2+}、Ni^{2+}、Cr^{3+}、Hg^{2+}、Cr^{6+} 等重金属离子有一定的吸附作用。例如，天然的黏土矿物由于其比表面积大、孔隙率高、极性强等特性而往往对水中的 Pb、Cd、Cr、Hg 等重金属污染物具有较强的吸附能力；天然的硅质磷矿石对水溶液中锡离子、铅离子和镉离子具有良好的去除效果。沈岩柏等通过研究硅藻土吸附水相中锌离子过程，表明硅藻土对 Zn^{2+} 有较好的吸附效果，但是受 pH 值和温度影响较为明显，经扫描电子显微镜的测定，硅藻土的表面圆筛形微孔是 Zn^{2+} 的主要吸附位。C. Allan 等研究了蛭石作为低成本吸附剂处理含 Cd^{2+}、Pb^{2+} 和 Cu^{2+} 废水。在 pH 值分别为 4、5 和 6，接触时间为 180min 的情况下，吸附试验结果符合 Freundlich 模型，而且 pH 值与吸附百分率存在一定的相关性。此外，针对水体中具有的放射性重金属元素的去除也得到研究。R. Donat 进行了利用海泡石对水体中铀的去除试验，针对影响铀吸附的因素如接触时间、pH 值、初始浓度、温度等进行了探讨，通过对吸附等温线的研究发现最大吸附容量达到 34.61mg/g。

水体中存在的高浓度无机阴离子，如硝酸根、氟离子、磷酸根、高氯酸根等同样对人体健康和环境带来威胁。天然环境矿物材料的应用，为去除无机阴离子提供了一条有利的途径。在众多的天然矿物材料中，铁矿一直是研究较多的针对水体中无机阴离子去除的一种矿物，针铁矿、赤铁矿、磁铁矿等各种类型的铁矿对无机阴离子的去除均有研究。当然，去除效果受到诸多因素的影响，包括表面性质（比表面积、孔径等）、无机阴离子种类、pH 值等。其他的天然环境矿物材料去除水体中的无机阴离子也得到了研究。例如，沸石具有良好的吸附性和离子交换性，用其处理高氟水可使水的含氟量达到饮用标准；膨润土可用来代替传统洗涤剂中的三聚磷酸钠，大大减少洗涤废水中残余磷对环境的污染；蒙脱石、蛭石、硅藻土、坡缕石、海泡石和膨胀蛭石可用于生活污水和富营养水体的处理。

利用天然矿物材料处理有机废水也是目前国内外各界关注的热点之一，因为开发利用来源于地质体表面和矿山废弃物中价格低且容易加工的天然矿物材料处理有机废水，设备简单、操作简便，且无二次污染，有的矿物材料还能再利用，在大规模有机废水处理中成本低、效果好。锰氧化物及氢氧化物这种天然矿物对有机污染物的吸附和降解主要基于氧化还原和孔道效应。郑红等进行了锰矿砂去除苯酚的实验研究，发现锰矿砂对苯酚有较强的吸附作用，去除率可达 80% 以上，仅催化降解就占 6% 左右，降解产物为对苯醌。锰矿砂对对氯苯酚、对氨苯酚、对氨二酚也均有催化氧化作用。除了锰氧化物及氢氧化物外，天然黏土矿物因具有独特的层状结构而表现出良好的吸附和离子交换性能，且其储量大，价格低，对环境无污染，也是去除废水中有机污染物较为理想的低成本吸附剂之一，主要有膨润土、蒙脱石、凹凸棒和伊利石等矿物种类。但由于天然黏土矿物存在大量可交换的亲水性无机阳离子，使实际黏土表面常存在一层薄的水膜，因而不能有效地吸附疏水性有机污染物，需要对其进行有机物改性后效果才佳。

天然矿物因其种类繁多、储量丰富、价格低廉、处理工艺相对简单，在进行废水处理方面具有投资少、效果明显且带来的二次污染小等优点，优良的性能为其在水环境保护方面开拓了广阔的应用前景。

2.3.1.2　在大气污染治理中的应用

现代化过程中，人类不合理地滥用化石燃料产生了大量的废气。随着工业化的发展，在城镇地区尤其是在人口稠密的大型工业城市，空气污染现象尤为突出。污染物主要为硫氧化物、氮氧化物为代表的无机有害气体及碳氢化合物为代表的有机有害气体和一些粉尘污染。

人们对于大气污染的重视由来已久，从 20 世纪 70 年代日本科学家利用方镁石、水镁石吸收 SO_2、SO_3 废气到当今纳米材料的广泛研究与应用，天然矿物材料在大气污染防治方面发挥着越来越重要的角色，其研究程度也越来越深。选择具有吸附性、过滤性、絮凝性、离子交换性及中和性等性能优良的天然矿物材料，如沸石、凹凸棒石、海泡石、蛭石、蒙脱石、白云石、硅藻土等，可以达到处理工业与生活中排放的废气的目的，主要集中在治理燃煤污染、汽车尾气污染，以及空气中颗粒悬浮物和有毒气体的污染。

我国大气污染的显著特征就是煤烟型。煤炭燃烧释放出烟气、粉尘、SO_2、CO、CO_2等一次污染物以及产生硫酸、硫酸盐类等二次污染物。治理燃煤污染，使用的固硫剂是一些含钙、镁、铝、铁、硅和钠的物相，由于在高温下形成的硫酸盐易分解，降低了固硫率。可以通过研究某些高温下形成疏松孔道结构的环境矿物材料作为固硫添加剂，营造燃煤内部氧化气氛，有效地阻止硫酸盐分解。且像 SO_x、NO_x、CO 等污染物多为酸酐，大部分能溶于水。故可利用呈碱性的天然矿物材料，如膨润土、石灰石、生石灰、水镁石等，与酸酐发生中和反应，吸收酸酐，达到去除废气的目的。膨润土在高温下失去层间水，形成疏松孔道结构，吸附硫化反应产物硫酸盐，同时激活自身层间固硫离子如钙、镁等，有利于促进固硫反应。李金洪等利用膨润土作为固硫剂，取得了很好的固硫效果。在850℃、950℃和1050℃下燃烧能将固硫率提高到70%~80%，比原煤自身固硫率提高了约4倍。

汽车尾气污染也是中国大中城市的另一主要大气污染源，汽车排放废气中的 CO、NO_x、碳氢化合物、铅化物和硫化物等成分对人体危害极大。近年来应用天然稀土矿物做成汽车尾气催化剂获得成功。用稀土代替部分贵重金属制成的催化剂成本低且能获得满意的净化效果。由于稀土的原子半径大，极易失去外层电子，具有特殊的变价特性和活性，使稀土在汽车尾气净化过程中起到了多方面的作用。稀土元素具有独特的储氧功能，可使一氧化碳转化成二氧化碳，还可以改善催化剂的抗铅硫中毒性能，提高了催化剂的使用寿命，增加了催化剂的热稳定性。

空气中含有的细菌和尘埃等悬浮粒子直接影响空气质量，空气中的这些细菌和悬浮粒子对人体健康有很大的影响。天然硅藻土对空气中的可见以及不可见的微粒，如细菌、灰尘等具有较好的拦截作用。蒙脱石、海泡石、坡缕石等天然矿物材料，因为比表面积大，吸附性强，可作为吸附过滤材料广泛应用于空气污染的净化，用于臭气、毒气及有害气体如 NO_x、SO_x、H_2S 等的吸附过滤。此外，沸石也多用于大气污染净化，对 SO_2、H_2S、氮氧化物、氯仿、烃类等气体能有效地清除。

天然环境矿物材料能耐高温、耐辐射，而且许多矿物材料特殊的多孔结构都能为其提供极高的吸附性能，兼之矿物材料本身的价格就相当低廉，可对其进行改性，增强其物理和化学强度，使其具备长久的耐用性。

2.3.1.3　固体废物处理中的应用

随着我国城镇化进程的加快，生活和工业固体废物逐渐成为城市发展过程中急需解决的一个难题。固体废物不但占用大量的、有限的、宝贵的土地资源，而且会对土壤及地下水造成一定的污染。利用种类繁多、储量丰富、价格低廉、处理工艺相对简单的天然矿物进行固体废物的处理，具有投资少、效果好且二次污染小等优点，逐渐得到了广泛的关注。

天然矿物材料的表面活性、吸附性、孔道的过滤作用、层间的离子交换作用等方面的研究利用，又辅以改性技术的研究开发，使天然矿物材料的用途日益广泛。特别是在日益严重的垃圾污染中得到更深入的研究开发和更广泛的综合利用，天然矿物材料可作为垃圾处理的填埋防渗材料，主要包括沸石、膨润土、伊利石和高岭石等。陈磊等通过对膨润土、沸石的单层衬里土柱试验，对比研究了渗透前后衬里材料物相变化和渗透滤液的成分变化，膨润土主要依靠吸水膨胀性及吸附性降低渗透系数和衰减有害物质；沸石复杂的孔道结构决定了其良好的衰减有害物质的能力。由于垃圾填埋场的填土层对垃圾渗滤液有很强的吸附能力，在达到饱和之前，多层填土层对污染物质的净化数量是相当可观的。但垃圾渗滤液浓度高、污染强、组分复杂，特别是其中有机污染物种类繁多，若采用黏土矿物直接用于填土层，虽有一定的效果，但很有可能产生有机物的外漏，特别是有机组分复杂、含量高的渗滤液，故一般对天然矿物进行改性能达到更好的防渗效果。在垃圾焚烧飞灰处理中，袁姗姗利用添加量（质量分数）为10%的伊利石/蒙脱石间层矿物黏土吸附生活垃圾焚烧飞灰浸出液滤液中的重金属离子，纳米伊/蒙黏土对 Zn^{2+}、Pb^{2+} 和 Cu^{2+} 离子的吸附去除率均在90%以上。

尾矿砂是金属矿山开采和冶炼过程中的主要副产物。由于金属尾矿砂不良的物理和化学性质，植物定植和生长均比较困难，从而限制了尾矿砂上的植被恢复和重建。通过基质改良的方法可降低或消除一些尾矿砂理化性质方面的限制因子，从而满足植物生长所需要的条件。一些天然矿物材料如蒙脱石和沸石具有高的吸附容量和离子交换能力，可以用来吸附固定重金属，降低被植物吸收的可能性。郝秀珍等发现蒙脱石和沸石的加入降低了尾矿砂的有效态铜和锌的含量和尾矿砂的 pH 值，同时降低了黑麦草根中的铜锌吸收。

除此之外，天然矿物材料具有对固体废弃物独特优良的处理效果，有的甚至可与废物直接混合，变废为宝，达到综合利用的目的，获得保护生态环境和综合利用的双重作用。随着非金属矿的开发利用和非金属矿物材料工业的发展，有色金属矿、黑色金属及煤矿等矿山开发过程中的尾矿和矸石也得到了应用。

2.3.1.4　土壤修复中的应用

土壤污染的主要来源是工业和农业所产生的大量有机与无机污染物，这些污染物的积累会大幅削弱土地质量，其中又以重金属的污染最为严重。当前我国土壤污染及其防治形势严峻，表现为土壤污染途径众多、原因复杂，且部分地区土壤污染严重，并呈现无机/有机复合与混合污染、新老污染物并存等复杂局面。土壤污染与流动性较强的水体污染和大气污染不同，其最大的特征就是易积聚性，长期的积累令土壤污染很难被轻易去除，从而引起生态功能退化等一系列问题。

解决这一难题的最好方法就是增强土壤的自净化能力，令土壤能够以一定的速率自行处理污染物，达到一种动态平衡，而赋予土壤这种自净化能力的物质正是其中的天然矿物材料。土壤中的黏土矿物、铁锰铝氧化物、硅氧化物、有机质硫化物、氢氧化物、碳酸盐等都对重金属产生吸附、解吸、固定、释放等一系列的特殊作用，这些作用能够有效对土壤中的有机污染物与无机污染物进行拦截、阻止、限制与净化。利用天然矿物材料对污染的土壤进修复，不仅能治理土壤中的重金属、有机物、病毒等污染物，同时还能改善土壤的理化性质。

常用于修复重金属污染土壤的天然矿物材料包括硅酸盐矿物、磷灰石矿物及天然金属氧化物等。硅酸盐矿物是一类重要的环境矿物材料，由于其独特的结构和优异的特性，用于修复重金属污染土壤的研究较多。常用于修复重金属污染土壤的硅酸盐矿物有膨润土、凹凸棒石黏土、海泡石、高岭土和沸石等。膨润土对于 Pb 和 Zn 复合污染的土壤有较好的修复效果，谢正苗等在绍兴某矿区利用膨润土修复 Pb 和 Zn 复合污染土壤的研究中发现，在 pH 值为5、膨润土与污染土壤比为 1:5 时，修复效果最佳，可达到修复土壤的目的。海泡石特有的链层状晶体结构，使海泡石具有较大的比表面积和较强的离子交换能力，以及化学吸附作用。孙健等通过灯芯草盆栽试验研究不同配比海泡石和污染土壤显著降低了重金属在灯芯草地上部的积累，并抑制了铜、镉、铅向灯芯草地上部的转移。沸石相对其他材料更适合用于重金属污染土壤的修复，其原因为是它可适当调节土壤 pH 值，并且不引入其他污染物质。Querol 等认为沸石通过 3 种方式固定重金属，除提高土壤 pH 值，导致重金属形成沉淀之外，还能通过表面螯合和交换吸附增加对重金属的吸附。磷灰石较大的比表面积和强吸附能力，可以用作修复 Pb 和 Cd 等重金属污染土壤。Laperche 通过 XRD 和 SEM 分析结果发现磷灰石与 Pb 结合形成磷氯铅矿，降低 Pb 在土壤中的有效性。金属氧化物尤其是铁锰氧化物与重金属离子的相互作用是土壤化学和环境化学研究的重点之一，受到国内外专家的广泛关注。近年来，金属氧化物已用于修复重金属污染土壤，但其固定的效果因重金属离子不同而异。如针铁矿对重金属离子吸附量大小顺序为：$Cu^{2+} < Zn^{2+} < Ni^{2+} < Co^{2+} < Cd^{2+}$，并对 Pb^{2+} 有较大的吸附量；而重金属离子在氧化锰表面上的吸附量大小顺序为：$Pb^{2+} < Cu^{2+} < Mn^{2+} < Co^{2+} < Ni^{2+}$。铁、铝氧化物对 Cr^{6+} 的吸附量比黏土矿物大得多，其吸附量为：三水铝石 > 针铁矿 > 二氧化锰 > 高岭石。此外，某些天然矿物材料主要通过提高土壤 pH 值，增加土壤组分对重金属的固定，以含碳酸盐为主的矿物如石灰石、白云石等，可以通过提高土壤的 pH 值降低重金属的有效性。

土壤有机污染物不仅来源广泛，而且种类繁多，是降低土壤质量和破坏土壤生态系统的重要污染物之一，也是地下水污染和地表水污染的主要来源，已引起社会各界的广泛关注。天然环境矿物材料主要通过吸附固定和氧化、催化降解等作用修复有机污染土壤。目前针对硅酸盐矿物材料对有机污染物吸附和解吸特征和机理的研究相对较多。如 Gianotti 等通过研究蒙脱石和高岭石对 2，4，6-三氯苯和 4-氯苯酚吸附性能和机理研究发现，这两种黏土矿物对 2，4，6-三氯苯有较强的黏合力，且蒙脱石对两种污染物的饱和吸附量大于高岭石，原因主要是蒙脱石有较大的比表面积，污染物能够进入膨润土层之间。硅酸盐矿物除对有机污染物有吸附固定作用外，还具有催化氧化作用。黏土矿物在其表面或者内部存在氧化中心，导致产生自由基从而氧化有机污染物。黏土矿物比表面积和表面酸度、矿物类型、可交换阳离子类型决定其催化活性的不同。Tao 等研究黏土矿物对三氯乙烯的催化氧化作用发现，黏土矿物促进三氯乙烯的光催化降解，且不同类型的黏土矿物光催化降解作用表现为：蒙脱石-Zn^{2+} > 硅胶 > 高岭石 > 蒙脱石-Ca^{2+} > 蒙脱石-Cu^{2+}。另外，金属类的矿物材料与有机物可通过氢键作用、配位体交换、阳离子架桥等吸附有机物，而且对有机物起到氧化、催化降解作用。Julian 通过研究铁锰氧化物对大环内酯类抗生物吸附研究实验发现，该氧化物通过表面配位反应，矿物表面大量吸附抗生物类物质。

近年来，国外关于病毒在土壤中的迁移行为及其影响因素的研究已经给予了高度重视，病毒可随着水分进入土壤深层，并进入地下水。而在我国，病毒在土壤中的环境行为研究近几年才给予关注。研究发现，比表面大、表面带正电荷的矿物对病毒的吸附性能较好。天然黏土矿物对各种病毒吸附固定作用已有研究报道，如高岭土吸附噬菌体 T2，高岭土、膨润土和酸化黏土能够吸附传染性造血坏死病毒，膨润土能够吸附病毒 T7 等。Moor 等研究了 34 种矿物和土壤对脊髓灰质炎病毒的吸附固定能力，结果表明，矿物表面所带的正电荷总量与病毒吸附量之间存在显著相关性，以铁氧化物为主要成分的磁性沙土和赤铁矿对病毒的吸附能力较强，而蒙脱石、海绿石、页岩对病毒的吸附能力相对较弱。Ryan 和 Elimelech 也指出，铝、铁、锰等金属氧化物在 pH 值接近中性时带正电荷，虽然其含量很低，但对病毒的吸附量可能以数量级增长。

此外，天然矿物材料因具有独特的晶体结构和优异的物理化学性能，还能改变土壤酸碱度，提高土壤保水性能，增加土壤肥力，对土壤结构起到一定的改善。例如，膨润土、蛭石能提高土壤水分保持率，延长水分保持时间，减少肥料损失，有效改良土壤，在砂质土壤上改善土壤保水能力的效果尤为明显。沸石能使土壤水稳性团聚体数量增加，增加土壤肥力，调节酸碱度等。李华兴等研究表明，土壤的保肥能力随沸石用量的增加而增加，尤其在低肥力、质地较粗的土壤上作用更明显；土壤中的 Al-P、Fe-P 和水溶性磷也明显增加，表明沸石能够减少速效磷的固定，提高磷肥生物有效性。

在污染土壤修复方面，科技人员利用天然环境矿物材料自身的特性开展了修复污染土壤的试验研究，取得了可喜的进展。为了进一步推动和促进环境矿物材料在土壤修复领域中的应用，可对天然环境矿物材料进行改性，或将多种矿物材料结合起来应用，进一步提高治理效果。

2.3.2　存在问题

天然矿物在污染治理与环境修复领域中发挥着独特的作用，并在污染治理的规模、成本、工艺、设备、操作、效果及无二次污染等方面具有明显的特点和较大的优势。其在水污染、大气污染、固体废物处置与处理、土壤修复、核污染和核废料防治、地表水和地下水水质改善及燃煤固硫除尘等方面的应用显示了良好的效果和前景。然而，纯天然的环境矿物材料在治理污染的效果方面，相对于其他方法或材料并不具备优势，主要体现在以下几方面：

（1）实际应用中，由于天然矿物材料为粉状吸附剂，很难实现动态吸附，易造成阻塞，使吸附反应无法顺利进行，静态吸附处理后固-液分离和再生困难，处理费用较高，甚至导致二次污染。可在处理污水前，先把矿物材料加工成一定的形状，经过一定处理，使其在水中能够保持这种形状。所以有关天然矿物的应用条件和再生条件还需进一步研究，一旦解决了这些问题，天然矿物材料在水污染治理领域中的应用水平必将进一步提高。

（2）在有机污染治理上，天然环境矿物材料可以固定土壤中有机污染物而降低其扩散性，达到净化目的，但对有机污染物的固定能力相对较弱，通常需要改性。可针对不同行业、不同类型有机废水，组织合理的工艺流程，选定适当的矿物材料、设备和构筑物。随着矿物学研究从资源属性到环境属性的发展，天然矿物材料的环境属性会越来越多地被揭示出来，矿物材料会成为一种有发展前途的有机废水处理材料。

（3）有效的改性技术可以提高天然环境矿物材料对重金属、病原生物的吸附能力，以减少其使用量，针对复合污染或多形态污染物，也需要多种环境矿物材料的复配或联合使用，并对其作用机理和应用进行进一步探讨。因此，研发新型环境矿物材料用于修复污染土壤的研究亟待深入，重点在改性技术及复配技术方面，如有机黏土、柱撑、纳米化环境矿物材料等开发。

（4）发展矿物与生物两大系统间的交互作用理论，开发天然矿物在污染治理与环境修复方面的应用技术，拓宽无机矿物净化环境污染领域，凝练、概括并提出继物理方法和化学方法之后与有机界生物同效的无机界矿物天然自净化功能的新的基础理论与应用方法，以发展和完善无机矿物与有机生物所共同构筑的自然界中存在的天然自净化系统，也是今后的主要研究方向。

目前天然生成的环境矿物材料已经获得了很好的应用效果，而采取新技术对天然材料进行适当加工如超细、超纯、改型和改性，能令其发挥更高的净化效能，这种技术的研究和实用化相信会是未来环境矿物材料的发展方向。

思 考 题

2-1 常见的黏土矿物材料有哪些？它们有何用途？

2-2 简述多孔矿物材料的共同特点。

2-3 举例说明沸石在环境治理中的应用。

2-4 石墨有何特点？目前的主要应用有哪些？

2-5 天然矿物材料的结构调整作用主要体现在哪些应用中？

2-6 简述天然环境材料的纳米效应。

2-7 举例说明天环境矿物材料的孔道过滤作用。

2-8 简述矿物材料在大气污染治理中的应用现状。

2-9 简述矿物材料在水污染处理中的主要应用。

2-10 矿物材料在土壤污染治理中主要发挥了哪些作用？

2-11 天然环境矿物材料在实际应用中存在哪些问题？

2-12 简述天然环境矿物的应用前景。

参 考 文 献

[1] 商平，申俊峰，赵瑞华．环境矿物材料 [M]．北京：化学工业出版，2008．

[2] 黄占斌，马妍，贾建丽，等．环境材料学 [M]．北京：冶金工业出版，2017．

[3] 傅伯杰，陈利顶，马克明，等．景观生态学原理及应用 [M]．北京：科学出版社，2002．

[4] 鲁安怀．环境矿物材料基本性能——无机界矿物天然自净化功能 [J]．岩石矿物学杂志，2001，20 (4)：371～381．

[5] 廖立兵，汪灵，董发勤，等．我国矿物材料研究进展 (2000-2010) [J]．矿物岩石地球化学通报，2012，31 (4)：323～339

[6] 赵磊，董发勤，王光华，等．多孔矿物材料的孔道结构及应用进展 [J]．中国粉体技术，2008 (1)：46～49．

[7] 何洪林，商平，于华勇，等．环境矿物材料——海泡石在废水处理中的应用及展望 [J]．净水技术，2006 (4)：19～22．

[8] 闫丰．环境矿物材料改良土壤的研究进展 [J]．安徽农业科学，2015，43 (21)：95～96+126．

[9] 刘力章．环境矿物材料在环境保护中的应用现状与前景 [C] //中国复合材料学会．第十届全国粉体工程学术会暨相关设备、产品交流会论文专辑．中国复合材料学会，2004：3．

[10] 聂果，王永杰．环境矿物材料在水体污染治理进展中的研究 [J]．环境科学与管理，2014，39 (12)：126～129．

[11] 余梅．环境矿物材料在土壤、水体、大气污染治理中的利用 [J]．科技经济市场，2014 (4)：128．

[12] 刘云，董元华，杭小帅，等．环境矿物材料在土壤环境修复中的应用研究进展 [J]．土壤学报，

2011，48（3）：629~638.

[13] 赵国强. 环境矿物材料在土壤修复中的研究进展 [J]. 农业与技术，2017，37（17）：24~26+39.

[14] 翟斌. 环境矿物材料在污染治理中的应用 [J]. 北方环境，2005（2）：69~71+76.

[15] 羊依金，李志章. 几种非金属矿物材料在有机废水处理中的应用 [J]. 采矿技术，2006（3）：377~384.

[16] 张宝强. 矿物材料修复重金属污染的研究进展 [J]. 中国资源综合利用，2019，37（7）：100~102.

[17] 刘润琪. 矿物材料在环境治理方面的应用进展 [J]. 山东工业技术，2017（19）：62~63.

[18] 羊依金，李志章，刘建英. 矿物材料在有机废水处理中的应用 [J]. 四川有色金属，2006（2）：46~52.

[19] 凌辉，鲁安怀，王长秋，等. 矿物法组合处理垃圾填埋场渗滤液的研究 [J]. 矿物学报，201，31（1）：95~101.

[20] 刘娟，盛安旭，刘枫，等. 纳米矿物及其环境效应 [J]. 地球科学，2018，43（5）：1450~1463.

[21] 陈磊，廖立兵，张秀丽，等. 膨润土、沸石和赤泥用作垃圾填埋场底部防渗衬里的机理探讨 [J]. 硅酸盐通报，2009，28（6）：1139~1142.

[22] 薛传东. 天然矿物材料修复富营养化水体的实验研究 [C] //中国地质学会. 第二届全国环境矿物学学术研讨会论文集. 中国地质学会，2004：5.

[23] 陈方明，陆琦. 天然矿物材料在废水处理中的应用 [J]. 化工矿产地质，2004（1）：35~40.

[24] 郝秀珍，周东美，薛艳，等. 天然蒙脱石和沸石改良对黑麦草在铜尾矿砂上生长的影响 [J]. 土壤学报，2005（3）：434~439.

[25] 任子平，杨赞中. 有机粘土矿物在环境保护中的应用研究进展 [J]. 中国非金属矿工业导刊，2001（3）：24~26.

[26] 沈岩柏，朱一民，魏德洲. 硅藻土对锌离子的吸附特性 [J]. 东北大学学报，2003（9）：907~910.

[27] 郑红，汤鸿霄. 天然矿物锰矿砂对苯酚的界面吸附与降解研究 [J]. 环境科学学报，1999（6）：619~624.

[28] 李金洪，鲁安怀，高永华. 民用燃煤烟尘特征及环境矿物材料固硫剂开发 [J]. 地学前缘，2001（2）：315~320.

[29] 袁姗姗. 纳米伊/蒙粘土吸附水和垃圾焚烧飞灰中重金属离子的研究 [D]. 广州：华南理工大学，2016.

[30] 谢正苗，俞天明，姜军涛. 膨润土修复矿区污染土壤的初探 [J]. 科技通报，2009，25（1）：109~113.

[31] 孙健，铁柏清，周浩，等. 不同改良剂对铅锌尾矿污染土壤中灯心草生长及重金属积累特性的影响 [J]. 农业环境科学学报，2006（3）：637~643.

[32] 李华兴，李长洪，张新明，等. 天然沸石对土壤保肥性能的影响研究 [J]. 应用生态学报，2001（2）：237~240.

[33] Allan C Vieira dos Santos, Jorge C Masini. Evaluating the removal of Cd（Ⅱ），Pb（Ⅱ）and Cu（Ⅱ）from a wastewater sample of a coating industry by adsorption onto vermiculite [J]. Applied Clay Science, 2007（37）：167~174.

[34] Donat R. The removal of uranium（Ⅵ）from aqueous solutions onto natural sepiolite [J]. Journal of Chemical Thermodynamics, 2009, 41（7）：829~835.

[35] Querol X, Alastuey A, Moreno N, et al. Immobilization of heavy metals in polluted soils by the addition of zeolitic material synthesized from coal fly ash [J]. Chemosphere, 2006, 62（2）：171~180.

[36] Laperche V, T J Logan, P Gaddam, et al. Effect of apatite amendments on plant uptake of lead from contaminated soil [J]. Environmental Science & Technology, 1997, 31（10）：2745~2753.

[37] Gianotti V, M Benzi, G Croce, et al. The use of clays to sequestrate organic pollutants. Leaching experi-

ments［J］. Chemosphere, 2008, 73（11）: 1731~1736.

［38］ Tao T, Yang J J, Maciel G E. Photoinduced decomposition of trichloroethylene on soil components［J］. Environmental Science & Technology, 1999, 33（1）: 74~80.

［39］ Feitosa-Felizzola J, Hanna K, Chiron S. Adsorption and transformation of selected humanused macrolide antibacterial agents with iron（Ⅲ）and manganese（Ⅳ）oxides［J］. Environmental Pollution, 2009, 157（4）: 1317~1322.

［40］ Moore R S, Taylor D H, Sturman L S, et al. Poliovirus adsorption by 34 minerals ans soils［J］. Applied and Environmental Microbiology, 1981, 42（6）: 963~975.

［41］ Ryan J N, Elimelech M. Analysis of baxteriophage inactivation and its attenuation by adsorption onto colloidal particales by batch agitation techniques［J］. Canadian Journal of Microbiology, 1999, 45: 9~17.

3 环境矿物材料加工、改性与再生

本章要点：

为了提高天然矿物的使用价值和开拓其应用领域，通常需要采取一些手段改变矿物自身性质或理化性能。本章总结了环境矿物材料的超细粉粹、分级过程与相关设备，浮选提纯、磁选提纯、化学提纯等提纯加工过程和设备，以及矿物材料物理、化学、复合改性手段与再生方法。

3.1 环境矿物材料超细粉碎与分级

3.1.1 超细粉碎

随着科学技术的发展，现代高技术、环境保护等对环境矿物材料微细物的需求迅速增长。许多工业部门要求环境矿物材料固体粉末应具有较细的颗粒、严格的粒度分布，粒度要求很细，平均粒径仅数微米；有的要求粒度分布狭窄，产品中的粗大颗粒和过细含量极低，甚至完全没有；有的要求颗粒表面光滑，没有棱角、凸起或凹陷，颗粒形状应接近于球形、圆形、方锥形、针形或其他规整形状。所有这些技术要求需要通过超细粉碎以及微细分级来实现。

3.1.1.1 超细粉碎定义

一般认为，将大块矿石碎至 5~6mm 的加工，称为破碎；碎至 0.074~5mm 属于磨碎，碎至小于 200 目（0.074mm）则称为细粉碎；而现代超微（细）粉碎一般是指生产 10μm 以下粉体物料的粉碎。

超细粉碎过程中的物料细度达微米级，一般将粒度分布 $d_{97} \leqslant 10\mu m$ 的产品称为超细（粉体）产品，相应的加工技术称为超细粉碎。超细粉碎通过对物料的冲击、碰撞、剪切、研磨、分散等手段而实现。选择粉碎方法时，须视粉碎物料的性质和所要求的粉碎比而定，尤其是被粉碎物料的物理和化学性能具有很大的决定作用，而其中物料的硬度和破裂性更居首要地位，对于坚硬和脆性的物料，冲击很有效。

由于物料粉碎至微米级与亚微米级，与粗粉或细粉相比，超细粉产品的比表面积和比表面能显著增大，在粉碎过程中颗粒与颗粒间的相互作用力大大增加，相互吸附、黏结的趋势增加。在一定程度上，颗粒处于粉碎与聚结的可逆动态过程；随着矿物粒度减小，矿物成矿过程中形成的晶体缺陷减少，抵抗外力的强度相对增大。在超细粉碎过程中，一般需要同时设置精细分级设备，以便及时分级合格微细颗粒，避免微细颗粒再聚集。通过添加粉碎助剂（助磨剂），可以降低微细矿粒的强度，提高超细粉碎效率。

由于粒度微细，传统的粒度分析方法——筛分分析的"目数"不适合用来表示其粒度。现今超细粉体的粒度测定广泛采用现代科学仪器和测试方法，如电子显微镜、激光粒度分析仪、库尔特计数器、图像分析仪、重力及离心沉降仪以及比表面积测定仪等，测定结果用 μm（粒度）或 m^2/g（比表面积）为单位表示。对于超细粉体的粒度分布可用列表法、直方图、累积粒度分布图等表示。

目前的超细粉碎方法主要是机械粉碎，包括干法和湿法两种粉碎方式。在工艺设置上有批量开路、连续开路和连续闭路等几种形式。

3.1.1.2 粉碎基础理论

A 晶体的破碎与变形

宏观物体的粉碎机理是较为复杂的，难以用一个理论来圆满地解释，但我们可以通过晶体的破碎和变形对固体物料受外力作用被粉碎的机理做一些了解。

晶体是由离子、原子或分子在空间中按一定几何规则，做周期性排列构成的，每一个周期构成一个晶胞，它是构成晶体的基本单位。晶体质点借助相互间的吸引力和排斥力维持平衡。当晶体受到外力作用而被压缩时，质点间的距离小于平衡时质点间距离，斥力大于引力，剩余的斥力支撑着外力的压迫；当晶体受到外力作用而伸张时，质点间的距离大于平衡时质点间的距离，引力大于斥力，多余的引力抵御外力的拆散作用。但随着质点间距离的进一步增加，引力的绝对值减小，故伸张到一定程度后，即平衡时质点间距等于断裂时质点间距，质点间相互作用力不再增大，晶体终于抵制不住外力的拉伸而导致破碎或永久变形，即施加于晶体上的外力超过了最大可能的相互作用力，晶体将破碎或产生永久变形。

只有晶体变形时才有滑移层，各向均质的材料（如非晶质体中）就没有滑移层。当外力的作用方向与滑移面的方向一致时，可用最小的力达到滑移的目的，否则在一定的作用力下，是发生塑性形变还是脆性断裂取决于滑移面与外力之间的夹角。

微小颗粒的粉碎系统中，只有当施加的应力大于材料本身强度的颗粒才能进一步被粉碎。对于所承受应力小于材料本身强度，但足以产生塑性变形的颗粒将发生永久变形。对于足够大的循环载荷（如长时间研磨或使用高频率作用力），不仅各颗粒变形的程度不同，而且在单个晶体内沿不同滑移面的塑性变形的大小和方向也将发生变化。

B 裂纹及其扩展

如果已知晶体结构和原子之间的作用力，那么理想晶体的理论强度和屈服点可以进行计算。但是理论计算值较实际测定值要高得多（甚至达几个数量级）。例如，破碎玻璃实际所需的能量只有理论计算值的 1/3。对于矿石等晶质固体物料来说，计算值与实测值的出入更大。原因是晶体在质点排列上存在缺陷和微裂纹。裂纹在外力作用下的形成和扩展是固体物料，尤其是脆性物料粉碎的主要过程之一。包括：裂纹的扩展条件与扩展力，裂纹尖端的能量平衡，裂纹的扩展速度与物料的粉碎速度。

C 比表面能及晶格键能

固体物料经粉碎后产生了新的表面，外力所做的功一部分转化为新生表面上的表面能。因此，表面能与粉碎耗能密切相关。粉碎产品的粒度越细，新生表面积越大，物料的表面能也就越大，能耗也就越高。因此，表面能对研究物料的超细粉碎能耗以及分散和团聚现象非常重要。产生单位表面积所需的能量称之为比表面能，这是固体表面的一种重要性质。

固体的表面能与液体相比有两点不同：（1）在液体中取任何切面，其上的原子排列均相同，故液体的比表面能在任何方向皆一样。固体则不然，界面上的原子排列方式与所取切面的方向有关，从而由不饱和键组成的表面能也有方向性；（2）设想新表面的形成分两步，首先因断裂而出现新表面，但质点仍留在原处，然后质点在表面上重新排成平衡位置。由于固体的质点难以运动，所以液体的这两个步骤几乎同时完成，但固体的第二个步骤却迟迟没有发生。

影响固体比表面能的因素很多，除了物料自身的晶体结构和原子之间的键合类型之外，其他如空气中的湿度、蒸汽压、表面吸附水、表面污染、表面吸附物等。所以固体的比表面能不像液体的表面张力那样容易测定。固体颗粒表面将原子结合在一起的键合力与内部是不相同的。因此，固体物料粉碎时，系统的晶格键能也将发生变化。

初始阶段，颗粒的相互作用可以忽略。这时，颗粒内部键能的变化为零，比表面积增大，这时物料的粉碎能耗大体上与新生的表面积成正比。

聚结阶段，这时颗粒之间有相互作用，但其作用力主要是范德华力，比较弱。因此系统的比表面能仍然增加（虽然增加的速度较初始阶段有所减缓）。颗粒之间较弱且可逆的聚结作用虽然对比表面能有所影响，但颗粒内部的键能变化很小。这时物料的粉碎能耗不与新生的比表面积成正比。

团聚阶段，颗粒之间有较强及不可逆的相互作用（共结晶、机械化学反应等），这时，颗粒内部的键能及比表面能都将发生变化，系统的分散度下降，被磨物料的粒度可能变粗。团聚降低了粉碎效率，增加了能耗。超细粉碎过程中应该避免团聚现象的发生。

D　物料的强度、硬度和可磨性

物料的强度与物料粉碎时的阻力有关。一般来说，强度越高，粉碎时的阻力也就越大，能耗就越高。岩石的抗压强度是抗拉强度的 10~40 倍，抗弯强度的 7~11 倍，抗剪强度的 5~17 倍。一般物料的强度还与物料的硬度有关，硬度高的物料其强度和粉碎时的阻力往往也较大。如以实验室材料试验机测定的物料的抗压强度为标准，可将抗压强度大于 250MPa 者称为坚硬物料，40~250MPa 者称为中硬物料，小于 40MPa 者称为软物料。

此外，对于同一种物料，其强度还与其粒度大小有关。随着粒度的减小，颗粒的强度增大。这是因为随着粒度的减小，颗粒的宏观和微观裂纹减小，颗粒质量趋于均匀且缺陷减少。因此，粒度越细，粉碎时的阻力也就越大，能耗也越高。

E　粉碎能耗理论

粉碎物料时，粉碎工具对颗粒状物料施力，当作用力超过颗粒之间的结合力时，颗粒被粉碎。外力做的功称为粉碎功耗或能耗。粉碎过程中，外力所做的功主要消耗于以下几个方面：粉碎机械传动中的能耗，颗粒在粉碎发生之前的变形能和粉碎之后的储能，被粉碎物料新增表面积的表面能，颗粒晶体结构变化所消耗的能，研磨介质之间的摩擦、振动及其他能耗。关于粉碎能耗，迄今已有很多种理论或假说，其中最著名的有雷廷格（Rittinger）的表面积假说（1867 年）、基克（Kick）的体积学说（1883 年）和邦德（Ficibood）

的裂纹扩展学说（1952年）。

这3个能耗学说均是20世纪50年代之前提出来的，而超细粉碎的大规模工业化生产则是在20世纪60~70年代之后。因此，这3个学说均不是针对超细粉碎作业提出来的。据芬兰R. T. Hukky等人的验证研究，基克学说适用于产物粒度大于50mm的粉碎作业，邦德学说适用产物粒度0.5~50mm的粉碎作业，雷廷格学说适用于产物粒度0.5~0.075mm的细磨作业。

M. C. Kerr等人的研究表明，粉碎作业的能耗规律是复杂的，除了给料粒度和产品细度外，与物料的性质、粉碎设备类型、粉碎工艺参数及操作条件等因素有关。在粉碎过程中，当物料种类、给料粒度、粉碎设备、工艺参数及操作条件等一定时，粉碎所耗能量取决于产品粒度分布或比表面积。

F 热力学效率与能量利用率

与机械能相关的粉碎工艺过程是非常复杂的，在这一过程中，除了固体颗粒的变形、裂纹形成及其扩展以及粉碎外，还伴随着晶格振动，晶格缺陷的形成和转移，非晶态化和新相的形成等所谓机械化学的变化。系统的内能、熵、自由焓等热力学性质也必然发生变化。这些变化直接关系到粉碎过程的效率和能量利用率。粉碎过程热力学就是从热力学的角度研究粉碎过程的能量利用率和粉碎效率。

G 颗粒冲击粉碎原理

颗粒冲击粉碎的原理可以通过颗粒碰撞原理来理解。在冲击碰撞时，颗粒因受到压缩作用要产生变形。对于理想的弹性体，它们最初变形时不损失能量；对于理想的刚性体，则要损失能量。对于脆性物料（大多数矿物是脆性物料），可以说碰撞的能量几乎都损失了，这一能量损失正是颗粒粉碎的原因。如果碰撞的能量超过了粉碎所需的能量，颗粒将被粉碎。

因此，随着粉碎的进行，在颗粒粒度 d 减小的同时、颗粒的平均自由运动路程也缩短了。多数情况下颗粒的平均自由路程具有决定性作用。例如，$d=100\mu m$ 时，路程介于1~10之间；$d<10\mu m$ 时，颗粒的碰撞将很频繁，这时以冲击碰撞作用为主。

冲击粉碎能耗与冲击碰撞的速度成正比。Rumpf认为第1次碰撞只导致材料（或颗粒）的疲劳，只有连续碰撞后，颗粒才被粉碎。能量不足的冲击碰撞和已被粉碎至合格细度的颗粒滞留在粉碎机中将浪费能量。因此，应及时将合格的细粒级产品分出。但是，从能量利用的角度来说，并非冲击或碰撞速度越高越好。不同种类和不同粒度的物料都有一个最佳的冲击速度，在该冲击速度下，能量的利用率或粉碎效率最高。

3.1.1.3 超细粉碎设备

目前超细粉碎设备的类型主要有气流磨、高速机械冲击磨、旋磨机、搅拌球磨机、研磨剥片机、砂磨机、振动球磨机、旋转筒式球磨机、行星式球磨机、辊磨机、匀浆机、胶体磨等。其中气流磨、高速机械冲击磨、旋磨机、辊磨机等为干式超细粉碎设备；研磨剥片机、砂磨机、匀浆机、胶体磨等为湿式粉碎机；搅拌球磨机、振动球磨机、旋转筒式球磨机、行星式球磨机等可以用于干式超细粉碎，也可以用于湿式超细粉碎。其与精细分级机及产品输送、介质分离、除尘、检测等设备共同构成超细粉碎系统。各类超细粉碎设备的粉碎原理、给料粒度、产品细度及应用范围见表3-1。

表 3-1　各类超细粉碎设备的粉碎原理、给料粒度、产品细度及应用范围

设备类型	粉碎原理	给料粒度 /mm	产品细度 $d_{97}/\mu m$	应用范围
气流磨	冲击、碰撞	<2	3~45	高附加值矿物粉体材料
机械冲击磨	打击、冲击、剪切	<10	8~45	中等硬度以下矿物粉体材料
旋磨机	冲击、碰撞、剪切、摩擦	<30	10~45	中等硬度以下矿物粉体材料
振动磨	摩擦、碰撞、剪切	<5	2~74	各种硬度矿物粉体材料
搅拌磨	摩擦、碰撞、剪切	<1	2~74	各种硬度矿物粉体材料
转筒式球磨机	摩擦、冲击	<5	5~74	各种硬度矿物粉体材料
行星式球磨机	压缩、摩擦、冲击	<5	5~74	各种硬度矿物粉体材料
研磨剥片机	摩擦、碰撞、剪切	<0.2	2~20	各种硬度矿物粉体材料
砂磨机	摩擦、碰撞、剪切	<0.2	1~20	各种硬度矿物粉体材料
辊磨机	挤压、摩擦	<30	10~45	各种硬度矿物粉体材料
高压匀浆机	空穴效应、湍流和剪切	<0.03	1~10	高岭土、云母、化工原料、食品等
胶体磨	摩擦、剪切	<0.2	2~20	云墨、云母、化工原料、食品等

A　高速机械冲击磨

高速机械冲击磨是指围绕水平或垂直轴高速旋转的回转体（棒、锤、叶片等）对物料进行激烈的打击、冲击、剪切等作用，使其与器壁或固定体以及颗粒之间产生强烈的冲击碰撞，从而使颗粒粉碎的超细粉碎设备。

高速机械冲击磨（机械冲击式超细粉碎机）是选用较多的超细粉碎设备，产品细度一般可达到 $d_{97}=10\sim30\mu m$，配以高性能的精细分级机后可以生产 $d_{97}=5\sim10\mu m$ 的超细粉体产品，产量从每小时几百千克到几吨。国内自主研发的 LHJ 型机械粉碎机以较大的单机生产能力和较低的单位产品能耗及操作方便等性能在重晶石、滑石、煤系硬质高岭土的干法超细粉碎加工中得到了广泛应用。

目前常用的机型有高速冲击锤式粉碎机、高速冲击板式粉碎机等，其中以山东省青岛派力德粉体工程设备有限公司生产的 PCJ 系列立式超细粉碎机、PWC 系列卧式超细粉碎机，上海世邦机器有限公司生产的 CM51、ACM53 等型号的超细粉磨机、旋风式超细磨（LHJ 型机械磨）、JCF 型冲击磨，上海细创粉体装备有限公司（原上海化工机械三厂）生产的 JCF 型机械粉碎机、JBL 系列棒式机械粉碎机、JJ（A）500 剪切式粉碎机为代表。

机械冲击式超细粉碎设备在最近几年发展迅速，其部分性能指标已达到国外同类设备的水平，部分产品还独具新意。它具有投资少、能耗低、工艺布置简单、粉碎比大、适应性强等特点，比较适合于生产 1000 目以下的中低附加值的中等硬度非金属矿产品的深加工处理。因此，此类设备在非金属矿物加工中的应用较多，但品种还比较单一，存在材质磨损问题。应当完善结构，进一步解决材质问题和加工精度。

B　气流磨

气流磨又称喷射磨或能流磨，是一种利用高速气流（300~500m/s）或过热蒸汽（300~400℃）的能量对固体材料进行超细粉碎的机械设备。

气流磨是最主要的超细粉碎设备之一。依靠内分级功能和借助外置分级装置，气流磨

机可加工 $d_{97} = 3 \sim 5 \mu m$ 的粉体产品，产量从每小时几十千克到每小时几吨。气流粉碎的产品还具有粒度分布较窄、颗粒表面光滑、颗粒形状规则、纯度高、活性大等特点。

目前气流磨机主要有扁平（圆盘）式、循环管式、对喷式、流化床逆向喷射式、旋冲或气旋式、靶式等几种机型和数十种规格。广泛用于滑石、石墨、硅灰石、高岭土等矿物的超细粉碎加工。

气流磨国内生产厂家最多，机型齐全，由于它是干法生产，可以省去非金属矿超细粉碎中的烘干工艺。但也存在一些问题：设备制造成本高，一次性投资大，设备的折旧费高；能耗高，粉体加工成本太高，给粉体加工厂的经济效益带来负面影响，这就使得它在这一领域的使用受到了一定的限制；它难以实现亚微米级产品粉碎，产品粒度在 $10 \mu m$ 左右时效果最佳，在 $10 \mu m$ 以下时产量大幅度下降，成本急剧上升，在非金属矿领域的应用就失去了应有的使用价值；目前气流磨的单机处理能力较小，产量均在 1t/h 以下，还不能适应大规模生产的需要；在介质使用上，国内大多使用空气，还很少使用过热蒸汽和惰性气体；设备的加工精度和材质的选择使用上还有待改善。

气流磨机型较多，常见的有扁平式气流粉碎机、靶式气流粉碎机、循环式气流粉碎机、流化床式气流粉碎机、对冲式气流粉碎机等 5 大类，其中具有代表性的机型有江苏省昆山市密友装备制造有限责任公司生产的 QYF-600 型气流粉碎机、QBF 型惰性气体保护气流粉碎机等，其中 QYF-600 型气流粉碎机由加料区、粉碎区、分级区等组成，生产能力达到 2.2t/h，与其他类型气流粉碎机相比节能 $15\% \sim 25\%$。

C　搅拌磨、砂磨机、研磨剥片机

搅拌研磨机是指由一个静置的内填研磨介质的筒体和一个旋转搅拌器构成的超细研磨设备。搅拌研磨机主要通过搅拌器搅动研磨介质产生不规则运动，对物料施加撞击或冲击、剪切、摩擦等作用使物料粉碎。

搅拌研磨机的筒体一般做成带冷却夹套，研磨物料时，冷却夹套内可通入冷却水或其他冷却介质，以控制研磨时的温升。研磨筒内壁可根据不同研磨要求镶衬不同的材料或安装固定短轴（棒）和做成不同的形状，以增强研磨作用。搅拌器是搅拌研磨机最重要的部件，有轴棒式、圆盘式、穿孔圆盘式、圆柱式、圆环式、螺旋式等类型。连续研磨时或研磨后，研磨介质和研磨产品（浆料）要用分离装置分离。这种介质分离装置种类很多，目前常用的是圆筒筛，筛孔尺寸一般为 $50 \sim 1500 \mu m$。

超细研磨时，搅拌研磨机一般使用平均粒径小于 6mm 的球形介质。研磨介质的直径对研磨效率和产品粒径有直接影响，此外，研磨介质的密度（材质）及硬度也是影响搅拌研磨机研磨效果的重要因素之一。常用的研磨介质有氧化铅珠、氧化锆珠或刚玉球、钢球（珠）、玻璃珠等。

搅拌研磨机根据作业方式分为间歇式、循环式、连续式三种；按工艺可分为干式搅拌研磨机和湿式搅拌研磨机；按搅拌器的不同还可分为棒式搅拌磨、圆盘式搅拌磨、螺旋或塔式搅拌磨、环隙式搅拌磨等。

搅拌磨是目前取得亚微米级产品的可行设备。搅拌磨虽起步较晚，但发展迅速，特别是近十年取得了巨大进展。干式搅拌磨已研制成功，它可以减少后续脱水和干燥作业，从而简化工艺、降低成本，尽管其性能仍需进一步完善，但仍不失为一种应用前景良好的超细粉碎设备。总体来讲，磨的品种规格还较少，处理能力也较小，还有待于进一步改进和完善。

　　我国搅拌磨发展自 1953 年至今已有半个多世纪，现在具有代表性的为中信重工机械股份有限公司自主研制的高效超细磨矿设备——CSM1200 型立式搅拌磨机，单台磨机每小时可处理 120~150t 矿石，出料粒径可根据实际情况调整，可细至 0.01mm。

　　砂磨机是另一种形式的搅拌磨，因最初使用天然砂和玻璃珠作为研磨介质而得名。砂磨机可分为敞开型和密闭型两类，每种又可分为立式和卧式两种。砂磨机在硬度较低的非金属加工中效果还可以，如重质碳酸钙的超细粉碎。但对硬度较高的非金属矿物（如锆英砂、磨料等）的粉碎效果不好，无法胜任。

　　研磨剥片机实际上是一种圆盘式搅拌磨或砂磨机。它主要由传动机构、剥片器（盘）、剥片筒、筛网部件、机身、电气系统、进料系统七大部分组成。矿浆经进料泵系统送入研磨剥片筒内，筒内设有一定量的剥片介质，传动机构带动剥片器（盘）高速旋转，通过剥片盘的强力搅拌及分散，使浆料中的固体颗粒被磨细。符合细度要求的粒子随浆液向上经筛网由出料口自由流出并集合。

　　D　振动磨

　　振动磨是利用研磨介质（球状和棒状）在做高频振动的筒体内对物料进行冲击、摩擦、剪切等作用而使物料粉碎的细磨和超细磨设备。振动磨机型较多，应用范围较宽，既可以用于粗磨，细磨也可用于超细研磨。

　　振动磨由电动机经万向传动联轴器驱动偏心激振器高速旋转，从而产生激振力使参振部件（筒体部件）在弹性支撑装置上做高频率、低振幅的连续振动，筒体内的物料受到研磨介质（球或棒）的强烈冲撞、打击、挤压和磨剥作用；同时由于研磨介质的自转和相对运动，对物料的颗粒产生频繁的研磨作用。

　　振动磨的典型结构形式分为单筒式和双筒或三筒式。单筒式一般用于间隙式粉磨物料，双筒或三筒式一般用于连续粉磨物料。振动磨按其振动特点分为惯性式、偏旋式，按筒体数目分为单筒式和多筒式，按操作方式又可分为间歇式和连续式，振动磨既可用于干式粉碎，也可用于湿式粉碎。

　　振动磨作为一种超细粉碎设备，其产品细度可达到亚微米级，且具有较强的机械化学效应，能耗较低，易于工业规模生产。通过调节振动的振幅、振动频率、介质类型和介质尺寸可加工不同物料，包括高硬度物料和各种细度的产品。产品的平均粒度可达到 $1\mu m$ 左右。

　　目前以河南省新乡市新振机械有限公司等企业生产的 ZM 系列振动磨为代表，是一类新型高效节能型设备，其中以 2ZM 系列振动磨运用范围最为广泛，它在磨制细粉和超细粉物料时，比传统的磨机具有明显的优越性，效率提高 2~5 倍，能耗仅为传统磨机的20%~30%，加工的成品粒径从中等粒径（0.3mm）到较细粒径（0.074mm）均可。

　　3.1.1.4　其他设备

　　A　辊磨机

　　目前工业上应用的超细辊磨机有离心环辊磨和辊轮磨。目前较常用于铁矿石粉碎的高压辊磨机得到了大量的研究。高压辊磨机主要由机架、高压工作辊、液压系统组成，能够处理晶粒度较细的铁矿石，利用工作辊，产生强大的测量压力，将铁矿石推向一起，利用相互接触在一起的群体颗粒，在高压工作辊缝隙中间形成群体粉碎。

B 胶体磨

胶体磨是利用一对固定磨体（定子）和高速旋转磨体（转子）的相对运动产生强烈的剪切、摩擦、冲击等作用力，使被处理的物料通过两磨体之间的间隙，在上述诸力及高振动的作用下被粉碎和分散。胶体磨主要有直立式、傍立式和卧式三种机型。

C 高压匀浆机

高压匀浆机是利用高压射流压力下跌时的穴蚀效应，使物料因高速冲击、爆裂和剪切等作用而被粉碎。高压匀浆机既有粉碎作用，也有均质作用。其工作原理是：通过高压装置加压，使浆料处于高压之中并产生均化，当矿浆到达细小的出口时，便以每秒数百米的线速度挤出，喷射在特制的靶体上，由于矿浆挤出时的互相摩擦剪切力，加上浆体挤出后压力突然降低所产生的穴蚀效应以及矿浆喷射在特制的靶体上所产生的强大冲击力，使得物料沿层间解离或缺陷处爆裂，从而达到超细剥片的目的。

D 行星式球磨机

行星式球磨机是一种内部无动件的球磨机。此类磨机借助一种特殊装置，由电机带动传动轴旋转，固定齿轮带动传动齿轮轴转动，使球磨筒体既产生公转又产生自转来带动磨腔内的球磨介质产生强烈的冲击、摩擦力等作用，使介质之间的物料被粉碎和超细化。行星式球磨机可以用干、湿两种方式研磨和混合粒度不同、材料各异的产品，研磨产品最小粒径可至 $0.1\mu m$，广泛应用于建材、地质、陶瓷、矿产、冶金、电子、化工、轻工、医药、美容、环保等行业。

3.1.2 精细分级

3.1.2.1 精细分级定义

在矿物超细粉碎加工中，除了超细粉碎作业外，还须配置精细分级作业，精细分级作业主要有两个作用：一是确保产品的粒度分布满足应用的需要；二是提高超细粉碎作业的效率，许多应用领域不仅对矿物材料的大小（平均粒度或中位粒径）有要求，而且对其粒度分布也有一定要求，有些粉碎设备，特别是球磨机、振动磨、干式搅拌磨等，研磨产物的粒度分布往往较宽，如果不进行分级，难以满足用户的要求。此外，在超细粉碎作业中，随着粉碎时间的延长，在合格细产物增加的同时，微细粒团聚也增加，到某一时间，粉体粒度减小的速度与微细颗粒团聚的速度达到平衡，这就是所谓的粉碎平衡。在达到粉碎平衡的情况下，继续延长粉碎时间，产物的粒度不再减小甚至反而增大。因此，要提高超细粉碎作业的效率，必须及时地将合格的超细粒级粉体分离，使其不因"过磨"而团聚，这就是一些超细粉碎工艺中设置精细分级作业的目的。

3.1.2.2 精细分级原理

A 重力和离心力分级原理

精细分级是根据不同粒度和形状的微细颗粒，在介质（如空气或水）中所受到的重力和介质阻力不同，具有不同的沉降速度来进行的。颗粒分级可以在重力场中进行，也可在离心力场中进行，其基础是层流状态下的斯托克斯定律。

a 重力分级原理

设微细球形颗粒在介质中自由沉降。在沉降过程初期，颗粒的沉降速度逐渐增大，而反向介质阻力也随之增大。由于颗粒重力是一定的，因此随着介质阻力的增加，沉降速度降低。最后，当颗粒所受的重力与介质阻力达到平衡时，沉降速度保持一定。此后，颗粒即以该速度继续沉降，这个速度称为沉降末速。在适当的介质（水或空气）中，在温度一定的条件下，对于同一密度的颗粒，沉降末速只与颗粒的直径有关。这样便可以根据颗粒沉降末速的不同，实现按粒度大小来分级，这就是重力分级的原理。

　　实际情况是颗粒形状各异。一般来讲，不规则形状的颗粒较同体积球形颗粒所受的介质阻力要大，所以沉降末速变小。因此，对于形状不规则的颗粒要在沉降末速公式中引入形状系数加以修正。对于非球形超细颗粒，颗粒的形状因素影响较小，可以忽略不计。实际的重力分级作业中，由于颗粒群之间的相互影响以及器壁效应，已经不具备自由沉降的条件，而属于干涉沉降。

　　b　离心力分级原理

　　由于离心加速度较重力加速度大得多，相同粒径的颗粒在离心力场中沉降速度快，沉降相同距离所需的时间大大缩短。在适当的介质（水或空气）中，在温度一定的条件下，对于同一密度的颗粒，在离心加速度或离心分离因素相同时，其离心沉降速度只与颗粒直径有关。这样，便可根据颗粒离心沉降速度的不同，实现按颗粒大小的分级，这就是离心分级的原理。与重力沉降一样，颗粒形状也影响离心沉降速度。颗粒在介质中的运动阻力与其横截面积及表面积的大小有关。非球形颗粒的阻力较大，因而沉降速度较球形颗粒慢。此外，当悬浮液固相浓度达到一定值后，出现阻滞沉降现象。颗粒沉降速度较自由沉降速度计算值小，并随浓度的增加而迅速减小。因此，在实际计算中要引进悬浮液浓度修正系数。

　　B　分级粒径

　　分级粒径或切割粒径，又叫中位粒径，它是衡量分级设备技术性能的一个重要指标。分级粒径的确定方法有两种：一种是图解法，另一种是计算法。

　　C　沉降分级极限

　　在一定的重力场或离心力场中，当固体颗粒小到某一程度而不能被分离时，称此粒度为分离的极限粒度。

　　悬浮于液体中的高度分散的微细固相颗粒能长时间在重力场，甚至在离心力场中保持悬浮状态而不沉降。根据胶体化学原理，这个现象可解释为由于微细粒子的布朗运动出现的扩散现象，即微细颗粒能自发地从浓度高处向浓度低处扩散。作用在高度分散的微细颗粒上的重力或离心力被有浓度梯度所产生的"渗透"压力所平衡。这时，在某一瞬间经单位沉降面积所沉降的质量，等于由浓度梯度向反方向扩散运动的质量。因此，可以采用布朗运动和扩散现象的规律来确定极限颗粒的直径。

　　D　分级效率

　　表示分级效率的方法很多，常用的方法是牛顿分级效率公式和分级精度。

　　3.1.2.3　精细分级设备

　　根据分级介质的不同，精细分级机可分为两大类：一是以空气为介质的干法分级机，主要是转子（涡轮）式气流分级机，如 MS 型微细分级机、MSS 型超细分级机、ATP 型超细分级机、LHB 型微细分级机等；二是以水为介质的湿法分级机，主要有超细水力旋流器、卧式螺旋离心机的沉降式离心机等。

国产干式精细分级机大多是伴随高速机械冲击超细粉磨机和气流磨，尤其是对喷式流化床气流磨的引进和开发而发展起来的。目前工业上应用较多的主要是日本的 MS 型、MSS 型和德国的 ATP 型及其相似型或改进型以及 LHB 型、NEA 型、TFS 型等干式精细分级机。这些干式精细分级机可与超细粉碎机配套使用，其分级粒径可以在较大的范围内进行调节，其中 MS 型及其类似分级机的分级产品细度可达 $d_{97}=10\mu m$，MSS 型、ATP 型、NEA 型、LHB 型分级机的分级产品细度可达 $d_{97}=3\sim5\mu m$，TTC 型、TFS 型和 MCX 型分级机的产品细度可达 $d_{97}=2\mu m$。依分级机规格或尺寸不同，单机处理能力从每小时几十千克到 30t/h 左右不等。LHB 型干式精细分级机产品细度可达 $d_{97}=5\sim7\mu m$，每小时处理能力最大可达 20t 左右。

A　ATP 型超微细分级机

ATP 型单轮分级机及多轮分级机，其结构主要由分级轮、给料、排料阀、气流入口等部分构成。工作时物料通过给料阀给入分级室，在分级轮旋转产生的离心力及分级气流的黏滞力作用下进行分级，分级后的微细粒级物料从上部出口排出，粗粒级物料从分级机底部排出。多轮超微细分级机的结构特点是在分级室顶部设置了多个相同直径的分级轮，与同样规格的单分级轮相比，处理能力显著增大。

B　MS 型微细分级机和 MSS 型微细分级机

MS（micro separator）型微细分级机，主要由给料管、调节管、中部机体、斜管、环形体及安装在旋转主轴上的叶轮构成。待分级物料和气流经给料管和调节管进入机内，经过锥形体进入分级区；主轴带动叶轮旋转，细粒级物料随气流经过叶片之间的间隙向上经细粒物料出口排出，粗粒物料被叶片阻留，沿中部机体的内壁向下运动，经环形体和斜管自粗粒物料出口排出。上升气流经气流入口进入机内，遇到自环形体下落的粗粒物料时，将其中夹杂的细粒物料分出，向上送入分级区进一步分级，以提高分级效率。通过调节叶轮转速、风量、二次气流、叶轮间隙或叶片数及调节管的位置可以调节分级粒度。

MSS（micro super separator）型微细分级机，主要由机身、分级转子、分级叶片、调隙锥、进风管、给料管和排料管等构成。工作时物料从给料管被风机抽吸到分级室内，在分级转子和分级叶片之间被分散并进行反复循环分级，粗颗粒沿筒壁自上而下，由下面的粗粒物料出口处排出；超细粉体随气流穿过转子和叶片的间隙由上部细粒物料出口排出。在调隙锥处，由于二次空气的风筛作用，将混入粗粉中的细粒物料进一步析出，送入分级室进一步分级，三次空气可强化分级机对物料的分散和分级作用，使分散和分级作用反复进行，因而有利于提高分级精度和分级效率。这种分级机的特点是分级粒度较 MS 型更细，产品粒度分布较窄。

C　LHB 型分级机

LHB 型涡轮式精细分级机，主机由电机、分级轮、筒体、进料装置、排料装置等组成，通过调节分级轮的转速并配以合理的二次进风来实现对物料的有效分级。

进料控制系统由进料变频器及摆线针轮星形卸料阀组成，通过调节变频器输出频率高低来实现对进料的连续匀速控制。叶轮转速通过变频器调整，并且设计了失压保护、过电流保护、料位控制、运行状态监视及报警系统等保护措施。该型分级机的特点是立式单分级轮结构、流场稳定、分级（切割）点较精确、分级效率较高、单位产品能耗较低。

D　其他干式分级机

其他干式分级机还有 WFJ 型、FJJ 型（类似 ATP 型）、FYW 型、ADW 型、FJW 型、XFJ 型、QF 型、FQZ 型、AF 型、HF 型、HTC 型、FJG 型以及 TTC 型、NEA 型、TSP 型、TFS 型精细分级机等。

E　湿式分级机

湿式分级机主要有两种类型：一是基于重力沉降原理的水力分级机；二是基于离心力沉降原理的旋流式分级机。旋流式分级机包括沉降离心机，如卧式螺旋离心分级机、小直径水力旋流器、LS 离旋器、GSDF 型超细水力旋分机等机型，这是目前国内高岭土等湿式精细分级主要采用的设备。其中，沉降离心机（包括卧式螺旋离心分级机）的溢流产品细度可达到 $d_{97} = 2\mu m$ 左右，GSDF 型超细水力旋分机的溢流产品细度可达到 $d_{90} = 2\mu m$ 左右，小直径水力旋流器组的溢流产品细度可达到 $d_{80} = 2\mu m$ 左右，LS 离旋器可达到 $d_{60} = 2\mu m$ 左右。这些分级机既可单独设置也可与湿式超细粉碎设备配套使用。

3.1.3　超细粉碎与分级的应用

3.1.3.1　高岭土

高岭土的粒度对其可塑性、泥浆黏度、离子交换量、成型性能、干燥性能、烧成性能均有很大的影响，不同用途的高岭土所要求的细度也不一样。高岭土的超细粉碎工艺主要分为湿法和干法两类，湿法工艺较复杂，且需要后续处理，容易影响高岭土的纯度；干法工艺流程短，可省掉产品脱水和干燥环节，减少灰粉流失，生产成本低。用雷蒙磨等普通的机械磨加工，因磨机磨损大，必然导致产品铁杂质增量大，高岭土纯度下降，因此必须对雷蒙磨产品进行干式除铁；用气流粉碎机粉碎，配套设备多、流程长、一次性投资大、单位能耗高，因此产品生产成本高。张明星等采用绵阳流能粉体设备有限公司研制的 LNI-330A 型机械动能磨可以很好地完成对高岭土微粉的制备，制备的微粉呈现出结构有序、形貌统一的特点。

3.1.3.2　沸石

超细粉体的粒度特征直接影响矿物性能。孟凡娜利用气流磨制样，以阜新天然沸石为例，通过实验对不同粒度天然沸石测定其阳离子交换性。利用曲线拟合把粒度与离子交换性相结合，并通过实验进一步验证了粒度与离子交换性的互相关系。寻求到沸石的阳离子交换量改变出现一个最高峰值，其粒度范围在 $10 \sim 20\mu m$ 之间，为研究沸石超细粉体的最佳加工粒度提供了理论依据。

3.1.3.3　粉煤灰

刘连花在预脱硅-碱石灰烧结法提取氧化铝的半工业化试验基础上，研究物理法提取氧化铝的工艺与机理，发现研磨-分散-分级可以使 Al、Si 得到二次分离，Al_2O_3 得到富集。采用振动磨和介质搅拌磨对脱硅粉煤灰进行超细研磨，结果表明：随着研磨时间的延长，脱硅粉煤灰的粒度逐渐变小，振动磨粉磨 60s 后粒度 d_{50} 即可达到 $1.97\mu m$，d_{90} 达到 $7.41\mu m$；介质搅拌磨研磨 5min 后，粒度 d_{50} 即可达到 $2.64\mu m$，d_{90} 达到 $5.76\mu m$。

3.1.3.4　重质碳酸钙

重质碳酸钙的粒度大小及其分布影响产品的白度、亮度或光泽、磨耗值、堆积密度、填充材料力学性能及其成本。$d_{97} \geq 5mm$ 的超细重质碳酸钙一般采用干法生产工艺，部分采用湿法研磨+干燥工艺。干法生产主要采用筒式球磨+分级机、辊磨机（包括带内分级的环辊磨、立磨/压辊磨）、干法搅拌磨+分级机等。

3.1.3.5 凹凸棒石

研磨能够显著影响凹凸棒石的孔径结构，有效地增加孔容，改善其传质效应，显著提升其表面吸附能。凹凸棒石超细粉碎的主要方法是球磨法，凹凸棒石质地较软，硬度只有2.5 左右，在超细粉碎过程中其晶体结构和形貌很容易发生变化。但是当颗粒的粒度减小至微米级后，粉碎难度大大增加，且因比表面积及表面能显著增大，微细颗粒极易再次团聚，形成"二次"或"三次"颗粒，晶体趋于非晶质化。为了防止颗粒的再团聚，获得更细的颗粒，提高粉碎效率，最有效的办法是加入助磨剂。湿法球磨能有效保护凹凸棒石的晶体结构，并可将凹凸棒石粉碎至所需的晶状体。凹凸棒石活性很大程度上受粉碎时间的限制，同时，影响机械力活化作用强弱的因素还与粉碎设备类型、机械力作用方式、粉碎环境等有关。

3.2 环境矿物材料的提纯

天然产出的矿物不同程度地含有其他矿物杂质或共伴生矿物。对于具体的矿产品来说，这些矿物杂质有些是允许存在的，如方解石中所含的少量白云石和硅灰石，滑石中所含的部分叶蜡石和绿泥石；但有些是要尽可能去除的，如高岭土、石英、硅藻土、滑石、云母、硅灰石、方解石等矿物中所含的各种铁质矿物和其他金属杂质。还有一些矿物，如石墨、硅藻土、砂质高岭土、煤系高岭土等，原料矿物的品位较低，也必须通过提纯才能满足应用要求。

对于矿物来说，纯度在很多情况下指其矿物组成，而非化学组成。有许多矿的化学成分基本相近，但矿物组成和结构相去甚远，因此其功能或应用性能也就不同，例如石英和硅藻土，化学成分虽都是二氧化硅，但前者为晶质结构（硅氧四面体），而后者为结构复杂的非晶质多孔结构，因此，两者应用性能或功能也不相同，此外，提纯过程中要尽可能保持有用矿物的晶体结构，以免影响其工业用途和使用价值。

由于矿物成矿的特点及应用的特点，大多数矿物与岩石，如石灰石、方解石、大理石、白云石、石膏、重晶石、滑石、蜡石、绿泥石、硅灰石、石英岩等只进行简单的挑选和分类进行粉碎、分级、改性活化和其他深加工。目前进行选矿提纯的主要有石棉、石墨、金刚石、高岭土、硅藻土、石英、云母、红柱石、蓝晶石、硅线石、石榴子石、菱镁矿、萤石、膨润土、叶蜡石、磷矿、硼矿、钾矿等。

选矿提纯技术的依据或理论基础是矿物之间或矿物与脉石之间密度、粒度和形状、磁性、电性、颜色（光性）、表面润湿性以及化学反应特性的差异。根据分选原理不同，目前的选矿提纯技术可分为人工选、重选、磁选、电选、浮选、化学选矿、光电选等。

3.2.1 浮选提纯

3.2.1.1 浮选基本原理

浮选是利用矿物表面性质（疏水性或亲水性）的差异，在气、液、固三相界面体系中使矿物分选的选矿方法。实现浮选的重要因素是矿粒本身的可浮性及矿粒与气泡之间有效的接触吸附。矿粒表面的可浮性与其表面的润湿性（疏水性）及表面电性等密切相关。矿粒表面的润湿性常用接触角来衡量。接触角越大，矿粒表面越不易被水润湿，则可浮性好。根据矿物在水中接触角的大小，矿物的天然可浮性分为三类，见表3-2。

表3-2 矿物天然可浮性分类

类别	表面润湿性	断裂面暴露出的键的特性	代表性矿物	天然可浮性
1	小	分子键	自然硫	好
2	中	以分子键为主，同时存在少量的强键（离子键、共价键或金属键）	滑石 石墨 辉钼矿 叶蜡石	中
3	大	强键（离子键、共价键或金属键）	方铅矿、黄铜矿、萤石、黄铁矿、重晶石、方解石、石英、云母	差

生产实践中，单纯利用天然可浮性进行矿石中各矿物浮选分离是有限的，通常要借助一定的浮选药剂，提高矿物的可浮性；浮选药剂在固-液界面的吸附影响矿粒可浮性，而这种吸附又受矿粒表面电性的影响。因此，矿物的电性与其可浮性有密切联系。

依据矿物零电点的不同，可调节矿浆 pH 值，选择性地使矿粒表面荷正电或负电。这样为选择捕收剂的种类（阴离子捕收剂或阳离子捕收剂）人为改变矿物的可浮性提供了依据。如 pH 值小于零电点，矿物表面荷正电，采用阴离子捕收剂有利于吸附和提高可浮性，pH 值大于零电点，则采用阳离子捕收剂有利于吸附和改善矿物的可浮性。

浮选过程中矿粒附着于气泡上经历三个阶段：（1）矿粒与气泡相互接近与接触阶段，该阶段靠机械搅动、矿浆运动、气泡上浮和矿粒下沉产生的矿粒与气泡的碰撞来完成；（2）矿粒与气泡之间水化膜变薄与破裂阶段，由于水分子极化作用及矿粒表面剩余键力及水-气界面自由能的存在，在矿粒与气泡表面存在水化膜，当矿粒向气泡附着时，首先使彼此的水化膜减薄，最后减弱到这层水化膜很不稳定，并且引起迅速破裂；（3）矿粒克服了脱落力影响，在气泡上牢固附着，矿粒附着在气泡上后，能否上浮至矿浆而进入泡沫产品，还要看脱落力的大小，即矿粒与气泡之间的附着必须大于重力效应。矿粒表面疏水性越强，矿粒在气泡上的附着力就越大，就难以脱落。

综上所述，矿粒附着于气泡的过程能否实现，附着牢固与否，取决于矿粒表面的疏水性，即可浮性大小。增大润湿接触角，对提高矿粒与气泡的附着至关重要。为此，常常需要加入浮选药剂。

3.2.1.2 浮选药剂

浮选药剂是用来改变矿粒表面性质、调控矿粒浮选行为的有机、无机或生物类物质。浮选药剂可分为四类，即捕收剂、起泡剂、调整剂（包括抑制剂、活化剂和 pH 调整剂）、絮凝剂。捕收剂使目的矿物疏水，增加可浮性，使其易于向气泡附着；调整剂调控矿粒与捕收剂的作用（促进或抑制）及介质 pH 值等；起泡剂主要是促进泡沫形成，增加分选界面及调节泡沫的大小和稳定性；絮凝剂促使微细颗粒形成聚团。

3.2.1.3 浮选机械

浮选机械是实现浮选分离的主要工艺设备。经磨矿单体解离的矿粒，调浆、调药后进入浮选机，进行充气搅拌，使表面已吸附捕收剂或疏水的矿粒向气泡附着，在矿浆面上形成泡沫产品，未上浮的矿粒由低流排走，达到浮选分离。因此浮选机械具备下述功能：（1）充气作用，即向矿浆充气，使其弥散成大小合适，分布均匀的气泡；（2）搅拌作用，使槽内矿浆受到均匀搅拌，促使药剂溶解分散；（3）调节矿浆面、矿浆循环量和充气量；（4）使泡沫产品和残留矿浆连续不断地排出。

根据将空气分散成气泡的方式不同，浮选机分为四大类，见表3-3。

表3-3 浮选机分类

分类	充气搅拌方式	典型浮选机	特点
机械搅拌式浮选机	靠机械搅拌器（转子和定子组）来实现矿浆的充气和搅拌，分为离心式叶轮、棒形轮、笼形转子、星形轮等	XJ型、XJK型、XJQ型、JJF型、SF型、XJB型、BSM型	可自吸空气和矿浆，不需外加充气装置，中矿返回易实现自流，操作方便，但充气量小，能耗较高，转子（叶轮）磨损较大
充气搅拌式浮选机	靠机械搅拌器搅拌矿浆，另设鼓风机提供充气	CHF－X型、XJC型、BS－X型、BS－K型、KYF型、LCH－X型、CJF型	充气量大，可按需要进行调节，磨损小，电耗低，但无吸气和吸浆功能，需增加风机和矿浆泵
充气式浮选机	既无机械搅拌器，也没有传动部件，由专门的压风机提供充气用的空气	浮选柱	结构简单，操作容易；无运动部件，机械磨损小，充气均匀，液面平稳
气体析出式浮选机	借助加压矿浆从充气搅拌器喷嘴喷出后在混合室产生负压，吸入空气充气	喷射旋流式浮选机	充气量大，气泡分布均匀，矿浆表面平稳，处理能力大，结构简单，机械磨损小

3.2.1.4 浮选工艺

A 石英岩

石英岩浮选法提纯可用石油磺酸盐作为捕收剂，在pH4~5条件下可以浮选出石英砂中含铁矿物；用胺类阳离子作为捕收剂，在pH3~4条件下可浮选出石英砂中云母；以HF作为调整剂，在pH2~3条件下可浮选出长石。20世纪70年代以后，国内外相继开发出了"硅砂无氯浮选工艺"，90年代初我国又研究成功了"硅砂无氯无酸浮选工艺"，并且已在工业上得到应用。

B 长石

20世纪70年代以后出现了以硫酸或盐酸取代氢氟酸作为调整剂，脂肪二胺和石油碘酸盐作为捕收剂的无氟浮选法；80年代末我国又研究成功了无氟无酸浮选工艺，使得长石浮选能够无污染地进行生产。

C　水镁石和硅酸盐矿物

水镁石和硅酸盐矿物的浮选分离一般是交替使用反浮选和正浮选，即先用胺类捕收剂反浮选硅质或硅酸盐矿物，然后用脂肪酸类捕收剂浮选菱镁矿。菱镁矿的正浮选宜在碱性条件下进行，添加水玻璃和六偏磷酸钠可选择性地部分抑制白云石等含钙矿物。

D　海泡石

海泡石的选矿提纯方法有湿法和干法两种，但大多数采用湿法。湿法选矿提纯工艺以解聚分散、重力和离心力及选择性絮凝分离等为主，辅之化学浮选的综合提纯工艺。海泡石含量为 21.8% ~ 35% 的黏土状海泡石原矿经选矿提纯后，可将海泡石含量富集到 80% 以上。

E　伊利石

对于含黄铁矿的伊利石可以用浮选方法分离。在原矿破碎之后进行捣浆，加入适量分散剂使伊利石分散，然后用黄药类捕收剂捕收黄铁矿。如果伊利石中含有褐铁矿等染色杂质矿物，可用漂白法增加其白度，具体方法是用草酸作为 pH 调整剂，以硫代硫酸钠作为还原剂。

F　沸石

对于原矿主要由钙型丝光沸石（50% ~ 55%）、钙型斜发沸石（20% ~ 25%）、石英类（10% ~ 15%）、钙型蒙脱石（3% ~ 7%）和长石（2% ~ 4%）组成，嵌布粒度为 0.005 ~ 0.03mm 的矿石，采用预先分级脱除（−9μm）矿泥→摇床除去石英、长石及其他脉石矿物→细磨（−38μm）→分级脱除（−9μm）矿泥→浮选（回收丝光沸石）的工艺流程，可得到丝光沸石含量达 80% 左右的精选沸石。

G　高岭土

浮选提纯工艺多用来处理杂质较多和白度较低的高岭土原矿以实现对低品级高岭土资源的综合利用，可以有效去除高岭土中的含铁、钛和碳杂质。高岭土颗粒较细，比脉石矿物更难上浮，因此高岭土浮选提纯工艺多采用反浮选以达到较好的去除杂质的效果，如反浮选除碳、脱硫和除铁。

洪微等对高岭土进行反浮选脱碳试验，在高岭土磨矿细度为 −0.045mm 含量占83.57% 时，以煤油为捕收剂，松醇油为起泡剂，水玻璃作为抑制剂，通过条件试验确定了最佳浮选条件：煤油、松醇油和水玻璃的最佳用量分别为 600g/t、150g/t、2500g/t，在该条件下游离碳基本被除去，减少了碳质对后续提纯的影响。水玻璃也被用于高岭土反浮选除杂过程中抑制石英及硅酸盐矿物，同时对高岭土起到较好的分散效果。反浮选工艺除碳药剂使用量少，具有较好的经济环保效益。

3.2.2　磁选提纯

3.2.2.1　磁选基本原理

磁体周围的空间存在磁场。磁场可分为均匀磁场和非均匀磁场。均匀磁场中各点的磁场强度大小相等，方向一致；非均匀磁场中各点的磁场强度大小和方向都是变化的。磁场强度随空间位移的变化率称为磁场梯度，用符号 $\dfrac{dH}{dX}$ 或 $gradH$ 表示。它是一个矢量，它的方向为磁场强度变化最大的方向且指向 H 增大的一方。在均匀磁场中 $\mathrm{grad}H = 0$。

矿物颗粒在均匀磁场中只受到转矩的作用，它的长轴平行于磁场方向。在非均匀磁场中，矿粒不仅受转矩的作用，还受磁力的作用，结果使它既发生转动又向磁场梯度增大的方向移动，最后被吸在磁体表面上。这样磁性不同的矿粒才得以分离。因此，磁选是依据矿物磁性的差异，在非均匀磁场中实现的分选方法，在外磁场作用下使物体显示磁性的过程，称为磁化。矿粒在不均匀磁场中磁化是磁选过程的基本物理现象。为了衡量物体被磁化的程度，引入磁化强度矢量的概念，用 J 表示，磁化强度的方向随矿粒性质而异，对于顺磁性矿物，磁化强度方向与外磁场方向一致，对于逆磁性矿粒，两者则相反。

矿粒的磁化强度 J 与外磁场强度 H 成正比，即

$$J = K_0 H$$

式中　　H——外磁场强度；

　　　　K_0——矿粒的体积磁化系数。

体积磁化系数 K_0 的大小表明矿粒磁化的难易程度。矿粒的体积磁化系数与密度之比称为矿粒的比磁化系数，用 x_0 表示。即 $x_0 = K_0/\delta$，单位为 $\mathrm{m^3/kg}$。x_0 的物理意义为单位质量的矿粒在单位磁场强度的外磁场中磁化时所产生的转矩。

在非均匀磁场中，作用在单位质量矿粒上的磁力称为比磁力，用下式计算：

$$F_{磁} = \mu_0 x_0 H \frac{\mathrm{d}H}{\mathrm{d}X} = \mu_0 x_0 H \mathrm{grad}H$$

式中　　　　　　　$F_{磁}$——矿粒在磁场中所受的比磁力，$\mathrm{N/kg}$；

　　　　　　　　μ_0——真空磁导率，$\mu_0 = 4\pi \times 10^{-7}\mathrm{Wb/(m \cdot A)}$

　　　　　　　　H——矿粒在近磁极端处的磁场强度，$\mathrm{A/m}$；

$\dfrac{\mathrm{d}H}{\mathrm{d}X}$（$\mathrm{grad}H$）——磁场梯度，$\mathrm{A/m}$。

由上式可知，作用在矿粒上的磁力大小，取决于反映矿粒磁性的比磁化系数 x_0 和反映磁场特性的磁场力 $H\mathrm{grad}H$。因此，当分选强磁性矿物时，由于矿粒的 x_0 很大，则所需的磁场力 $H\mathrm{grad}H$ 可相应地低一些；当分选弱磁性矿物时，则相反。为了得到较高的 $H\mathrm{grad}H$，要采用高场强（H）或高梯度（$\mathrm{grad}H$）。

3.2.2.2　矿物的磁性

在磁选中，按照比磁化系数的不同可将矿物分为四类，即强磁性矿物、中磁性矿物、弱磁性矿物和非磁性矿物。强磁性矿物包括：磁铁矿、磁黄铁矿、磁赤铁矿及锌铁尖晶石等；中磁性矿物包括：半假象赤铁矿、钛铁矿、铬铁矿等；弱磁性矿物包括：赤铁矿、褐铁矿、锰矿、金红石、黑云母、角闪石、绿泥石、蛇纹石、橄榄石、辉石、石榴子石、黑钨矿等；非磁性矿物包括：硫、煤、石墨、高岭土、石英、长石、方解石、硅灰石、金刚石等大多数非金属矿及部分金属矿。

3.2.2.3　磁选设备

磁选设备的类型很多，其分类方法也较多。例如，按磁源分为电磁和永磁；按作业方式分为干式和湿式；一般按磁场强度或磁场力大小分为弱磁场磁选机、强磁场磁选机（包括高梯度磁选机和超导磁选机），见表3-4。

表 3-4　磁选机的分类

类型	磁场强度 H/kA·m^{-1}	常用磁选机名称	应用范围
弱磁场磁选机	72~136	磁力脱水槽	分选细粒磁铁矿和过滤前磁铁矿浓缩
		永磁干式磁辊筒	分选粒度 10~100mm 的大块强磁性矿物或铁磁性物质
		永磁圆筒式磁选机	粒度 16mm 的以下强磁性矿物或铁磁性物质粗选和精选
强磁场和高梯度磁选机	480~1600	干式圆盘式强磁选机	用于粒度 2mm 以下的弱磁性矿物的分选
		干式双辊强磁场磁选机	用于粒度 3mm 以下的弱磁性矿物的分选
		TYCX 系列永磁干式强磁选机	用于粒度 60mm 以下的弱磁性矿物的分选
		CS 型湿式电磁感应辊强磁选机	主要用于赤铁矿、褐铁矿、镜铁矿、钛铁矿等弱磁金属矿的分选
		SHP 型湿式双盘强磁场磁选机	
		SQC 型和 SZC 型湿式平环强磁选机	黑色、有色和非金属矿中细粒级弱磁性矿物的分选或从非金属矿的除铁、钛杂质
		湿式双立环式强磁选机	有色和稀有金属矿的分选和高岭土的除铁、钛提纯
		Sala 型高梯度磁选机	赤铁矿、褐铁矿、菱铁矿等弱磁性金属矿及高岭土、滑石、石英、长石、红柱石等非金属矿的除铁、钛杂质
		Slon 型高梯度磁选机	
		CAD 型周期工作式高梯度磁选机	高岭土等非金属矿的除铁、钛杂质
超导磁选机	≥5000 (5.0T)	零挥发低温超导磁选机	高岭土、长石、石英等非金属矿的深度除铁、钛和精选

3.2.2.4　磁选工艺

A　高岭土

磁选工艺用于去除高岭土中的赤铁矿、菱铁矿、黄铁矿和金红石等弱磁性染色杂质。磁选不需要使用化学药剂，对环境无污染，因而在非金属矿的提纯过程中使用较为广泛。去除高岭土中的弱磁性杂质颗粒需要较高的磁场强度和磁场梯度，而磁选技术的发展及设备的升级，使高岭土等非金属矿的磁选提纯得以有效实现。

Slon 立环高梯度磁选机作为一种高性能的强磁选设备，在高岭土提纯的生产中已经得到使用。熊大和对 Slon-1500 立环高梯度磁选机进行改进，采用变频调速控制转鼓最佳转速，使用更细的磁介质和不锈钢零件以避免二次污染。淮北煤系高岭土原矿经 Slon-1500 立环高梯度磁选机处理，产品中 Fe_2O_3 的含量小于 0.5%，可将煅烧产品白度提高到 93%，实现了较好的提纯效果。

B　石英

磁选法主要用以清除石英矿中的赤铁矿、黑云母等弱磁性杂质。常用设备有湿式强磁磁选设备和高梯度磁选设备。湿式强磁磁选设备对石英矿中的褐铁矿、赤铁矿以及黑云母等弱磁性杂质的清除效果较好，而清除磁铁矿等强磁性杂质时，则需使用弱磁设备或是中磁设备。在采用磁选法对石英矿进行选矿提纯时，要对磁选次数和磁场强度进行有效控制，并不是磁场强度越高、磁选次数越多，磁选效果就越好。一般情况下，随着磁选次数的增加，矿石中的铁含量会减少，但只有在一定的磁场强度下，才能去除其中的大部分铁质。另外，除铁效果与石英砂粒度也有一定关系，通常石英砂粒度越小，除铁效果越好。

C 滑石

滑石磁选提纯是根据滑石和伴生矿物的磁性差异，利用磁选设备，在磁力及其他力作用下对有用矿物和伴生矿物进行分选的过程。在含有大量菱镁矿的滑石矿提纯时，往往使用磁选对滑石矿进行选别。滑石为非磁性矿物，如果滑石矿中伴随有菱铁矿等弱磁性杂质矿物，则可以运用磁选法把滑石和菱铁矿分选开来。有试验证明采用湿式磁选可使滑石精矿含铁量从 4%~5% 降到 1% 以下。

3.2.3 化学提纯

化学选矿是利用不同矿物在化学性质或化学反应特性方面的差异，采用化学原理或化工方法来实现矿物的分离和提纯。化学选矿主要应用于一些纯度要求较高或物理选矿方法难以达到纯度要求的高附加值矿物的提纯，如高纯石墨、高纯石英、高白度高岭土等。非金属矿的化学提纯，主要方法有两种：酸碱处理和化学漂白。

3.2.3.1 酸、碱提纯

非金属矿物的酸、碱提纯主要是在相应的酸、碱试剂的作用下，把可溶性矿物组分（杂质矿物或有用矿物）溶出浸出，使之与不溶性矿物组分（有用矿物或杂质矿物）分离的过程。酸、碱提纯过程是通过化学反应来完成的。不同的矿物和杂质采取的酸、碱试剂不同。常见的酸、碱提纯方法及应用范围见表 3-5。

表 3-5 矿物的化学选矿方法分类

方法	化学药剂	矿物原料	目的及应用范围
酸法	硫酸、盐酸	石墨、金刚石、石英	提纯；含酸性脉石矿物
	硫酸、盐酸、草酸	膨润土、酸性白土、高岭土、硅藻土、海泡石等	活化改性；阳离子溶出
	硝酸（氢氟酸）或硫酸、盐酸的混合液（如王水）	石英、水晶	提纯；含酸性脉石矿物
	氢氟酸	石英	提纯；超高纯度 SiO_2 制备
碱法	过氧化物（Na、H）、次氯酸盐、过醋酸、臭氧等	高岭土、伊利石及其他填料、涂料矿物	氧化漂白；硅酸盐矿物及其他惰性矿物
	氢氧化钠	金刚石、石墨	提纯；溶出硅酸盐等碱（土）金属矿物
	氨水	黏土矿物、氧化矿物与硫化矿物浸出	改性；含碱性的矿石

方法	化学药剂	矿物原料	目的及应用范围
盐法	碳酸钠、硫酸钠、硫化钠、草酸钠、氯化钠、次氯酸盐、连二亚硫酸钠、亚硫酸盐等	高岭土、膨润土、累托石等黏土矿物	提纯和漂白；黏土矿物

非金属矿中使用酸浸的主要目的是提纯，即除掉矿物中着色杂质化合物，如 Fe_2O_3、FeO、$Fe_2(OH)_3$、$FeCO_3$ 等，其中有些铁是以单体矿物或矿物包裹体存在，有些是以薄膜铁的形式存在于矿物表面、裂隙或结构层间。酸法溶出是矿物原料化学处理中最常见和常用的方法。酸溶出剂主要有硫酸、盐酸、硝酸、氢氟酸等，其中以硫酸适用最广泛。

（1）硫酸。硫酸是基本化学工业中重要产品之一，化学式为 H_2SO_4。浓硫酸为强氧化剂，在加热时几乎能氧化一切金属，且不释放氢，因氧化的发生是借助于未离解的硫酸分子，可将大多数硫化物氧化为硫酸盐：

$$MS+2H_2SO_4 =\!=\!=\!= MSO_4+SO_2+S+2H_2O$$

式中，MS 为金属硫化物。

用水浸出上述硫酸盐，铜、铁等可溶入溶液，而铅、银、金、锑等则留在固态渣中，在 200~250℃ 条件下，热浓硫酸还可分解某些稀有元素矿物，如磷铈铜矿、独居石、钛铁矿等。硫酸主要用于处理含还原性组分（如有机质、硫化物、氧化亚铁等）的矿物原料。浓硫酸处理黏土矿物一般是在常压、100~105℃ 加热条件下进行，常压下采用较高溶出温度，可以提高溶出速度和溶出率。

（2）盐酸。盐酸是一种常见的化学品，浓盐酸含 HCl 约 37%，密度为 1.18g/cm³。浓盐酸具有挥发性，挥发出的氯化氢气体与空气中的水蒸气作用形成盐酸小液滴，从而看到"酸雾"，有刺激性气味酸。盐酸能与水和乙醇任意混溶，溶于苯。可与多种金属化合物起作用，生成可溶性金属氯化物，其反应能力较稀硫酸强，可溶出某些硫酸无法溶出的含氧酸盐类矿物。同硫酸一样在矿物加工工业中大量应用。

（3）硝酸。硝酸（HNO_3）是一种有强氧化性、强腐蚀性的无机酸，酸酐为五氧化二氮。硝酸在工业上主要用以制造化肥、炸药、硝酸盐等，在有机化学中，浓硝酸与浓硫酸的混合液是重要的硝化试剂。硝酸为强氧化剂，分解能力最强，但价格贵，一般不单独使用，通常作为氧化剂使用。

（4）氢氟酸。氢氟酸为无色液体，沸点经查为 112.2℃，呈弱酸性，能与水和乙醇混溶，在水中可离解成离子，有刺激性气味，有毒，有腐蚀性，能强烈地腐蚀金属、玻璃和含硅的物体，但对塑料、石蜡、铅、金、铂不起腐蚀作用。氢氟酸能够溶解二氧化硅，生成气态的四氟化硅，反应方程式如下：

$$SiO_2(s)+4HF(aq) \longrightarrow SiF_4(g)+2H_2O$$

生成的 SiF_4 可以继续和过量的 HF 作用，生成氟硅酸：$SiF_4(g)+2HF(aq) =\!=\!=\!= H_2[SiF_6](aq)$，氯硅酸是一种二元强酸。

从矿物中浸出金属（离子）一般不用氢氟酸。在浸出硅石（SiO_2）中的金属杂质时，对某些包裹细密的杂质矿物，使用少量 HF（低浓度）有助于 SiO_2 部分溶解，以使杂质金属离子较易被其他药剂浸出。

（5）氢氧化钠碱熔法提纯是目前国内应用最多，也较为成熟的方法，主要用于硅酸盐、碳酸盐等碱金属与碱土金属矿物的浸出，如石墨、细粒金刚石精矿的提纯等。

3.2.3.2　漂白提纯

许多工业部门对粉体矿物材料的白度有较高的要求，例如，造纸填料和涂料、塑料填料、涂料和油漆填料、防沉剂、触变剂以及陶瓷原料等。但是，自然界的矿物原料由于各种原因其白度达不到工业要求，需要进行化学漂白处理。目前，对非金属矿物材料进行漂白处理的矿种主要有高岭土、蒙脱石、累托石、凹凸棒石、海泡石、硅藻土、石英、重晶石等。

漂白提纯主要是要除去矿物中的铁、钛、锰等染色杂质。矿物材料在漂白之前，首先必须了解矿石的特征、主要染色物质的种类、含量和赋存状态、确定漂白方法和工艺流程。矿物的染色杂质有很多种，主要分为金属氧化物及有机物。它们能把矿物染成黄、红、棕、褐、黑色等。金属氧化物染色物质主要是铁、钛、锰以及其他金属离子氧化物和化合物所形成的发色基团。化学漂白可以分为还原漂白和氧化漂白两种类型。前者主要使用的漂白剂有亚硫酸盐、氢硼化物等；后者使用的漂白剂有过氧化物、次氯酸盐、过醋酸和臭氧。这两种漂白方法可以单独进行处理，也可组合使用。

还原漂白对含氧化铁型的染色物质有较好的效果，但对硫化矿物中的铁（黄铁矿）则难于除去。影响漂白效果的因素主要有温度、矿浆浓度、反应时间、酸度、漂白剂用量、加药制度及添加剂等。

氧化漂白是使处于还原状态的黄铁矿被氧化成可溶性的硫酸亚铁和硫酸铁，然后随溶液除去的一种漂白方法。工业生产中常用过氧化物，包括过氧化钠、过氧化氢，两者效果无明显区别。过氧化钠 pH 值太高，漂白时需要加 H_2SO_4 降低体系的 pH 值；过氧化氢则 pH 值较低，漂白时需要加入适量的碱。调整 pH 值的最佳方法是混合过氧化钠和过氧化氢，以获得最佳的碱度。但是，这两种漂白剂简单的混合是得不到好的漂白效果的，通常需要加入一种或多种添加剂，如硅酸钠、硫酸镁、乙二醇三胺五醋酸以及磷酸盐等分散剂和螯合剂。矿浆中的 Cu、Fe、Mn 等金属离子是造成过氧化氢分解的催化剂，因此在漂白过程中整合剂是不可缺少的添加剂。氧化漂白效果取决于体系碱度、矿浆浓度、反应温度和时间。

3.2.3.3　煅烧或焙烧

煅烧或焙烧是依据矿物中各组分分解温度或在高温下化学反应的差别，有目的地富集某种矿物组分或化学成分的方法。煅烧过程中，矿物组分发生的变化称为煅烧反应，煅烧反应主要是在热发生器（各种煅烧窑炉）中发生于气-固界面的多相化学反应，该反应同样遵循热力学和质量作用定律。根据煅烧反应中主要煅烧反应的不同，可将煅烧方法分为如下几种：（1）氧化煅烧，即在氧化气氛中加热矿物，使炉气中的氧与矿物中某些组分作用或矿物本身在氧化气氛中煅烧；（2）还原焙烧，即在还原气氛中使高价态的金属氧化物还原为低价态的金属氧化物或矿物在还原气氛中进行煅烧；（3）氯化煅烧，即在中性或还原气氛中加热矿物，使之与氯气或固体氯化剂发生化学反应，生成挥发性气态金属氯化物或可溶性金属氯化物；（4）离析煅烧，即在中性或还原气氛中加热矿物，使其中的有价组分与固态氯化剂（氯化钠或氯化钙）反应生成挥发性气态金属氯化物，并且随机沉淀在炉料中的还原剂表面；（5）磁化煅烧，即在弱还原气氛中，使弱磁性赤铁矿煅烧并还原成强磁性的磁铁矿。

煅烧或焙烧是选矿重要的加工技术之一，其主要目的如下：（1）在适宜的气氛和低于矿物原料熔点的温度条件下，使矿物原料中的目的矿物发生物理和化学变化，如矿物受热脱除结构水或分解为一种组成更简单的矿物、矿物中的某些有害组分（如氧化铁）被汽化脱除或矿物本身发生晶形转变，最终使产品的白度、孔隙率、活性等性能提高和优化。（2）使碳酸盐矿物（石灰石、白云石、菱镁矿等）和硫酸盐矿物发生分解，生成氧化物和二氧化碳。（3）使硫化物、碳质及有机物氧化。硅藻土、煤系高岭岩及其他黏土中常含有一定的碳质、硫化物或有机质，在一定温度下煅烧可以除去这些杂质，使矿物的纯度、白度、孔隙率提高。（4）熔融和烧成。熔融是将固体矿物或岩石在熔点条件下转变为液相高温流体；烧成是在远高于矿物热分解温度下进行的高温煅烧，也称重烧，目的是变为稳定的固相材料。熔融和烧成常用来制备低共熔化合物，如二硅酸钠、偏硅酸钠和四硅酸钾、偏硅酸钾、轻烧镁、重烧镁、铸石以及玻璃、陶瓷和耐火材料等。

3.2.3.4　工艺及设备

A　酸碱提纯

用于矿物酸碱处理的设备主要有三大类：渗滤浸出用渗滤浸出槽；常压搅拌浸出用机械搅拌浸出槽、空气搅拌浸出槽、流态化浸出塔；有压搅拌浸出用哨式加压釜、自蒸发器等。

按被浸出物料和试剂运动方向的不同分为顺流浸出、错流浸出和逆流浸出三种提纯工艺流程。

顺流浸出指被浸出物料和浸出试剂的流动方向一致，该流程可得到浸出离子浓度高的浸出液，浸出试剂消耗量较少，但浸出速度较慢，时间较长。

错流浸出是指被浸出物料分别被几个新鲜浸出剂浸出，每次得到的浸出液合并送往后续处理工序的浸出方法。该流程浸出的速度较大，浸出的效率较高，但浸出液体积大，浸出物浓度低，试剂消耗量大。

逆流浸出指被浸出物料和试剂的运动方向相反，即经过几次浸出而提高品位后的物料再与新鲜浸出液接触，而原始物料与浸出液接触。逆流浸出可得到目的浸出物组分含量高的浸出液，试剂耗量少，可较充分地利用浸出液中的剩余试剂。但浸出速度较错流浸出低，从而需要较多的浸出级数。

a　石英砂

石英砂进行酸处理时，酸与石英砂中薄膜铁、浸染铁或其他含铁颗粒作用，生成易溶解的化合物，当加入绿矾等还原剂时，可提高铁化合物的溶解度。石英砂酸提纯的具体工艺条件要依石英中铁质矿物的类型、嵌布特性等通过试验确定。碱处理法主要使用 NaOH 和 Na_2CO_3，使不溶性的有价金属转化为可溶性钠盐。在搅拌槽中，将选过的石英砂加入浓度 40%~50% 的 NaOH 溶液，在 100~110℃ 温度下搅拌处理 4~5h 后滤出溶液，清洗石英砂，可使 Fe_2O_3 含量从 0.7% 降至 0.015%~0.025%。

b　硅藻土

混合酸提纯工艺：先将硅藻土、水和混合酸溶液按原土：水：混合酸溶液 = 1：（2~3）：（0.5~0.8）的质量比加入搅拌机中，搅拌均匀；通入加热蒸汽煮沸 2~3h；将混合料送到板框压滤机中进行脱水；用 60~80℃ 热水洗涤至 pH 值为 7 左右；滤饼在 100℃ 下干燥，水分小于 10% 即得到提纯硅藻土产品。只要控制好混酸中 HF 的含量，可保证硅藻土的孔结构不被破坏。可通过显微镜观察硅藻土孔结构完整情况，及时调整 HF 用量。

c 石墨

石墨提纯可采用碱熔酸浸法，其包括碱熔法（氢氧化钠法）和酸浸法（盐酸法）两种方法。在碱熔过程中，石墨在高温下与氢氧化钠反应，生成不溶于水的氢氧化合物和部分溶于水的产物，用水洗除去部分杂质；然后把碱熔后的产物与一定浓度的盐酸溶液混合，在一定温度下反应，使其中杂质变成可溶性的氯化物，之后用水洗除去，得到高碳石墨。影响提纯效果的主要因素有 NaOH 用量、焙烧温度与时间、酸种类及酸浓度等。此外石墨不溶于氢氟酸，用氢氟酸提纯，原矿中杂质与氢氟酸反应，生成易溶于水的氟化物和硅氟酸物，水洗除杂后得到高纯度石墨产品。

d 凹凸棒石

天然凹凸棒石的脱色力不高，经酸处理后可提高其脱色力。所用的酸主要为无机酸，如盐酸、硫酸和硝酸，或单独使用，或者混用，盐酸的活化效果优于硫酸，但硫酸使用方便，所以工业上常用硫酸。

B 煅烧或焙烧

目前工业化的煅烧设备主要有直焰式回转窑、隔焰式回转窑、立窑等，表 3-6 所列为这几种煅烧窑炉的性能特点及应用。

表 3-6 煅烧窑炉的性能特点及应用

设备类型	性能特点	应用
回转窑	直焰式：煅烧温度范围宽，热能利用率高，生产能力大；隔焰式：最高温度为 980℃，气氛可调，产品污染少	菱镁矿、石灰石、白云石、高岭土等黏土矿、黑滑石、铝土矿等
立（竖）窑	机械化程度高，生产能力大，煅烧温度范围宽	
隧道窑	煅烧温度不均匀，生产效率低，劳动强度大	

a 沸石

焙烧方法主要用来提高沸石的离子交换容量和吸附能力。工艺过程为：首先对沸石矿（以丝光沸石为主的矿石）进行干燥、选矿和粉碎，然后给入焙烧炉中进行焙烧，焙烧温度一般不超过 500℃，之后用水急骤冷却，最后进行干燥。

b 高岭土

高岭土可通过焙烧工艺去除其中的含碳杂质，如通过磁化焙烧加磁选去除磁性杂质，通过氯化焙烧去除某些金属杂质。姬梦娇等采用低温焙烧工艺从某低品级煤系高岭土去除含碳杂质，在粒径为 0.043～0.074mm、升温时间为 3h、温度在 450℃ 下保温 1.5h 时，COD 值（量化除碳效果）从 27641.1μg/g 降至 1049.7μg/g，降低了 96.20%。

c 硅藻土

焙烧法主要是针对高烧失量型硅藻土的提纯。焙烧温度为 600～800℃ 时，由于有机质等的挥发，SiO_2 含量可显著提高，同时孔径增大，表面酸强度增加。研究表明 450℃ 焙烧时比表面积达到最大，焙烧温度达到 900℃ 以上时硅藻壳体会被破坏。吴仙花等研究发现硅藻土中混入 H_2SO_4 或固体酸 NH_4HSO_4 后焙烧，Al_2O_3、Fe_2O_3 与酸反应生成可溶性物，用 2%～3%的稀硫酸浸洗即可去除杂质，加入固体酸 NH_4HSO_4 比 H_2SO_4 反应速度更快，游离酸更少，反应温度更高，较高温度有利于有机质的去除。

C　漂白

a　高岭土

高岭土的化学漂白可采用氧化法、还原法和氧化-还原联合法等。于瑞敏采用还原法将高岭土白度提高了 21.7%，发现漂白使 Fe 含量降低的同时，未明显降低 Al 的含量。

b　伊利石

有研究表明，以河北承德某硬质伊利石物理选矿提纯后的精矿为研究对象，采用还原-配合漂白法进行化学漂白，可有效降低硬质伊利石中 Fe_2O_3 的含量，并使伊利石白度提高。

c　绢云母

由于绢云母中的 Fe_2O_3 在酸性条件下可与 H_2SO_4 反应生成 $FeSO_4$，可在抽滤时随滤液排走，从而降低绢云母微粉中的 Fe_2O_3 含量，以达到酸洗漂白的目的。李硕等在搅拌磨矿绢云母时，用硫酸作为 pH 值调整剂和酸洗漂白剂，试验结果表明，随硫酸用量增加，酸洗绢云母的白度逐渐升高。当 pH 值为 2（硫酸用量约 4000g/t）时，白度为 66.92%。

3.2.4　其他提纯方法

3.2.4.1　重选

重选法包括摇床重选、水力分级，螺旋分级等。用摇床可除去以颗粒状态存在的铁矿物及其他矿物；水力分级、螺旋分级等方法可将宽粒级原砂分成不同粒级，以满足工业应用的要求；同时螺旋分级还可以分离重金属矿物。对于杂质含量较多、白度较低、砂质矿物及铁质矿物含量较高的高岭土，一般要分散制浆后综合采用重选。

3.2.4.2　光选

国外在 20 世纪 80 年代还出现了一种新的选矿方法——光选，即应用光电分选机代替手选，从原矿中选出块状长石。分选机采用光电原理，用一种氦氖红色激光源射向矿石，这种矿石只能从较浅颜色矿石上反射回来，遇有深色废石颗粒，计算机立即发出指令，由压缩空气的波动将废石除掉，从而达到分选的目的。如果用手选除去这些废石，要求粒度大于 40mm，采用光选，粒度可降至 10～25mm，在 12～50mm 的粒度范围内，回收率可达 29%，该机每秒可分选 1000 个颗粒，光电选矿可以提高入选品位，从而可降低选矿成本。

3.2.4.3　超声波提纯

超声波提纯是利用超声波具有的机械效应、空化效应和热效应，通过增大介质分子的运动速度、增大介质的穿透力以提取生物有效成分。近年来，在湿法提纯的基础上利用超声波、电泳等技术促使蒙脱石与杂质分离，可以强化湿法提纯的效果。

3.3　环境矿物材料改性与调控

目前，天然环境矿物材料由于其自身的优势和特点被广泛应用于环境污染防治领域，然而其应用效果却参差不齐，甚至来自不同地区、不同矿产来源的同种矿物材料，也很难取得同样的应用效果。为了更好地开发和利用新型环境矿物材料，使其充分发挥在环境污染防治中的作用，近年来，国内外学者将研究重心逐渐转移为环境矿物材料的改性与调控，通过物理、化学、生物以及复合改性等方法，对天然环境矿物材料的结构、成分、性能进行调控，使其具备更广泛、更有效、更稳定的环境功能。

环境矿物材料改性是指将天然矿物从自身性质或理化性能方面进行直接或间接的改造，最终达到提高其使用价值和开拓材料应用功能的目的。国内外有关改性环境矿物材料的制备与应用研究已经取得诸多进展，分别从不同的改性方法，包括物理改性、化学改性、复合改性等进行介绍。

3.3.1 物理改性与调控

环境矿物材料的物理改性与调控，就是通过物理手段改变环境矿物材料的理化性质，向环境矿物材料中增加填料或通过物理方法提高其纯度、改变其结构，从而增强其环境性能，达到预期的材料性能。常规的物理改性与调控方法包括以下几种。

（1）机械力改性：是指利用机械能来诱导材料组织、结构和性能的变化，以此来制备新材料或对材料进行改性处理。机械力改性包括机械破碎、干磨改性、湿磨改性、复合研磨改性等方法。

（2）热处理改性：是指将矿物材料置于水热溶液中，在加热、搅拌等处理下，使环境矿物材料的结构、成分发生变化，合成新的材料或提升材料的环境性能。

（3）焙烧改性：是指通过高温焙烧，使矿物材料中的某些组分发生化学反应或通过高温处理使材料的内部结构发生变化，其过程是矿石、精矿在空气、氯气、氢气、甲烷和氧化碳等气流中空白或添加配料加热至材料的熔点，使矿物材料发生氧化、还原或其他化学变化的单元过程，通过这些反应改变材料的化学组成和物理化学性质。

（4）煅烧改性：是在低于矿物材料熔点的情况下对材料进行加热改性，使其成分发生分解，去除其内部的结晶水、碳化物、硫化物等挥发性物质，从而改变矿物材料的物理化学性质。

（5）烧结：是指在温度高于矿物材料熔点的情况下进行反应，可添加还原剂、助溶剂等，其特点是在材料熔融状态下进行化学转化。

（6）微波改性：是指将矿物材料置于微波条件下，基于微波对矿物表面和内部的辐射作用，对矿物表面和内部的结构发生影响，赋予材料新的性能。

（7）超声改性：是指在一定条件下，将矿物材料置于超声装置中，利用超声波的作用使矿物材料内的成分发生震荡，或将超声作为辅助作用促进矿物材料的化学改性等。

为了更加深入地理解和探讨环境矿物材料的物理改性与调控，下面以几种典型矿物为例，分别对机械力改性、热处理改性、焙烧改性、微波改性以及超声改性进行详细介绍。

3.3.1.1 机械力改性

常见的机械改性仪器有破碎机、超细研磨设备、超声震荡设备、微波炉等。影响机械力改性效果的主要因素有：机械改性操作时间、机械介质的尺寸和形状、矿物材料的原始粒度及均匀度、矿物材料的硬度等。早在我国古代，就已经出现矿物研磨、分选、脱水的工艺，明代学者宋应星在《天工开物》一书中将朱砂矿物加工制作为颜料的过程记载为："取来时，入巨铁碾槽中，轧碎如微尘，然后入缸，注清水澄浸过三日夜，跌取其上浮者，倾入别缸，名曰二朱，其下沉结者，晒干即名头朱也。"由此可见，在我国明代已经出现研磨和分选矿物的基础技术，但脱水仍需依靠自然晒干。从 20 世纪中叶开始，由于人们生产需要，矿物磁选、浮选相继进入工业化、规模化应用，矿物机械改性与提纯技术的应用向前迈进一大步。

　　A　膨润土、蛭石的机械改性

　　矿物材料机械改性发展至本世纪，球磨、棒磨、脱水、干燥等技术已经相对成熟。膨润土、蛭石等矿物作为吸附材料，提升其吸附性能的最简单方式就是通过研磨降低矿物粒径，提高矿物比表面积，同时可通过研磨介质的添加，使矿物材料与研磨介质混合形成新的均匀材料，定向调控材料的吸附性能。球磨膨润土、振动磨蛭石等改性环境矿物材料对水体中重金属 Cu^{2+}、Cd^{2+}、Pb^{2+}、Zn^{2+} 等离子具有很强的吸附性能，研究发现研磨时间、矿物粒度等条件均是影响其对重金属离子吸附性能的重要因素。运用振动磨机对蛭石进行处理，可以显著降低蛭石颗粒尺寸并增加矿物比表面积，并且生成了位于黏土颗粒边缘和无定形二氧化硅相上的表面羟基（硅烷醇、氧化镁和铝氧烷）基团，这些由机械力改性造成的蛭石物理化学性能的变化有效改善了其对铅离子的吸附能力。

　　B　混合矿物材料的机械改性

　　近年来，混合矿物材料的发现为环境矿物材料加工应用提供了新思路。当一种矿物在成岩作用下向另一种矿物转化时，会形成处于过渡时期的、均匀的两种矿物的混合矿物，这种混合矿物材料同时具备两种矿物的一些性能，且具备一些自身的特殊性能，具有复杂的混层结构和多变的矿物成分比例。例如伊/蒙混层黏土矿物，是一种非金属矿物材料，其经过物理破碎、浸泡、捣浆及筛分等步骤，可以筛选出纳米级伊/蒙混层黏土矿物材料，运用有机分散剂作为助磨剂时，超细研磨 3h，可获得的细度小于 100nm 的纳米级伊/蒙混层黏土矿物材料，此材料经过膨化、干燥后，所得多孔块体材料具有大量细小孔洞，大小均匀，经过高速剪切分散后具有良好的分散性，其比表面积得到提高，吸附性能增强，可作为环境污染土壤、水体治理领域的吸附材料，这种改性伊/蒙混层黏土矿物材料造价成本低廉，环境友好，无二次污染，具有良好的发展前景。

　　综上所述，机械力改性具有操作简便、成本低廉、产物易于控制、节能降耗、无二次污染的优点，同时机械力改性可作为复合改性的重要环节，辅助其他工艺流程的生产应用，是一种具有批量、规模应用前景的改性方法。

　　3.3.1.2　热处理改性

　　热处理改性可以使某些矿物材料发生解离，或者使其内部结构发生折叠、弯曲，从而改变材料的性能。热处理改性的反应器有高温反应釜、加热器等。热处理改性的主要影响因素有反应时间与反应温度。

　　A　海泡石的水热解离

　　水热处理改性海泡石用高压反应釜进行，将一定量的精制海泡石和水以 1：20 的比例混合加入高压反应釜内，在 120～220℃下搅拌 1～3h，产物经分离、干燥后进行其他处理。事实证明，较低的搅拌速度对纤维束的解离作用大于断裂作用，纤维束在水热作用下先解离成细长纤维，再逐渐断开，形成较短的纤维。由于反应浆液体系中极细粒子较少，因而分离性能较好。但温度过高时，由于海泡石纤维分解为细小纤维，使其黏度增大，分离难度增加。通过水热处理，海泡石的吸附量会大大提高。由于海泡石层间或纤维黏合力强，要使其纤维均匀分散提高活化率，在常温常压下进行酸处理很困难，因此可首先采用水热法处理海泡石，然后再进行酸活化。这是由于水热活化使海泡石纤维束解离为细小纤维，从而增大了纤维间距离及孔道的比表面积，再用酸处理，可以破坏镁氧八面体，使硅氧四面体构成的骨架内的填充物减少，使通道进一步畅通，增大孔隙率及比表面积。此种增大海泡石孔隙率及比表面积的方法，可在低成本条件下增强海泡石的吸附性，提高其作为环境矿物材料对重金属离子等污染介质中的杂质的去除性能。

B　麦饭石的热改性

麦饭石是一种对生物无毒、无害并具有一定生物活性的多孔药用岩石，用物理化学等手段改性处理后的麦饭石作为吸附剂，可有效提高其对水中镉、铬等重金属离子的去除能力，具有操作工艺及设备简单、成本低廉等优点。热处理改性的较好的温度为 400℃，处理时间为 2h，热处理改性麦饭石对水中 Cd^{2+}、Cr^{6+} 的吸附率分别达到为 93.31%、74.5%。表征分析可以清晰地看到，热处理后的麦饭石结构变得更加疏松，孔洞更加明显，说明热处理使麦饭石失掉了表面吸附水和部分空隙内的结构水。

3.3.1.3　焙烧改性

常见的焙烧反应装置有马弗炉、高温箱形电阻炉等，对焙烧改性影响较大的因素有焙烧温度、焙烧时间、添加助剂种类等。焙烧改性具有操作简便、条件易于控制、成本低廉等优点，矿物材料焙烧改性在环境污染防治领域中具有良好的发展前景。

A　凹凸棒石焙烧改性

凹凸棒石的结晶水和结构水含量影响凹凸棒石的晶体结构，进而影响其各项性能。通过不同温度的焙烧实验发现，在 104～140℃，凹凸棒石脱去外表面吸附水；在 280℃，脱去孔道吸附水；到 480℃，脱除部分结晶水，凹凸棒石结构开始出现折叠；达 700℃时，晶层结构坍塌，结构折叠，孔道被阻塞，凹凸棒石表面积、孔容值和离子交换容量数值急剧下降，并形成新的矿物晶相；在 870℃左右，脱除其余结晶水和结构水。热加工显著提高了凹凸棒石对磷污染水体的吸附净化能力，其中以 700℃热处理凹凸棒石的磷吸附能力最强，其对实际水体的磷素吸附净化效率可达 97%。

B　硅藻土的焙烧改性

硅藻土属于黏土矿物的一种，近年来被用作吸附剂的研发与制造，针对硅藻原土可操作性差这一缺陷，开展了硅藻土改性研究。有研究表明，在焙烧温度 500℃、焙烧时间 120min 等工艺条件下得到的改性硅藻土为有一定强度、大小均匀、粒径约 5mm 的褐色椭圆颗粒。改性硅藻土吸附性能显著提高，其对 Fe^{3+} 的去除率随用土量、吸附作用时间、吸附温度、溶液 pH 值的增大而增大。

3.3.1.4　煅烧改性

煅烧改性与焙烧改性的操作相似，两者主要区别在于焙烧改性的温度条件达到矿物材料的熔点，而煅烧改性是在低于矿物材料的熔点温度条件下操作。煅烧改性的影响因素主要有煅烧时间、煅烧温度等。

A　石膏的煅烧改性

石膏是含 $CaSO_4$ 的矿物，在自然界有两种稳定形式：一种是含两个结晶水的石膏，称为二水石膏；另一种是不含结晶水的石膏，叫无水石膏。通常所说的石膏，是指二水石膏。无水石膏又叫硬石膏。当石膏煅烧时，在不同的温度下产生具有不同特性的产物。当煅烧温度为 65~70℃ 时，石膏开始脱水，变为半水石膏；继续加热到 200℃ 以内，石膏脱水，由半水石膏变为无水石膏，但与水接触时很快又凝结为二水石膏；温度超过 200℃，石膏凝结变慢；加热到 200~300℃ 时主要生成无水石膏，此时的石膏凝结更慢，但凝后强度大；300~450℃ 的产物为无水石膏，虽凝结较快，但强度较低；加热到 450~700℃ 之间的产物化学成分虽未改变，但产生一种新变种，称为"烧死"石膏，它极难溶于水，遇水也不凝结，没有强度；加热到 800℃ 时无水石膏缓慢凝结并硬化；加热到 800~1000℃ 时生成游离石灰，成为极有价值的普通煅烧石膏；继续加热到 1000℃ 以上，游离石灰增加，生成快速凝结的煅烧石膏。

煅烧改性生成的二水石膏在人造大理石的生产以及水泥的生产中具有良好的应用前景，煅烧改性石膏也可用于盐碱地的改良等环境治理领域。

B　碳酸盐岩的煅烧改性

将碳酸盐岩在不同温度下进行煅烧改性，在保持颗粒机械强度的条件下将其应用于酸性矿山废水的处理。结果表明，碳酸盐岩在 600℃ 下煅烧基本不产生变化，当温度升至 750℃ 时，碳酸盐岩开始分解，煅烧 3.0h 后，烧失量为 1.86%，煅烧后产物仍保持较强颗粒强度。800℃ 以上煅烧的碳酸盐岩则出现颗粒断裂现象，放入酸性矿山废水中会立即溶解产生白色沉淀。在 750℃ 煅烧改性后的碳酸盐岩能有效提高酸性矿山废水的 pH 值，对各种金属离子都有非常好的去除效果，尤其克服了原岩对 Mn^{2+} 去除效果不佳的缺点；750℃ 煅烧改性后的碳酸盐岩应用到野外酸性矿山废水处理工程中，能有效减少处理构筑物的体积和占地面积，在保证处理效果的同时降低建设成本，具有良好的污水治理效率和环境效益。

3.3.1.5　微波改性

微波是一种波长极短的电磁波，通常波长范围为 1mm~1m，即频率范围为 300MHz~300GHz 的电磁波。它和无线电波、红外线、可见光一样，都属于电磁波。微波和材料相互作用，能够产生反射、吸收和穿射现象，而物质本身的介电特性决定微波场对其作用的大小。因此，微波改性作用的强弱与被改性的矿物材料的性质相关。常见的微波改性设备有微波炉等，因此微波改性的主要影响因素有微波功率、改性时间等。在常见的微波改性操作中，微波改性常作为辅助方法配合其他改性操作。

A　膨润土的微波改性

膨润土因其对重金属离子具有很强的物理吸附能力和较好的静电吸附作用，已作为优良的吸附剂，广泛用于污水处理。国内外有不少关于高浓度重金属废水微波-化学法处理技术的报道，有学者采用膨润土为吸附剂，在微波辅助加热下去除湖南省某大型锌冶炼废水中 Zn^{2+}、Pb^{2+}、Cd^{2+} 等重金属离子，去除效率均在 90% 以上，处理后出水中重金属离子浓度低于污水综合排放标准（GB 8978-1996），研究表明运用膨润土作为水体中金属吸附剂具有较强抗冲击负荷能力。而微波改性作为处理流程的重要环节，其改性机理研究受到广泛重视，目前，有关微波改性膨润土的作用机理大致解释如下：膨润土是以蒙脱石为主要矿物成分的非金属矿产，蒙脱石晶胞形成的层状结构存在某些阳离子，如 Cu^{2+}、Mg^{2+}、Na^+、K^+ 等，且这些阳离子与蒙脱石晶胞的作用很不牢固，易被其他阳离子交换，故具有较好的离子交换性。虽然微波加热对膨润土的结构、微观形貌均没有明显的影响，但微波加热能提高膨润土对重金属离子的吸附能力，这是因为微波作为一种电磁波，具有波粒二象性和独特的加热方式，对流体中物质进行选择性加热，对吸收波的物质有低温催化作用，能促进重金属离子与蒙脱石晶胞内的某些阳离子之间的交换，能促进吸附剂与污染物之间形成的积聚物的沉淀反应更完全、更快速。

B 海泡石的微波改性

海泡石作为吸附性能强、价格低廉的吸附剂，是新型矿物材料吸附剂的研发热点之一，在含铅重金属废水的治理中已经有应用案例。在海泡石的改性研究中，微波辅助复合改性方法取得诸多实验结果。在含铅废水的处理研究中，运用微波-硫酸亚铁法改性海泡石进行铅的吸附处理取得了很好的处理效果。通过观察改性前后的海泡石扫描电镜图可以得出，改性后海泡石中的较大片状结构明显减少，这可能是因为微波改性过程中发生了层间剥离，且微波作用使海泡石表面覆盖了一层细丝状的结构，比改性前的海泡石表面更为粗糙，改性过程对海泡石的表面结构产生很大的影响；同时微波作用可提高海泡石的铁元素含量，使铁成功负载到海泡石表面，有利于水体处理时絮凝作用的发生，而这些变化均能有效地提高改性海泡石的吸附能力。海泡石的微波改性研究也为开发经济高效的处理含铅废水的方法奠定了理论和实际基础。

C 蛭石的微波改性

蛭石是一种层状结构的含镁的水铝硅酸盐次生变质矿物。研究发现微波作用也可使蛭石发生一定程度的剥落，由于蛭石本身具有膨胀性及吸附性，比表面积又可通过改性增大，蛭石与改性蛭石被广泛应用于吸附剂、助滤剂、化学制品和化肥的活性载体、污水处理、海水油污吸附、香烟过滤嘴等生产和处理工艺中。当然，不同产地的蛭石性质存在个别差异，因此对于不同矿产来源的蛭石，改性工艺最佳条件需要单独优化。对韩国某地蛭石研究发现，将蛭石在440W功率下微波330s，可将原蛭石最大化剥离，在此条件下制得的蛭石比表面积最大、体积密度最小并且单位质量原料能量消耗最低，剥离后的蛭石对暴雨径流水体中重金属铅、镉、锌、铜吸附量明显提高，处理效果随着水体初始pH值升高而逐渐变好，在pH=5时，重金属去除率到达96%。

3.3.1.6 超声波改性

超声波是一种频率高于20000Hz的声波，其方向性好，穿透能力强，易于获得较集中的声能，在水中传播距离远。人们将超声波运用于环境矿物材料改性研究中，运用其强大的穿透力和能量对材料的结构、成分进行改变，进而影响材料的物理化学性能。在超声改性及其处理污染物的工艺中，一些反应直接对材料进行改性，用以制备新型环境功能材料，一些超声作用则在反应进行中辅助化学反应的发生，具体介绍如下。

A 石墨的超声改性

采用超声浸渍技术在石墨表面包覆热解炭，即先将酚醛树脂在超声震荡的条件下与天然石墨分散均匀，将均匀的溶液蒸发固化后，复合材料置于高温条件下真空处理，所得材料就是热解炭包覆石墨复合材料。这种炭-炭复合材料内部石墨的晶体结构并未变化，制备的复合材料为石墨晶体为"核心"的热解炭包覆材料，材料表面的石墨性质被掩盖，由此表明，超声浸渍改善了天然石墨的界面性质，有利于天然石墨的均层包覆和深度包覆。这种复合材料实际上是热解炭外表的石墨核体结构，既保留了石墨结构的储锂空间，又改善了材料原有的表面性质，进而提高石墨的环境性能。近年来，改性石墨也作为吸附剂被应用于颜料废水的治理中，对酸性艳蓝染料等具有较好的吸附性。

B　含钛材料的超声改性

二氧化钛的光催化作用被广泛应用于大气、水体净化中，污染气体中的醛类、VOC类，水体中的罗丹明、氨基黑、柠檬黄、乙醇、异丙醇等均能利用光催化原理进行分解处理。然而，一些含钛材料的催化作用受钛含量、材料结构等影响不易发挥完全，导致光催化作用失去作用。例如，矿渣中杂质含量较高，透光性差，由于自然光能量低，同时催化剂中杂质阻碍了光的传播，因此自然光很难使矿渣产生光催化活性。为了节约成本，充分利用矿渣等废弃物，人们运用超声手段辅助催化作用的发生，运用超声改性与含钛材料光催化复合作用降解水体中的有机物。其原理大致如下：在超声条件下，当水体中空化泡形成时，两泡壁间因产生较大的电位差而引起放电，空化泡间的放电现象，使催化剂表面的二氧化钛接受电能而活化，形成光生电子-空穴，使吸附在催化剂表面的硝基苯分子发生一系列的氧化-还原反应，产生催化效果。加之超声本身的分散作用和剪切作用，使催化剂表面吸附的硝基苯不断更新，随着降解时间的进行，硝基苯降解可持续进行下去。

研究表明，超声与含钛矿物催化剂联合作用时，催化剂微粒悬浮分散于液相中，处理效果得到明显改善，相同条件下使用高钛渣作用160min，硝基苯降解率可达84%，明显大于超声单独作用的降解率，由此可以推断超声与含钛矿物降解硝基苯具有协同作用。

C　超声协助电气石催化反应

电气石是一种新型的矿物材料，除具有一般矿物的特点外，其突出的优势体现在其自发极化的性能。因而，将铁电气石用作类芬顿催化剂，不仅能提供铁源引发类芬顿氧化，而且自发极化效应产生的静电场能促进三价铁与二价铁转化间的电子传递，并提高催化效率。超声降解能够产生强氧化性的自由基，因而超声与类芬顿氧化的结合能大大提高有机化合物的去除率，缩短反应时间，提高水处理效率。在双酚A的降解实验中，单独电气石体系、单独过氧化氢体系、类芬顿氧化体系、超声辅助电气石体系、超声联合过氧化氢体系、超声助电气石类芬顿体系均对双酚A起到不同程度的降解作用，但超声助电气石类芬顿体系效果最佳。

D　膨润土的超声改性

利用膨润土层间阳离子的可交换性以及片层的可膨胀性，可将长碳链有机季铵盐置换到层间得到有机化膨润土。有机基团的引入使无机相和有机聚合物界面的黏合性能提高。超声波对这一有机反应具有加速作用，并且作用时间短、效率高、耗能小、成本低。运用超声浸渍法将长碳链季铵盐置换到膨润土层间，制备出有机膨润土，再将有机改性膨润土与NBR乳胶通过共沉淀得到插层型纳米复合材料，材料的拉伸强度、撕裂强度、绍尔A型硬度等各项性能均比改性前有所提升。

超声改性具有效率高、条件易于控制、耗能低、作用效果强等优点，运用超声技术改性环境矿物材料，无论是材料的制备还是对改性过程、工艺反应的辅助，均是矿物材料改性与应用的可选方法。

3.3.2　化学改性与调控

化学改性即通过化学反应改变材料的物理、化学性质，或者根据材料的自身性质，运用化学反应或手段，定向改变材料的结构、成分、性质。化学改性分为无机改性和有机改性两类，无机改性即使用无机物质（碱、酸、盐）改造或改善材料物理化学性质的方法。无机改性多用于层状矿物材料，例如利用增加矿物层间距，进而提高矿物离子交换性能的原理，以柱撑等方式提高矿物材料性能等；有机改性即利用有机改性剂改造或改善材料物理化学性质的方法，有机改性基于的原理有表面吸附改性、插层改性及嫁接改性等。改性剂主要有表面活性剂（阴离子表面活性剂、阳离子表面活性剂、两性表面活性剂、生物表面活性剂等）、螯合剂、壳聚糖、腐殖酸、硅烷偶联剂等。下面根据不同种类的矿物材料分别进行介绍。

3.3.2.1 酸、碱、盐改性

A 酸改性

酸改性是指运用无机酸对矿物材料进行改性处理，其原理主要是利用酸性对材料进行除杂、对材料表面进行活化等。根据改性材料的种类以及改性目的的不同，酸改性常用的无机酸包括盐酸、硫酸、硝酸以及配制的混合酸等，影响酸改性效果的主要因素有无机酸浓度、改性时间、无机酸种类、物料比等。

a 海泡石的酸改性

酸改性能够去除海泡石原矿中的杂质，增加矿物表面活性位点数。海泡石经过酸化处理后碱性下降，表面部分阳离子被质子取代，表面酸度增加，形成更多的表面吸附位点，有利于对重金属离子的吸附作用。随着溶液 pH 值由酸性向碱性的变化，重金属离子在酸改性海泡石表面的吸附机理表现为同晶置换与表面配位模式并存；当溶液 pH 值呈弱碱性时，Pb^{2+} 和 Cu^{2+} 均发生表面沉淀，其中 Pb^{2+} 表现最为明显。

b 膨润土酸改性

将膨润土放入 2.5mol/L 的硫酸溶液中，在 80℃下缓慢搅拌（转速控制在 120r/min）5h，过滤，用蒸馏水洗涤至中性，真空抽滤，在 120℃条件下活化 1~2h，然后研磨过 120 目筛即得到酸改性膨润土。在静态条件下，酸改性膨润土对重金属离子的吸附性能较好。改性膨润土对 Ni^{2+}、Cd^{2+} 具有较好的吸附性能，在 pH 值 5.0~7.0，废水中 Ni^{2+}，Cd^{2+} 含量不大于 45mg/L，搅拌时间约 60min 的条件下，Ni^{2+}、Cd^{2+} 的去除率均可分别达到 98.5%以上，出水可达到国家排放标准。

B 碱改性

碱改性与酸改性操作相似，与酸改性的不同之处在于碱改性将碱性物质作为药剂，常见的碱改性物质包括生石灰、氢氧化钠等，其原理主要是运用羟基对物质的表面进行活化及羟基的接枝等，碱改性的影响因素主要有碱性药剂的浓度、碱性药剂与改性材料的添加比、碱改性反应时间等。在实际应用中，碱改性常被用作其他改性方法的预处理，或作为复合改性中的一个环节，以制备具有新型功能的环境材料。

a 高岭土的碱改性

将高岭土在适当的温度下焙烧，可活化高岭土中的 SiO_2，再经过碱处理可将其脱除，得到以 γ-Al_2O_3 为主要成分的固体。这种高岭土固体是一种具有均匀中孔结构的多孔材料，可用于调湿性建材。经过碱处理的高岭土还可出现较强的 L 酸中心，在裂化催化剂中引入适量的碱改性高岭土可提高催化剂的重油转化能力。以高岭土为原料，用原位晶化工艺合成的分子筛作为流化催化裂化催化剂，还具有较好的抗钒中毒能力。实验证实，将内蒙古煤系高岭土研磨至 60 目以下，在 1060℃焙烧 1h，然后与碱（NaOH）溶液，w（NaOH）= 13.8% 条件下进行反应，可以将高岭土内部羟基大量脱除，破坏晶体结构，呈现无序的非晶态，使 SiO_2 和 $\gamma\text{-}Al_2O_3$ 之间的化学键松弛，生成少量的莫来石。随着碱处理时间延长，高岭土孔径增大，孔分布变宽。同时，随碱处理时间的延长，碱改性高岭土的比表面积减小，孔体积增大，这与孔径分布的变化相一致；碱改性高岭土具有裂化活性和裂化选择性，并且其裂化活性和裂化选择性随碱处理时间的延长而提高。与酸改性相比，碱改性的高岭土吸附性更强，孔径分布更集中，这项高岭土改性研究成果为水体及土壤中重金属等污染物的吸附去除奠定了理论基础。

b　凹凸棒石、沸石的碱改性

凹凸棒石和沸石均属于硅酸盐矿物，具有优良的离子交换性能、催化和吸附性能。但是由于天然硅酸盐矿物分子孔道中存在水分子和其他的一些杂质，其吸附性能有待提高，所以在使用其处理废水时，一般先对其进行改性以进一步改善其吸附性能。碱改性是一种操作简单、成本低廉的去除杂质和吸附水的办法，对江苏某地的凹凸棒石运用氢氧化钠进行碱改性处理，改性后的凹凸棒石被沸石化，转变成钠型八面沸石，对以斜发沸石和蒙脱石为主要成分的天然沸石分别进行碱改性处理，也将天然沸石转变成了钠型八面沸石，说明碱改性可以去除矿物层间杂质，影响矿物的三维结构，提高矿物比表面积，提升矿物的吸附能力。

除氢氧化钠碱改性外，有研究人员运用生石灰对凹凸棒土进行碱改性，研究改性凹凸棒土对土壤中重金属的钝化作用效果，并用玉米植物重金属积累量对钝化效果进行评价，同时运用 BCR 逐级浸出的方法对土壤中的重金属的形态进行观察，考察钝化材料对土壤中重金属形态的影响。

另外，沸石分子筛的碱改性也取得了诸多研究成果。与未改性的分子筛相比，氢氧化钠碱改性沸石分子筛对 Cu^{2+} 等重金属离子的吸附容量大幅度提升，碱改性可使沸石分子筛材料的平均孔径增大，有利于污染物向材料孔内的扩散及后续的吸附作用。

C　盐改性

酸改性和碱改性可使矿物材料表面活化，发生酸化或接枝羟基，但提高一些矿物材料的特定性能需要引入其他无机基团，基于这个原因，引入了盐改性的方法。盐改性即利用一些无机盐对矿物材料进行改性，使矿物材料表面赋予新的基团或对矿物材料进行插层、柱撑等功能化作用，改变矿物材料的成分、结构、层间距离等性质，使其具有新的性能。盐改性的主要影响因素有添加剂的种类、添加剂浓度、反应时间、机械力搅拌程度等。

a　伊利石的盐改性

伊利石由于具有吸附性等特点，被应用于核污染领域防辐射、土壤调理剂、饲料添加剂、核工业污染净化及环境保护等领域。为了进一步提高伊利石的吸附性能，运用硫酸锌对伊利石进行改性，通过硫酸锌与伊利石混合焙烧，提高伊利石的阳离子交换容量，进而提高其对铅等重金属的吸附量，改性伊利石材料可应用于重金属污染土壤、水体的治理中。改性过程引起阳离子交换容量上升和吸附能力上升的机理更可能在于片伊利石层边缘裸露的具有交换吸附能力的残基数量的增加。

b　蛭石的盐改性

金属改性的蛭石基多孔材料具有很好的吸附性能，有研究显示，运用硝酸镧、硝酸铈和硝酸锆制备的 La-蛭石、Ce-蛭石和 Zr-蛭石对甲基蓝的吸附性能均有所提升，其中 La-蛭石吸附效果最强，对甲基蓝的去除率高达 96.02%。改性后吸附剂的比表面大于 $220m^2/g$，提高了 33 倍；原蛭石的孔容仅为 $0.00024cm^2/g$，改性后吸附剂的孔容剧增，大于 $0.11cm^2/g$，提高了近 3 个数量级；此外孔径也相应提高了。三种改性蛭石比表面的大小顺序为：La-蛭石>Ce-蛭石>Zr-蛭石，与去除率的顺序相一致，可见，金属改性蛭石基多孔材料对亚甲基蓝的吸附性能与其比表面及孔结构具有相关性，且盐改性能够定向定性地改变蛭石对亚甲基蓝的吸附性能。

c 高岭土的阴离子改性

对尼日利亚三角洲的高岭土（亮白色团块）进行磷酸盐和硫酸根阴离子改性，分别得到磷酸盐和硫酸盐改性的高岭土吸附剂。改性后的高岭土对 Pb^{2+}、Cd^{2+}、Zn^{2+} 和 Cu^{2+} 的吸附能力均有提升，解吸研究表明，磷酸盐改性的高岭土吸附剂对金属离子具有最高的亲和力，其次是硫酸盐改性的高岭土吸附剂，而未改性的高岭土具有最小的亲和力。阴离子改性不同于一般的阳离子改性，目前该研究方向的文献报道较少，其改性机理和作用效果需要进一步研究和探讨。

3.3.2.2 表面化学改性

表面化学改性就是指在保持材料或制品原性能的前提下，运用化学方法赋予其表面新的性能，如亲水性、生物相容性、抗静电性能、染色性能、吸附性能、配合性能等。表面改性的方法有很多，大体上可以归结为表面化学反应法、表面接枝法、表面复合化法，具体包括化学包覆、机械力化学反应、沉淀反应等。化学包覆改性是利用有机物分子中的官能团与填料表面发生化学反应，对粉体颗粒表面进行包履，使颗粒表面改性的方法；沉淀反应改性是通过无机化合物在颗粒表面沉淀反应，在颗粒表面形成一层和多层包履膜，以改善粉体表面性质；机械力化学改性是利用超细粉碎或强烈机械作用有目的地对粉体表面进行激活，在一定程度上改变颗粒的晶体结构、溶解性能、化学吸附和反应活性等，从而达到粉体表面改性的目的。下面就几种矿物材料的表面化学改性分别进行介绍。

A 膨润土的表面改性

将天然膨润土（30g）悬浮在 $0.8dm^3$ 的去离子水中，用乙酸调节其 pH 值为 4.77，通过加入 8-羟基喹啉，以膨润土的阳离子交换作用制备 8-羟基喹啉改性膨润土。将混合物搅拌 72h 以将 8-羟基喹啉固定在膨润土上，含有 8-羟基喹啉固定化膨润土的固相通过过滤分离，然后用去离子水洗涤，粉碎，研磨，通筛，并在 70℃ 的烘箱中干燥 24h，所得材料即为 8-羟基喹啉改性膨润土。在这项研究中，8-羟基喹啉对溶液中铅（Ⅱ）离子的吸附行为得到加强。根据结果，8-羟基喹啉改性膨润土可以作为去除重金属污染物的吸附剂，且作用效果较为理想。

将产自巴西的官能化膨润土进行硫醇（—SH）基团接枝改性，通过酸处理对样品进行了预处理，在无水条件下用（3-巯基丙基）三甲氧基硅烷通过与表面和层间硅烷醇组的共价接枝来固定含硫醇（SH）组的配体。与未接枝的样品相比，硫醇官能化的膨润土对 Ag^+ 离子的结合能力提高约 10 倍。因此，膨润土的吸附能力可以通过使用有机官能硅烷偶联剂进行表面改性来提高。这种新型杂化有机-无机材料可以作为分离和预浓缩重金属离子的良好选择。

膨润土的表面改性还可利用膨润土的表面阳离子交换作用。例如，将四甲基铵和十二烷基三甲基铵通过表面有机阳离子交换作用的有效发生置换到膨润土表面。首先，将膨润土浸入氯化钠溶液中并搅拌 18h，然后分离并用去离子水洗涤。该过程重复三次以确保制备钠型膨润土。将 50gNa-膨润土分别加入十二烷基三甲基铵和各种浓度的四甲基铵溶液中进行有机取代。在室温下搅拌混合物 8h，然后提取固体样品并用去离子水洗涤。该过程可使改性剂分子渗入膨润土表面和层间空间并代替原来吸附的钠阳离子。通过改性，两种有机膨润土能够不同程度降低土壤中重金属 Cu、Zn、Cd、Hg、Cr 和 As 的浸出毒性，其主要交互作用机制是阳离子交换、物理吸附和分配、静电引力等作用。

此外，有研究分别运用氢氧化钠+硝酸镁和氢氧化钠+硝酸铁制备镁涂层膨润土和铁涂层膨润土，用以去除水体中的重金属离子并取得了良好的处理结果。

B　贝得石、蒙脱石、蛭石的表面官能化改性

有研究同时制备了-SH 表面接枝的贝得石、锂蒙脱石及蛭石，并对三种改性材料作为环境功能材料对水体中 Cd^{2+} 和 Pb^{2+} 的处理效果进行验证和比较，发现三种改性矿物材料对水体中重金属离子的去除率均有不同程度的提高。随后又将贝得石改性材料应用到复合污染土壤的修复实验中，并利用射线草的种植、生长、重金属毒性测试来评价改性贝得石对重金属污染土壤的修复效果，结果表明植物对重金属的吸收量明显降低。

蒙脱石是膨润土的主要成分，因此一些对膨润土改性有效的类似方法也可应用在蒙脱石改性，一些研究已经取得较好效果。运用四甲基铵和十六烷基三甲基铵改性的蒙脱土，可以对六价铬污染的土壤起到良好的修复作用。

C　凹凸棒石的接枝改性

运用 2，2-二羟甲基丙酸和甲苯磺酸对凹凸棒石进行接枝改性，赋予凹凸棒石新的官能团，使其具备更强的污染物吸附能力。首先运用 γ-氨基丙基三乙氧基硅烷（APTES）在凹凸棒石表面的自由接枝反应制备氨基改性凹凸棒石纳米纤维状黏土，然后将 2，2-二羟甲基丙酸、甲苯磺酸与改性凹凸棒石纳米纤维状黏土混合进行熔融缩聚，具体操作方法是：在马弗炉中通入氮气流，混合物在 200℃ 下（单体的熔点：189～191℃）进行缩聚 30min。将超支化脂族聚酯接枝的凹凸棒石（HAPE-ATP）与未接枝的超支化脂族聚酯分离数次，置于 DMF 中超声振荡 30min，并以 104r/min 的转速离心 30min，沉淀，过滤，干燥，所得产物即超支化脂肪族聚酯接枝凹凸棒石。由超支化脂肪族聚酯接枝凹凸棒石对水体中重金属离子 Cu^{2+}，Hg^{2+}，Zn^{2+} 和 Cd^{2+} 的竞争吸附性能发现，由于聚合物表面酯基和表面羟基的存在与增加，氨基改性凹凸棒石纳米纤维状黏土和超支化脂族聚酯接枝凹凸棒石吸附剂对 Cu^{2+} 和 Hg^{2+} 离子具有较高的吸附容量，而裸露的凹凸棒石对 Zn^{2+} 和 Cd^{2+} 离子具有较高的吸附容量。

此外，有研究将黏土与热解咖啡渣混合焙烧，将黏土-热解咖啡渣混合物加入蒸馏水制成混合物糊状半固体，通过注射剂挤出不同大小的圆柱形颗粒，考察热解咖啡渣与黏土混合剂对水体中重金属离子的吸附效果。通过 FTIR 表征可以得出结论，焙烧热解可使材料表面的 O—H，C═O 和 C—N 暴露，而这些基团就是吸附水体中重金属的主要功能基团。

3.3.2.3　化学插层改性

化学插层改性是指利用层状结构的矿物颗粒晶体层之间结合力较弱和存在可交换阳离子等特性，将化学物质插入到矿物层间并通过作用力或新的化学键形成稳定结构的改性方法。化学插层改性的本质是通过离子交换或化学反应改变粉体的层间和界面性质。化学插层改性根据改性剂种类的不同，可分为有机插层和无机插层，有机插层即利用有机药剂对材料进行插层改性，例如三甲基十八烷基氯化铵、十六烷基溴化铵（CTAB）和十八烷基胺（ODA）等；无机插层即利用无机药剂对材料进行插层改性，例如甲酰胺、甲基甲酰胺（NMF）、二甲基亚砜（DMSO）、肼、尿素、乙酸钾、氟化铯等。下面就几种矿物的插层改性分别进行介绍。

A　膨润土的插层改性

膨润土是一种优良的土壤重金属钝化材料，为了进一步提高其对土壤中重金属的作用效果，运用化学方法增大其比表面积及层间距，有利于重金属进入其层间通过离子交换或吸附作用而得以稳定。首先将膨润土置于氯化钠溶液中，制备钠基膨润土，然后在连续搅拌的条件下添加 OH^-/Al^{3+} 为 2 的氢氧化钠与氯化铝柱化储备液，恒温老化后洗涤，干燥，焙烧，研磨，过筛，即制成铝柱撑膨润土。应用实验表明，在收获期间，柱撑膨润土的添加量对苋菜的生物量有显著影响，与添加未改性膨润土的土壤相比，在第一次和第二次收获时分别使苋菜的生长增加77%和80%，体内重金属含量呈不同幅度的下降，植物生长的这种改善是通过 Al-膨润土修复减轻植物对重金属的胁迫而实现的，因为较大的表面积提高柱撑膨润土的吸附能力，降低了土壤溶液中阳离子的浓度，从而减少了植物对重金属的吸收。

采用等体积浸渍法可以制备得到 KOH/铝柱撑膨润土固体催化剂，用以催化麻疯树油脂交换制备生物柴油，铝柱撑膨润土经由等体积浸渍 KOH 处理后，颗粒粒径明显减小，排列更加紧密，其表面附着有鳞片状物质，催化剂具有较大的层间距，d001 层间距为 11.9nm。在最佳条件下，生物柴油转化率为 99.2%；再生处理的催化剂催化酯交换反应，生物柴油转化率高达 98%。

此外，采用水热法，以钠基膨润土为原料加入镧柱化剂制备镧柱撑膨润土，并考察其对水体中重金属铅的吸附行为，该材料表现出较好的铅去除能力；用氯化铁、十六烷基三甲基溴化铵制备碳柱撑磁性膨润土，构建碳柱撑磁性膨润土/H_2O_2 芬顿体系，以苯酚溶液模拟焦化废水进行催化降解实验，效果良好，重复使用 5 次以后，苯酚去除率仍可达到 87.64%，证明碳柱撑磁性膨润土/H_2O_2 芬顿体系有良好的吸附性和稳定性；以硝酸铁为原料制备柱化剂，对钙基膨润土进行柱撑改性，制备羟基铁柱撑膨润土吸附剂，对水体中的甲基橙具有良好的吸附去除作用。

B　锂蒙脱石的层间接枝

运用 2-(3-(2-氨基乙硫基) 丙硫基) 乙胺对锂蒙脱石进行接枝改性，发现改性剂可以进入到锂蒙脱石的层间，形成层间接枝改性锂蒙脱石。将锂蒙脱石分散在乙腈中，在 N_2 气氛下将混合物在室温下搅拌24h，然后加入（3-氨基丙基）-三乙氧基硅烷并将混合物在回流下于90℃搅拌24h。将黏土矿物滤出并用乙醇和二氯甲烷洗涤。将得到的黏土矿物分散在无水乙腈中，并在 N_2 气氛下在室温下搅拌24h。加入乙基-2-溴丙酸酯，混合物在90℃回流下搅拌24h。滤出固体用乙醇和二氯甲烷洗涤。将所得产物分散在无水乙腈中并在 N_2 气氛下在室温下搅拌24h，然后加入 2-(3-(2-氨基乙硫基) 丙硫基) 乙胺。混合物再次在90℃下回流搅拌24h。过滤后，将改性黏土矿物用乙醇和二氯甲烷洗涤并在室温下干燥。发现 2-(3-(2-氨基乙硫基) 丙硫基) 乙胺改性的黏土矿物对于 Hg^{2+} 离子是良好的螯合材料，其对于 Hg^{2+} 的吸附容量达到 46.1mg/g。

3.3.2.4　纳米材料的引入与应用

纳米环境功能材料的研发与应用近年来取得许多新的进展，纳米材料的优势为环境治理突破了许多障碍，例如纳米铁在治理重金属砷污染领域取得诸多成果。然而，纳米材料的细小颗粒在应用时容易发生团聚而影响反应效果，因此，结合天然黏土矿物孔隙多、比表面积大的特点，将纳米材料负载于黏土矿物表面或内部，使其既能发挥材料的功能，又能够分散均匀，不易团聚，在水污染和土壤污染治理方向上具有广阔的发展空间。

有研究采用微波辐照-回流法制备出海泡石负载纳米磁铁矿复合材料，经测试，该材料对 Cr^{6+} 的去除容量为 33.4mg/g，远高于原矿，纳米磁铁矿与海泡石的复合应用具备静电吸附和还原反应降低毒性双重作用，同时具有分散均匀的优势。此外，研究表明，蛭石负载纳米零价铁材料可有效降低凤仙花和孔雀草在重金属污染土壤中生长的中毒风险，降低 Cd 和 Pb 在植物体内的积累量，在重金属与二噁英类 PCBs 复合污染土壤中，更加利于植物对 PCBs 的修复。在地下水重金属净化中，有研究制备海泡石支撑纳米零价铁粒子复合材料，成功地利用海泡石上支撑的纳米级零价铁（NZVI）从地下水中去除和还原铬（Ⅵ）和 Pb（Ⅱ），并取得较好的去除效果。

3.3.3　复合改性

复合改性是指通过两种或两种以上改性手段，对同一材料进行改性，以强化材料的理化性能或赋予材料新的理化性质。常见的复合改性方法可根据改性过程分为两种：一种是同步进行复合改性，即运用两种或两种以上的改性方法同时对材料进行改性，例如微波辅助改性、超声辅助改性、在水热条件下进行化学插层改性、微波回流条件下制备复合材料等；另一种是分段改性方法，即将不同的改性方法按照一定顺序分段进行，上一阶段的改性结果将为下一阶段的改性操作提供条件或做铺垫，例如为同一材料负载多个官能团，需要在不同的反应单元设置投加不同的药剂，使官能团逐步有序地接枝在材料表面。下面分别对几种环境矿物材料的复合改性进行介绍。

3.3.3.1　膨润土的复合改性

A　膨润土-甲硅烷基化柱层状黏土的制备

首先运用羟基铝聚阳离子对膨润土进行预柱化，制备为羟基铝柱撑膨润土，增大膨润土层间距，然后运用烷基氯硅烷对柱撑膨润土进行甲硅烷基化，合成基于膨润土-甲硅烷基化柱层状黏土的无机-有机复合材料。相对于原始膨润土，膨润土-甲硅烷基化柱层状黏土具有更高的有机碳含量，并且相对于表面活性剂改性的普通有机膨润土具有更好的表面和孔性质，其耐热温度更高，是一种经济的改性有机膨润土，与有机膨润土的分区主导吸附机制不同，吸附和分配是膨润土-甲硅烷基化柱层状黏土吸附机理的重要组成部分。膨润土-甲硅烷基化柱层状黏土的 VOC 吸附能力与普通有机膨润土大致相同，但膨润土-甲硅烷基化柱层状黏土的疏水性优于普通有机膨润土。

B　硫醇/Fe 改性膨润土的制备

首先制备硫醇修饰的膨润土：将 Na-膨润土与 20%HCl 以 1∶10（$w:v$）的比例混合，然后在 80℃下搅拌 4h，用定量滤纸过滤，干燥并研磨。将膨润土粉末分散在去离子水中，制备成2%悬浮液，然后将其与10g/L半胱胺盐酸盐以10∶1（$v:v$）的比率混合并搅拌4h。置于离心机中在8000r/min的转速下离心10min并用去离子水洗涤数次后，将改性膨润土在60℃下干燥并研磨通过200目筛。将16g Na_2CO_3加入1.0L 0.1mol/L $FeSO_4$中制备聚羟基铁溶液，将混合物搅拌2h并在60℃下老化24h，将新鲜制备的聚羟基铁溶液以2∶1（$v:v$）的比例加入2.0%硫醇改性的膨润土悬浮液中，将混合物搅拌2h并在60℃下老化24h，置于离心机中以8000r/min的转速离心10min后，将样品用去离子水洗涤几次，在60℃下干燥后，将样品通过200目筛，从而获得结合的硫醇/Fe改性膨润土材料。

实验证实，与膨润土原矿相比，硫醇改性膨润土导致Cr去除率明显增加，硫醇/Fe修饰进一步提高了反应速率和反应效率。在pH=3.0的酸性条件下，3.0g/L的原始膨润土剂量可以从溶液中去除大约60%的初始重金属Cr，这是由于膨润土的固有吸附性质，通过巯基单独修饰，去除率提高到约70%，复合改性膨润土的去除率进一步提高了近20%。

3.3.3.2 硅藻土的复合改性

为了显著改善硅藻土的吸附性能，应用酸活化-钠化-柱撑-焙烧复合改性工艺对硅藻土实施了改性，探究了硅藻土改性前后对Cd^{2+}的吸附能力与机制。结果表明，最佳复合改性工艺条件为：硫酸体积分数10%，NaCl质量分数6%，OH^-/Al^{3+}摩尔比2∶2，焙烧温度150℃；改性后，硅藻土对Cd^{2+}的吸附容量提升了76.5%。

3.3.3.3 石墨的复合改性

采用相同反离子协同磷酸活化法，以十六烷基三甲基溴化铵（CTAB）-KBr为复合改性剂，制备一种高效吸附剂复合改性膨胀石墨（M-EG），考察了EG和M-EG对酸性艳蓝染料废水的处理效果。结果表明，复合改性后的膨胀石墨孔隙度变大，表面含氮和溴官能团增多。吸附剂M-EG对酸性艳蓝染料废水具有较高的吸附性能，在pH=1.0及30℃条件下对染料的去除率达到94.13%。

3.3.3.4 水滑石的复合改性

采用十二烷基苯磺酸钠（SDBS）、吐温-80（Tween-80）及两种表面活性剂复合改性镁铝水滑石，得到SDBS-LDHs、Tween-LDHs及SDBS/Tween-LDHs三种改性水滑石。利用反相气相色谱法（IGC）对样品进行表面性质的研究，定量计算了表面吸附自由能（ΔG_0）和表面能色散组分（γ_{sd}）。结果表明，改性材料的ΔG_0与γ_{sd}值均比未处理的镁铝水滑石小，其中阴-非离子表面活性剂复合改性后的水滑石的ΔG_0与γ_{sd}值最小，说明阴-非离子表面活性剂复合改性水滑石较单一改性水滑石更有利于提高材料的稳定性。此外，各类水滑石的γ_{sd}值均随着温度的升高而减小，因此，在制备聚合物/水滑石类材料时，可以利用提高温度来改善其与聚合物的相容性。

3.3.3.5 海泡石的复合改性

采用盐热和稀土掺杂制备复合改性海泡石，研究了复合改性海泡石对废水中N、P的吸附特征和去除效果。取海泡石原矿粉，加入6%NaCl溶液，恒温振荡3h，离心、过滤，滤渣在105~110℃干燥3h、450℃马弗炉中焙烧0.5h，研磨、过200目筛，得到盐热改性海泡石；取盐热改性海泡石，加入0.008%$LaCl_3$溶液（pH=10），恒温振荡0.5h，离心分离，滤渣在105~110℃干燥3h、400℃马弗炉中焙烧0.5h，研磨、过200目筛，得到复合改性海泡石。

与海泡石原矿粉比较，复合改性海泡石的脱氮除磷能力分别提高 49.71% 和 90.14%；复合改性海泡石对 N、P 的吸附可以用 Langmuir 吸附模型描述，获得的最大吸附量分别为 1.165mg/g 和 1.121mg/g。用 NaOH 溶液可以再生吸附材料，获得较好的脱氮除磷效果，再生次数以 2 次为宜；用复合改性海泡石处理污水处理站的二级生化出水，最终出水的 pH 值、N 和 P 含量均达到《城镇污水处理厂污染物排放标准》的要求。

3.3.3.6　蒙脱石的复合改性

以钠基蒙脱石（Na-MMT）为原料，采用十六烷基三甲基溴化铵（CTMAB）预先改性，然后进行羟基铝柱撑改性，以制备不同 CTMAB 含量的有机-无机复合蒙脱石（CTMAB-Al-MMT），用于同时对水中苯酚和铬（Ⅵ）的吸附。采用 XRD、FTIR 表征复合改性蒙脱石。研究结果表明，CTMAB 和羟基铝阳离子有效进入蒙脱石层间，且层间距随 CTMAB 加载量增大而增加。吸附时间、溶液 pH 值和投剂量等因素对吸附率的影响显著，在混合溶液的苯酚、铬（Ⅵ）初始浓度均为 30mg/L，投剂量 0.6g/50mL，pH=6，以及吸附时间 2h 时，苯酚和铬（Ⅵ）吸附去除率分别达 85.0% 和 94.7%，表明制备的复合改性蒙脱石具有同时吸附水中苯酚和铬（Ⅵ）的良好性能。

3.4　环境矿物材料的再生

环境矿物材料的再生是指用物理、化学或生物的方法，将吸附材料表面的吸附质脱离或分解，恢复其性能。再生方法的选择取决于吸附质的类型、性质，再生方法具有多样性，选择合适的方法是非常有必要的。再生效率、运行成本、有无二次污染等是制约再生方法的重要因素，经济有效的再生方法是未来的发展方向。下面针对环境矿物材料常见的几种再生方法进行介绍。

3.4.1　热处理再生

热处理再生是指用加热的方法实现环境矿物材料的再生，其机理是通过升高吸附温度，改变吸附平衡关系，使吸附物脱附，吸附材料得到再生。这种热再生方法适用于耐热性较强的材料，若材料受热不稳定，加热再生可能会破坏材料的微观结构，使其失效。热再生法包括水蒸气解吸、热气体解吸和电热再生。

水蒸气解吸法适用于脱附沸点较低的低分子碳氢化合物和芳香族有机物，对于高沸点物质的脱附能力较弱，解吸周期长。并且吸附质的水溶性是决定吸附材料能否蒸汽再生的重要因素。

热气体解吸法中温度、气体循环流量、时间对脱附都有影响。再生温度越高、进气流量越大、脱附时间越长，吸附材料的脱附越彻底。所以，需要确定脱附的最佳气体循环流量、脱附温度和脱附时间。沈秋月的实验表明，对 150g 吸附饱和甲苯的活性炭，在 10.5m³/h 的气体循环流量，120℃ 的脱附温度下，脱附 120min 以上，活性炭得到完全脱附。

电热再生法是以吸附剂作为电阻，通入电流，产生焦耳热来加热再生吸附剂。电热再生法解吸时间短，且效率高。李永贵等用电热再生吸附饱和甲醛的活性炭，解吸 5min，再生效率达 91.3%。但是直接电加热可能会出现过热点，电极布置连接和绝缘方面也还有待深入地研究。

彭先佳等人使用蒙脱石和具有磁性特性的铜铁氧化物结合制备出一种具有磁性的吸附剂，用来吸附腐殖酸。这种磁性材料可以通过热作用再生，其最佳的再生时间以及温度为 3h 和 300℃。再生温度对于再生材料的吸附性能的影响为：在 300℃ 之前，随着对饱和材料煅烧温度的提高，再生材料的吸附性能逐渐提高，在 300℃ 达到最大的吸附效果，在该温度之后，继续升温，吸附效果开始下降。再生出来的材料仍具备磁性以及较高的磁化率，并且作为附吸剂具备较好的吸附能力。

热处理再生法的优点是再生效率高、再生时间短、对吸附质基本无选择性，但耗能较大，运行费用较高，并且吸附材料自身容易损失，再生后的吸附材料机械强度下降。

3.4.2 化学再生

化学再生是指向使用后的环境矿物材料中投加化学药剂，使其中吸附的污染物质与化学药剂发生化学反应，将污染物质分解或形成沉淀分离，从而达到使污染物与环境矿物材料分离的目的。这种方法适用于吸附金属离子以及某些可交换盐的材料的再生。常见的化学药剂包括盐酸、硫酸、硝酸、盐类（氯化钠、硫酸钠等）。这种再生方法的优点是再生效率高，再生效果好，缺点是易对再生液产生二次污染，个别再生药剂长期使用可能会腐蚀载体等。

3.4.2.1 蛭石的化学再生

用 25% 的 NaCl 溶液作为再生溶液对饱和吸附氨氮的蛭石进行反复再生使用，固液比大于 1:10。结果表明，蛭石可以反复再生使用，其再生后的吸附量比蛭石的吸附量要大。这是因为蛭石经 NaCl 再生的过程实际上也是一个蛭石活化的过程。25%NaCl 溶液中高浓度的 Na^+ 可以将蛭石中所有可代换性的阳离子代换出来（其中包括离子交换选择性比较强的 K^+ 等），然后再利用 NH_4^+ 的离子交换性比 Na^+ 强的特点，NH_4^+ 能很容易地将 Na^+ 再代换出来，通过这种方法，可显著提高蛭石的交换容量。

3.4.2.2 陶粒的化学再生

用陶粒处理含铅废水，由于陶粒对酸具有良好的稳定性，因此陶粒在吸附铅离子失去处理能力后，对处理含铅废水后的陶粒进行了再生实验，用 0.1mol/L 的 HCl 溶液进行解吸处理，此时陶粒吸附的铅离子全部溶出，陶粒得到再生，可用于铅离子的吸附。静态吸附已经饱和的陶粒 10g 加入 0.1mol/L 的 HCl 100mL 浸泡 24h，再用水洗至近中性，烘干备用。结果表明，铅的去除率较原陶粒有所降低，但对铅的去除率均在 90% 左右，说明再生陶粒仍有较好的处理效果。

3.4.2.3 沸石的化学再生

将吸附重金属饱和的改性沸石颗粒先用清水洗涤 2~3 次，再用 2.0mol/L 的 NaCl 溶液和 2.0mol/L 的 HCl 溶液浸泡 24h，每隔 6h 振荡 1 次，时间 5min，然后用纯水洗至无氯离子，烘干。实验结果表明吸附过 Pb^{2+}、Zn^{2+}、Ni^{2+} 的改性沸石颗粒经再生处理后，可重复作为吸附剂使用，脱附出的 Pb^{2+}、Zn^{2+}、Ni^{2+} 加碱沉淀后回收。

3.4.2.4 高岭土和蒙脱石的化学再生

近年来，有研究者对高岭土和蒙脱石的再生方法进行了探索：高岭石接枝聚丙烯酸复合吸附剂在脱附液 HCl 浓度为 0.2mol/L、脱附时间为 6h 时再生效果最好。前三次连续再生对吸附性能影响不大,之后吸附量开始出现显著下降,经过 6 次再生后,高岭石接枝聚丙烯酸复合吸附剂对 Cu^{2+}、Zn^{2+}、Ni^{2+} 的吸附量分别下降了 53.3%, 55.8%、46.2%;蒙脱石交联复合凝胶吸附剂再生实验中显示,脱附液 EDTA 的再生效果比 HCl 溶液更优,在浓度为 0.05mol/L、脱附时间分别为 1.5h 时能达到最优脱附效果。但再生不是很彻底,性能没有再生前稳定,6 次的连续再生实验显示材料的吸附量下降了 27.57%。

3.4.3 生物再生

生物再生是指利用微生物的作用分解环境矿物材料吸附的有机物质,使其变为小分子物质脱离材料表面,最终达到分离的目的。这种方法适用于吸附可生化有机污染物的环境矿物材料的再生,其优点在于具有针对性,缺点在于需要排除污泥,再生后的材料需要进行污泥清洗等。

Suno 等开发了生物沸石反应器,在反应器中,沸石既是铵离子的吸附材料,又是硝化菌附着生长的填料,它会逐渐变成长满细菌的生物沸石。由于沸石对 NH_4^+ 的交换作用,水体氨氮浓度受到控制,不会抑制微生物活性,吸附在沸石上的铵离子会被长在沸石上的细菌硝化,实现沸石的动态生物再生。生物沸石反应器可以稳定地去除高浓度氨氮,并能适应冲击负荷。Dimova 等提出在系统中加入少量阳离子(如 Na^+),可加快沸石生物再生过程。

Semmens 将沸石放于实验柱中去除 NH_4^+,当吸附饱和后用泵把曝气槽中的硝化污泥由底部抽入实验柱中,保持一定的流速使沸石处于流化状态。硝化污泥中含有 0.3mol/L 的 $NaNO_3$,再生后硝化污泥回流入曝气槽使 NH_4^+ 本硝化。硝化过程中投加 Na_2CO_3 补充碱度。沸石再生后反冲洗去除污泥。前期反冲洗水流入曝气槽中,后面的需除掉。

沸石生物再生时间只受硝化速率的限制,因离子交换速率大于硝化速率,生物再生不如化学再生有效,这是由于 Ca^{2+}、Mg^{2+} 积累的缘故。长时间运行会散发恶臭,沸石的交换容量也会下降。新鲜沸石形成的生物沸石,其吸附性能与对照新鲜沸石很接近,沸石粒径越小,两者的吸附性能越相近,沸石表面虽然生长了生物膜,改变了沸石表面形态,但生物膜基本没有阻碍液固之间的离子交换,也没有影响 NH_4^+ 吸附扩散过程;粒径较大的粗沸石,由新鲜沸石形成的生物沸石,其吸附性能明显低于原新鲜沸石,沸石表面的生物膜对交换吸附过程产生一定影响。Lahav 等认为被生物膜包围的沸石的离子交换速率降低,可能是紧靠沸石的生物膜所为,这部分生物膜密度大大高于其他位置的生物膜,将会阻碍离子的扩散。

杨柳燕对吸附苯酚后的有机蒙脱土进行了生物再生研究,结果表明,加入适量的酵母菌,最终可使水溶液中苯酚浓度下降到检测限以下。根据分配理论,有机蒙脱土吸附的苯酚浓度和溶液中苯酚浓度呈线性相关,因此,有机蒙脱土中吸附苯酚的浓度也降到检测限以下,有机蒙脱土得到再生。经过微生物再生后的有机蒙脱土在强碱条件下依然检测不到解吸的苯酚,这也就进一步印证了经微生物再生后的有机蒙脱土得到了彻底的再生。

3.4.4 复合处理再生

复合处理再生是指利用两种或两种以上的再生方法,分为不同单元分别对环境矿物材料进行再生，这种方法适用于成分复杂、无法一次性再生的材料，其优点是可根据复杂的成分进行单独设计，具有针对性，缺点是工艺复杂，成本高，再生效果难以保障等。

　　林海等以吸附氨氮饱和的斜发沸石为研究对象，分别采用单独微波辐射及微波辅助溶剂法对其进行再生研究。研究发现，单独微波辐射再生效果较差，功率462W，微波辐射12min，饱和沸石再次去除率为32.31%，再生率仅为44.88%；添加 NaCl 和 NaOH 混合液可以大大增强饱和沸石的微波再生效果，在 NaCl 和 NaOH 混合液浓度均为 0.01mol/L，固液比为 1：50，功率为 700W，微波辐射 4min 时，最佳去除率为 71.92%，再生率接近100%。通过 FTIR、SEM、EDS 等测试手段对改性、吸附、再生前后的沸石分析发现，沸石在改性、吸附、再生过程中主要发生的是不同阳离子间交换过程，微波辐射加速了 NH_4^+ 与 Na^+ 交换过程且加深了离子交换平衡程度，因此微波辅助溶剂法具有再生迅速、完全，多次再生效果基本不衰减的优点。

思 考 题

3-1　超细粉碎和精细分级的定义是什么？

3-2　请总结矿物超细粉碎加工设备的类型、用途及使用优缺点。

3-3　环境矿物材料提纯的目的是什么？通常有哪些提纯方法？

3-4　环境矿物材料常用的物理改性和化学改性方法有哪些？

3-5　请自选一种环境矿物材料，设计其改性过程、改性方法、改性目的。

3-6　请总结目前已知的环境矿物材料的再生方法的优缺点，列表格进行对比。

3-7　试用流程图画出一种环境矿物材料从开采到应用再生的过程。

参 考 文 献

[1] 郑水林，孙志明. 非金属矿加工与应用（第四版）[M]. 北京：化学工业出版社，2019.

[2] Toraman O Y. Dry fine grinding of calcite powder by stirred mill [J]. Particulate Science & Technology, 2012, 31 (3)：205~209.

[3] 张明星，陈海焱，颜翠平，等. 机械动能磨制备硬质高岭土微粉的工艺参数研究 [J]. 金属矿山, 2012 (3)：123~126.

[4] 孟凡娜. 天然沸石超细粉碎对离子交换性的影响 [J]. 中国非金属矿工业导刊，2008 (6)：37~38.

[5] 郑水林. 重质碳酸钙生产技术现状与趋势 [J]. 无机盐工业，2015, 47 (5)：1~3+26.

[6] 崔啸宇，李晓光，郭凌坤，等. 重质碳酸钙立式磨粉磨工艺及操作浅析 [J]. 中国非金属矿工业导刊，2014 (1)：37~40.

[7] 干方群，周健民，王火焰，等. 凹凸棒石环境矿物材料的制备及应用 [J]. 土壤，2009, 41 (4)：525~533.

[8] 陈德炜，葛晓陵，Quentin SHI，等. 重质碳酸钙颗粒在超细粉碎工艺中的分形维数和多维分形特征变化 [J]. 纳米科技，2014 (4)：40~44.

[9] 洪微. 煤尾矿中硬质高岭土选矿提纯试验研究 [D]. 武汉：武汉理工大学，2014.

[10] 刘连花. 高铝粉煤灰提取氧化铝的工艺与机理研究 [D]. 北京：中国地质大学（北京），2015.

［11］郑水林．中国非金属矿深加工技术现状、机遇、挑战和发展趋势［J］．中国非金属矿工业导刊，2000（5）：1~8．

［12］Kinnarinen T, Tuunila R, Huhtanen M, et al. Wet grinding of $CaCO_3$, with a stirred media mill：Influence of obtained particle size distributions on pressure filtration properties［J］．Powder Technology，2015，273：54~61．

［13］彭伟军，张凌燕，白丽丽，等．吉林地区隐晶质石墨矿浮选提纯试验研究［J］．炭素技术，2015，34（3）：48~54．

［14］任瑞晨，庞鹤．内蒙古某隐晶质石墨矿乳化浮选试验研究［J］．非金属矿，2015（4）：46~48．

［15］熊大和．SLon磁选机在淮北煤系高岭土除铁中的应用［J］．非金属矿，2004（5）：44~46．

［16］杨辉．滑石加工工艺方法浅析［J］．矿产保护与利用，2014（3）：56~58．

［17］王星．从石煤中提取石墨的工艺研究［D］．武汉：武汉工程大学，2015．

［18］吴仙花，邱德瑜．天然硅藻土中的杂质快速清除［J］．长春工程学院学报（自然科学版），2011，12（2）：132~135，138．

［19］何志伟，季海滨，赵增典．压块法提纯中碳鳞片石墨研究［J］．山东理工大学学报（自然科学版），2016，30（3）：37~41．

［20］梁刚，赵国刚，王振廷．感应加热制取高纯石墨研究［J］．炭素技术，2013，32（4）：44~46．

［21］王瑛玮，武鹏，徐长耀，等．高温碱煅烧法提纯隐晶质石墨［J］．炭素，2008（1）：26~29．

［22］何培勇，张凌燕，邓成才．非洲某大鳞片石墨矿选择性磨浮试验研究［J］．硅酸盐通报，2016，35（9）：2826~2831．

［23］任瑞晨，张乾伟，石倩倩，等．高变质无烟煤伴生微晶石墨鉴定与分析［J］．煤炭学报，2016，41（5）：1294~1300．

［24］林胜．我国超细粉碎设备的现状与展望［J］．中国粉体技术，2016，22（2）：78~81．

［25］魏春光，张清岑，肖奇．隐晶质石墨超细粉体制备研究［J］．非金属矿，2005，28（1）：30~32．

［26］周文雅．超细石墨粉的制备及其复合材料的力学性能研究［D］．北京：中国地质科学院，2005．

［27］张广强，许大鹏，苏文辉．高能机械球磨法制备高质量纳米β-SiC粉体［J］．超硬材料工程，2009，21（2）：16~18．

［28］刘兴良，李香美，吕超，等．一种滑石和白云石分选方法及装置：中国，105233956A［P］．2016-01-13．

［29］魏宗武，穆枭，周德炎，等．一种白云石与石英的浮选分离方法：中国，104624381A［P］．2015-05-20．

［30］杨红彩．膨润土的矿物特征及其加工应用概述［J］．中国非金属矿工业导刊，2004，41：55~57+102．

［31］郑水林．非金属矿物环境污染治理与生态修复材料应用研究进展［J］．中国非金属矿工业导刊，2008（2）：4~5．

［32］戴瑾．铁染高岭土的漂白及煅烧增白工艺研究［D］．厦门：厦门大学，2009．

［33］于瑞敏．过渡金属氧化物及化学漂白工艺对高岭土白度影响规律的研究［D］．厦门：厦门大学，2008．

［34］王珊，王高锋，孙文，等．承德某硬质伊利石除铁增白试验研究［J］．人工晶体学报，2016，45（10）：2530~2535．

［35］李硕，邵延海，常军，等．石榴石重选尾矿中绢云母与石英分离及深加工［J］．非金属矿，2017，40（2）：70~72．

［36］DjukićA, JovanovićU, TuvićT, et al. The potential of ball-milled Serbian natural clay for removal of heavy metal contaminants from wastewaters：Simultaneous sorption of Ni, Cr, Cd and Pb ions［J］．Ceramics International，2013，39（6）：7173~7178.

［37］Hongo T，Yoshino S，Yamazaki A，et al. Mechanochemical treatment of vermiculite in vibration milling and its effect on lead（Ⅱ）adsorption ability［J］. Applied Clay Science，2012，70（7）：74~78.

［38］Dukić A B，Kumrić K R，Vukelić N S，et al. Influence of ageing of milled clay and its composite with TiO$_2$ on the heavy metal adsorption characteristics［J］. Ceramics International，2015，41（3）：5129~5137.

［39］邱金勇. 纳米伊/蒙黏土的制备及其用于橡胶填料的研究［D］. 广州：华南理工大学，2014.

［40］张裕亮. 改性机械化学法制备煅烧高岭土基白色颜料［D］. 杭州：浙江工业大学，2011.

［41］丁浩. 矿物-TiO$_2$微纳米颗粒复合与功能化［M］. 北京：清华大学出版社，2016.

［42］干方群，杭小帅，马毅杰. 热加工对凹凸棒石黏土矿物结构和吸附特性的影响［J］. 非金属矿，2013，36（4）：60~62.

［43］欧阳平，张凡，张贤明，等. 微波辅助改性材料的研究进展［J］. 应用化工，2016，45（1）：156~158.

［44］叶春松，胡爱辉，张弦，等. 微波改性活性炭深度处理高盐废水性能研究［J］. 现代化工，2016，36（8）：133~137.

［45］史明明，刘美艳，曾佑林，等. 硅藻土和膨润土对重金属离子Zn^{2+}、Pb^{2+}及Cd^{2+}的吸附特性［J］. 环境化学，2012，31（2）：162~167.

［46］方亮. 微波改性海泡石处理含铅废水的研究［D］. 南昌：南昌大学，2014.

［47］Lee T. Removal of heavy metals in storm water runoff using porous vermiculite expanded by microwave preparation［J］. Water Air & Soil Pollution，2012，223（6）：3399~3408.

［48］郑洪河，蒋凯，秦建华，等. 超声浸渍包覆石墨的嵌脱锂性能［J］. 应用化学，2004，21（8）：801~805.

［49］康艳红. 含钛矿物催化降解废水中硝基苯的研究［D］. 沈阳：东北大学，2009.

［50］余力. 超声助电气石类芬顿及电气石负载TiO$_2$光催化降解水中双酚A的研究［D］. 天津：南开大学，2014.

［51］周艳，陈勇军，贾德民. 超声波技术改性膨润土及其应用［J］. 橡胶工业，2002，49（11）：658~661.

［52］徐应明，梁学峰，孙国红，等. 海泡石表面化学特性及其对重金属Pb^{2+}、Cd^{2+}、Cu^{2+}吸附机理研究［J］. 农业环境科学学报，2009，28（10）：2057~2063.

［53］刘从华，马燕青，张忠东，等. 酸碱改性高岭土性能的研究Ⅱ. 比表面积和孔结构［J］. 石油炼制与化工，1999，30（5）：30~34.

［54］王雅萍，刘云，董元华，等. 改性凹凸棒石和沸石对氨氮废水吸附性能的研究［J］. 应用化工，2011，40（6）：985~989.

［55］闫洁. 碱改性凹凸棒对土壤重金属的钝化效果与研究［D］. 兰州：兰州交通大学，2017.

［56］万东锦，刘永德，陈静，等. 沸石分子筛的碱改性及其吸附去除水中铜离子［J］. 环境工程，2014，32（10）：26~30.

［57］殷世强. 改性伊利石的制备及其对Pb^{2+}的吸附特性研究［D］. 郑州：郑州大学，2015.

［58］屠东清，欧阳辉，李姝馨，等. 金属改性蛭石基多孔材料的制备及吸附染料性能研究［J］. 台州学院学报，2015，37（6）：37~42.

［59］朱健，王平，罗文连，等. 硅藻土深度物理改性及对Fe^{3+}吸附性能研究［J］. 硅酸盐通报，2010，29（6）：1290~1298.

［60］Gμimarães A D M F，Ciminelli V S T，Vasconcelos W L. Smectite organofunctionalized with thiol groups for adsorption of heavy metal ions［J］. Applied Clay Science，2009，42（3）：410~414.

［61］Ozcan A S，Gök O，Ozcan A. Adsorption of lead（Ⅱ）ions onto 8-hydroxy quinoline-immobilized bentonite. ［J］. Journal of Hazardous Materials, 2009, 161 (1): 499~509.

［62］ Diaz M, Cambier P, Brendlé J, et al. Functionalized clay heterostructures for reducing cadmium and lead uptake by plants in contaminated soils ［J］. Applied Clay Science, 2006, 37 (1): 12~22.

［63］ Liu P, Wang T. Adsorption properties of hyperbranched aliphatic polyester grafted attapulgite towards heavy metal ions ［J］. Journal of Hazardous Materials, 2007, 149 (1): 75~79.

［64］ Yu K, Xu J, Jiang X, et al. Stabilization of heavy metals in soil using two organo-bentonites ［J］. Chemosphere, 2017, 184: 884~891.

［65］ Jie Y, Kai Y, Liu C. Chromium immobilization in soil using quaternary ammonium cations modified montmorillonite: Characterization and mechanism ［J］. Journal of Hazardous Materials, 2017, 321: 73~80.

［66］ Boonamnuayvitaya V, Chaiya C, Tanthapanichakoon W, et al. Removal of heavy metals by adsorbent prepared from pyrolyzed coffee residues and clay ［J］. Separation & Purification Technology, 2004, 35 (1): 11~22.

［67］ Kumararaja P, Manjaiah K M, Datta S C, et al. Remediation of metal contaminated soil by aluminium pillared bentonite: Synthesis, characterization, equilibrium study and plant growth experiment ［J］. Applied Clay Science, 2017, 137: 115~122.

［68］ Eren E. Removal of lead ions by Mnye (Turkey) bentonite in iron and magnesium oxide-coated forms ［J］. Journal of Hazardous Materials, 2009, 165 (1): 63~70.

［69］ 蒋文艳, 魏光涛, 张琳叶, 等. KOH/铝柱撑膨润土催化麻疯树油酯交换反应制备生物柴油 ［J］. 中国油脂, 2018, 43 (3): 100~104+109.

［70］ 张连科, 刘心宇, 王维大, 等. 镧柱撑膨润土对铅的吸附特性 ［J］. 环境污染与防治, 2018, 40 (4): 435~439.

［71］ 肖宇强, 章青芳, 乔晨, 等. 碳柱撑磁性膨润土催化降解焦化废水的研究 ［J］. 煤炭技术, 2017, 36 (7): 280~282.

［72］ 王硕, 姚淑华. 羟基铁柱撑膨润土吸附剂去除水中甲基橙的研究 ［J］. 沈阳化工大学学报, 2017, 31 (2): 105~109.

［73］ Phothitontimongkol T, Siebers N, Sukpirom N, et al. Preparation and characterization of novel organo-clay minerals for Hg (Ⅱ) ions adsorption from aqueous solution. ［J］. Applied Clay Science, 2009, 43 (3): 343~349.

［74］ 于生慧. 纳米环境矿物材料的制备及重金属处理研究 ［D］. 合肥: 中国科学技术大学, 2016.

［75］ Fu R, Yang Y, Xu Z, et al. The removal of chromium (Ⅵ) and lead (Ⅱ) from groundwater using sepiolite-supported nanoscale zero-valent iron (S-NZVI) ［J］. Chemosphere, 2015, 138: 726~734.

［76］ Zhu L, Tian S, Zhu J, et al. Silylated pillared clay (SPILC): A novel bentonite-based inorgano-organo composite sorbent synthesized by integration of pillaring and silylation ［J］. Journal of Colloid & Interface Science, 2007, 315 (1): 191~199.

［77］ Kumararaja P, Manjaiah K M, Datta S C, et al. Remediation of metal contaminated soil by aluminium pillared bentonite: Synthesis, characterization, equilibrium study and plant growth experiment ［J］. Applied Clay Science, 2017, 137: 115~122.

［78］ 朱健, 王平, 雷明婧, 等. 硅藻土的复合改性及其对水溶液中 Cd^{2+} 的吸附特性 ［J］. 环境科学学报, 2016, 36 (6): 2059~2066.

［79］ 王会丽, 赵越, 马乐宽, 等. 复合改性膨胀石墨的制备及对酸性艳蓝染料的吸附 ［J］. 高等学校化学学报, 2016, 37 (2): 335~341.

［80］ 徐金芳, 施炜, 倪哲明, 等. 阴-非离子表面活性剂复合改性水滑石的表面性质研究 ［J］. 无机化学学报, 2014, 30 (5): 977~983.

[81] 代娟，刘洋，熊佰炼，等．复合改性海泡石同步处理废水中的氮磷 [J]．环境工程学报，2014，8 (5)：1732~1738.

[82] 周跃花，杜晓莉，李学坤，等．有机-无机复合改性蒙脱石同时吸附水中苯酚和铬 (Ⅵ) [J]．环境化学，2014 (4)：663~668.

[83] 林海，王亮，董颖博，等．微波对吸附氨氮饱和沸石的再生 [J]．湖南大学学报（自然科学版），2016，43 (12)：140~147.

[84] 司涛．除砷吸附剂的脱附及再生过程 [D]．天津：天津大学，2008.

[85] 刘晓咏，欧阳平，陈凌．吸附材料再生技术研究进展 [J]．现代化工，2015，35 (11)：37~40.

4 环境矿物材料的表征

本章要点：

本章主要介绍了环境矿物材料的结构以及性能的表征方法。具体包括 X 射线粉末衍射、红外光谱、拉曼光谱、X 射线光电子能谱、X 射线吸收精细结构谱、透射电子显微镜、扫描电子显微镜、原子力显微镜、核磁共振、比表面积和孔结构、Zeta 电位等多种分析表征手段，从原理以及应用的角度，对不同表征方法进行了介绍。同时，还针对改性环境矿物材料的表征分析进行了实例分析。

4.1 环境矿物材料结构和性能表征

4.1.1 材料结构的表征

材料的结构表征主要是确定材料的化学组成与微观结构。材料结构表征的目的是为材料的改性或新材料的制备提供依据。

材料结构的表征分为三个层次：第一个层次是材料宏观性能的测试-判断材料的结构，第二个层次是材料微观结构的确定，第三个层次是材料化学组成的确定。

材料结构表征包含晶体结构的研究和表征以及材料显微结构的研究。晶体结构的研究和表征：材料的化学成分相同，但晶体结构不同，或相组成不同时，材料性能往往不同。而晶体结构相同的材料，由于局部点阵常数的改变，有些场合也是材料特性变化的重要因素，晶体中的缺陷、各种类型的固溶体、烧结体及合金晶界附近原子排序的无序等都会导致局部晶格畸变。所以测定点阵常数，有助于解晶体内部微小变化以及它们对材料特性产生的影响。晶体结构、点阵常数可用 X 射线衍射和电子衍射等手段进行研究和表征；材料的显微结构受到材料化学组成、晶体结构和工艺过程等因素的影响，它与材料性能有着密切的关系。从某种意义上来说，材料的显微结构特征对材料性能起着决定性的作用。

材料显微结构的研究包含八个主要方面，分别是形貌观察以及物相（组成、含量）分析，晶体结构（类型、点阵常数）的测定，固体结合键的类型及键力大小，杂质含量及分布情况，晶体形态、大小、取向及分布特征，晶粒中的晶格畸变和缺陷情况，晶体结构、畴结构及分布特征，材料的应力状态及应变。

材料结构表征的基本步骤和方法：

（1）利用化学分析法、光谱分析法和 X 射线粉末衍射及性能测试来进行分析鉴定，即对未知固体物质做出鉴定。

（2）测定材料的结构。若为分子型材料，其几何学的细节可以从进一步的光谱测量中获得；若为晶态材料，应用射线结晶学等方法取得其晶体结构方面的信息；固体材料进行组成鉴定和结构测定（晶态还是非晶态）之后，还必须接着进行下列工作：

1）晶态材料，确定是单晶还是多晶，若是多晶，确定晶粒数目、大小、形状和分布的情况；

2）晶体结构的类型、点阵常数等；

3）晶体缺陷的性质、数目和分布以及晶格畸变的情况；

4）固体中结合键的类型和键力大小；

5）杂质的含量及分布情况；

6）表面结构，包括任何组成上的非均匀性或吸附的表面层。

4.1.2　材料性能的表征

材料的性能表征，指通过某种手段或者某种信息来反映其实质或者本质。常见的材料表征方法有 SEM、XRD、XPS 等。常见的催化材料的性能表征，指的是催化剂性能优劣的判断标准。其中最主要的是动力学指标，对于固体催化剂还有宏观结构指标和微观结构指标。催化剂性能的动力学表征是衡量催化剂质量的最实用的三大指标，是由动力学方法测定的活性、选择性和稳定性。而对于环境矿物材料来说，其基本性能主要包括矿物表面吸附作用、孔道过滤作用、结构调整作用、离子交换作用、化学活性作用等。

环境矿物材料表面的吸附作用受矿物表面的物理和化学特征的控制，比表面积大和极性表面具有很强的吸附作用。天然矿物的表面化学性质取决于其化学成分、原子结构和微形貌。自然界中环境矿物材料表面通常与环境界面的大气、液体和其他物质之间接触，表面吸附作用是指矿物界面对其他物质的吸纳作用。一般环境矿物材料的化学成分很少能代表其整体性，矿物表面一旦暴露在空气中很容易发生氧化甚至碳化、氮化作用。矿物表面微形貌特征在很大程度上影响着其表面活性强度，有利于化学吸附的条件是由表面-吸附质成键作用的增强和表面内与被吸附分子中成键作用的减弱之间的平衡所决定。矿物表面研究是随着现代先进测试技术的不断涌现而逐渐兴起的。自然界中矿物表面通常是矿物与大气、矿物与液体，甚至是两种固体矿物之间的界面。极性表面具有很强的吸附性，矿物晶体碎裂面和生长面的极性强度一般高于解理面。矿物表面吸附作用与矿物表面性质密切相关，一个整体物相的化学性质或反应性取决于其化学组成与原子结构，同样一个表面的化学性质取决于化学成分、原子结构和微形貌，化学反应往往发生在表面上几个纳米厚度的范围内。

环境矿物材料的孔道过滤作用表现为矿物过滤作用和矿物孔道效应，多数矿物均具有孔道结构特征。某些矿物具有与过滤材料同样的特征，如机械强度高、化学性质稳定、比表面积大、有一定的粒度级配。目前广泛使用矿物材料去除水中色度、有机污染物、氨氮及较大原生动物及蠕虫等。矿物孔道效应包括孔道分子筛、离子筛效应与孔道内离子交换效应等。具有孔道结构和良好过滤性的矿物有沸石、黏土、硅藻土、轻质蛋白石等，新近发现磷灰石、电气石、软锰矿、硅胶等也具有良好的孔道性质，另外蛇纹石、埃洛石管状结构以及蛭石膨胀孔隙等也表现出优良的孔道性能而备受关注。

环境矿物材料内部结构缺陷与位错在很大程度上影响着矿物整体性质，往往能增加环境矿物材料表面的活性。因此基于对矿物进行结构上缺陷与位错制造而开展的矿物结构改型研究，成为提高矿物活性的一条重要途径。理论上来讲，某些金属表面结构可以根据其晶体结构予以推断，但实际上表面特征是很复杂的，许多金属表面为了达到能量最低往往要发生重构。通常矿物表面的原子结构及电子特性有可能与其内部的差异很大。

有机物质离子交换类型繁多，且具有聚合物骨架这一共同的结构性质，使之在水中不发生溶解。无机矿物也具有良好的离子交换作用，主要发生在矿物表面上、孔道内与层间域，如碳酸盐和磷灰石等离子晶格矿物表面、沸石和锰钾矿等矿物孔道内及大多数黏土矿物的层间域。某些环境矿物材料也具有良好的离子交换作用，主要发生在矿物表面、孔道内与层间域，如碳酸盐和磷灰石等离子晶格矿物表面、沸石和锰钾矿等矿物孔道内及大多数黏土矿物层间域等。方解石和文石表面的 Ca^{2+} 可与水溶液中 Pb^{2+}、Mn^{2+}、Cd^{2+} 等阳离子发生交换作用，磷灰石可在常温常压下用其表面晶格中的 Ca^{2+} 与水溶液中 Pb^{2+}、Cd^{2+}、Hg^{2+}、Zn^{2+}、Mn^{2+} 广泛发生交换作用。天然沸石对一些阳离子有较高的离子交换选择性，水合离子半径越小的离子越容易进入沸石格架进行离子交换，交换能力就越强。

环境矿物材料的化学活性作用在过去常被忽略。实际上矿物溶解反应、酸碱反应、氧化反应、还原反应、配位体交换、沉淀转化、矿物形成和催化作用等均是矿物化学活性方面的研究内容，如黄铁矿和磁黄铁矿微溶作用与还原作用，软锰矿氧化作用，硫化物沉淀转化作用，矿物催化作用，缺氧磁铁矿 Fe_3O_{4-x} 配位体交换作用，$Ca_5(PO_4)_3(OH)$、$KFe(SO_4)_2 \cdot nH_2O$、$Hg_2Hg_3CrO_5S_2$、Hg_4HgCrO_6、Cr_2S_3 和 Fe_3S_4 等矿物形成作用等，其中酸碱反应与矿物表面吸附作用密切相关。这些化学活性作用过程都伴随着对多种污染物的净化作用。

4.2　常用的表征手段

为了更清楚地了解环境矿物材料的性能与结构，需要将环境矿物材料进行不同的表征分析。因此，本节将目前常用的表征方法分别从概念、原理、适用条件以及实际应用进行了详细的介绍。表 4-1 是常见的表征手段。

表 4-1　常见表征手段

表征技术	功　能
XRD	分析建筑废料、煤矸石、粉煤灰、赤泥和尾矿等固体废弃物的物相组成，凹凸棒石、蒙脱石、蛭石、白云石、硅藻土、沸石矿物纯度，蒙脱石、蛭石、白云石等吸附前后晶胞参数、面网间距以及物相的变化信息
XRF	分析凹凸棒石黏土、膨润土、赤泥、尾矿、煤矸石、褐铁矿、赤铁矿、菱铁矿等的化学组成
IR	识别不同类型凹凸棒石、蒙脱石、氧化铝、二氧化硅等的结构差异性，解析沸石、MgO、Al_2O_3、凹凸棒石等对 CO_2、SO_2、H_2S 等的作用过程，解析沸石、白云石、粉煤灰等对污染物的表界面作用过程
Raman	分析矿物缺陷（尤其是表面缺陷和类质同象替代）和矿物晶型（不同锰氧化物）对矿物材料吸附和催化性能的影响
XPS	解析蒙脱石、凹凸棒石、硅藻土、高岭石、菱铁矿、沸石等对重金属离子和放射性核素等污染物的作用机制，解析赤铁矿和锰矿表面氧元素在催化氧化挥发性有机物中的作用

表征技术	功　能
EXAFS	解析了重金属离子、放射性核素在雌黄铁矿、蒙脱石、绢云母、海泡石等矿物材料不同条件下的表界面作用机制
TEM	分析凹凸棒石、蒙脱石、白云石、方解石、赤铁矿、菱铁矿等矿物晶体结构和形态，表征尾矿、粉煤灰、煤矸石的物相组成及形貌，揭示白云石、凹凸棒石、蒙脱石等吸附重金属离子机理，分析脱硫石膏、煤矸石、粉煤灰等去除或固化污染物的功能区
SEM	解析凹凸棒石、蒙脱石、硅藻土、白云石、蛭石、赤铁矿、沸石等形貌，辅助分析煤矸石、赤泥、建筑废料、脱硫石膏等固体废弃物的物相组成，辅助分析矿物材料与环境污染物的作用机制
PT	调查凹凸棒石、蒙脱石、硅藻土等电荷零点、表面羟基量及表面位密度，分析了改性对吸附剂表面电荷的影响，解析了矿物材料对污染物的作用机制
比表面积和孔结构	表征改性前后蒙脱石、硅藻土、凹凸棒石、沸石、多孔二氧化硅、赤泥、粉煤灰、白云石、褐铁矿、菱铁矿等的比表面积和孔结构信息，分析矿物材料的表面吸附或者催化性能
TPD	表征凹凸棒石、蒙脱石、海泡石、硅藻土等表面酸碱特性以及其对气体的吸附作用效果，研究吸附类型（活性中心）的个数、吸附类型的强度（中心的能量）、每个吸附类型中质点的数目（活性中心的密度）、脱附反应的级数等
TG/DTA	表征凹凸棒石、蒙脱石、海泡石、沸石等中存在有吸附水、沸石孔道水、结合水和结构水；利用不同的样品热分解温度不同，对混合样品进行区分，如针铁矿和菱铁矿混合物；辅助分析矿物材料对吸附质的作用机制

4.2.1　X 射线粉末衍射分析

　　X 射线衍射分析（XRD）在矿物晶体结构分析、矿物鉴定和研究上都有着极其重要的作用，并广泛应用于许多其他领域，是一种不可或缺的物质结构分析的常规方法。

　　X 射线衍射结构分析分为粉末法和单晶法两类。前者对粉晶的研究主要有粉末照相法和粉末衍射仪法，后者对单晶的研究包括劳厄法、旋进法、回摆法、魏森堡法以及四圆单晶衍射仪法等。粉末法要求样品颗粒粉碎到 $1\sim10\mu m$，样品量可达几十到几百毫克；而单晶样品则一般需要其直径在 $0.1\sim1.0\mu m$ 之间即可。无论是粉末法或是单晶法，都可以获得矿物的晶格常数、对称性以及原子位置等结构参数。

　　当 X 射线射入晶体后会与晶体中的原子发生各种相互作用，其中相干散射的 X 射线，会由于晶体中原子排列的周期性影响，使之发生叠加或者抵消，在特定方向上产生叠加的次生 X 射线就称为衍射。由于晶体的原子种类、原子位置以及晶格常数都有所不同，因此其衍射方向和衍射强度都会有所差异。反过来，通过对衍射强度和衍射方向的研究和计算，可以探讨物质的原子位置和晶格常数等。这就是 X 射线与衍射结构分析的基本原理。

　　X 射线衍射分析方法简单、分析成本低、对样品无损、数据稳定、权威性高、分析速度快、分析范围广，已发展成为一项普遍开展的常规分析项目，广泛应用于结晶样品的物相定性、定量分析和结晶度测定以及晶胞参数测定等方面。根据矿物的 X 射线粉末衍射分析，可以推测矿物晶体形成的温度、压力条件等，对于矿物成因和成矿、成岩作用过程的研究都具有重要意义。

　　黏土矿物在自然界分布广泛，其颗粒通常很细，大部分呈结晶质，但在一般偏光显微镜下难以辨认，电子显微镜下仅可见假六方薄板状和鳞片状晶形。矿物成分主要是含水的层状铝硅酸盐，绝大多数具层状结构，低级晶族如常见的高岭石族、伊利石族、蒙皂石族、绿泥石族矿物等。只有少量黏土矿物如坡缕石-海泡石族矿物呈层链状结构。X 射线衍射分析是鉴定黏土中的矿物成分应用最为广泛的方法。X 射线衍射分析不仅用于黏土矿物的鉴别，而且在探究矿物作用机理中也存在着广泛应用。

　　例如，王越瑶在人工合成铁基矿物材料活化过硫酸盐降解有机污染物的研究中，由于天然的铜镍矿床具有较好的活化过硫酸盐降解甲砜霉素的活性，因此分别对新疆阿勒泰铜镍矿床与二硫化铁铜材料进行了 X 射线衍射分析，如图 4-1 所示，通过 XRD 衍射图谱结果表明，天然铜镍矿床的主要成分与二硫化铁铜（$CuFeS_2$）相近，因此其具有较好的活化性能。

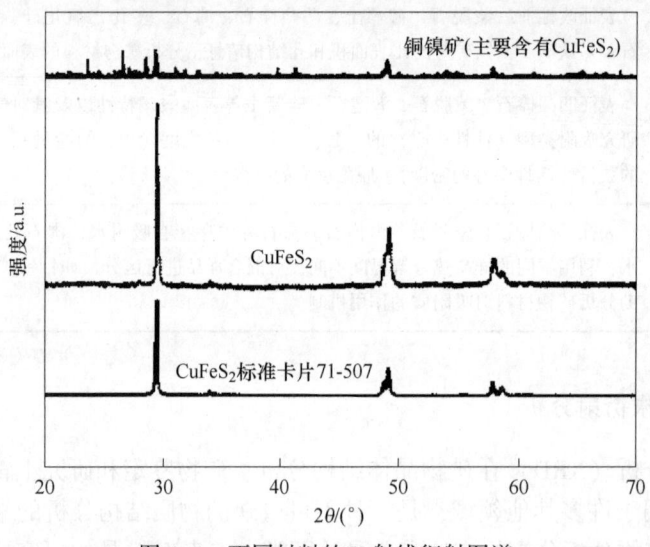

图 4-1　不同材料的 X 射线衍射图谱

　　董颖博等使用蛭石、纳米氧化铁、蛭石负载纳米氧化铁复合材料（Fe-V 复合材料），对中度、重度重金属污染土壤进行了固化，发现 Fe-V 复合材料相对于蛭石，可以使重金属的浸出浓度降低 80% 以上，因此，对蛭石、纳米氧化铁、Fe-V 复合材料进行了 X 射线衍射分析，确定了不同材料的晶体结构，图 4-2 为不同材料的 X 射线衍射图，通过图谱分析可知，蛭石中含有少量的氧化铁，纳米氧化铁则有明显的特征峰，而 Fe-V 复合材料则可以看出更加明显的氧化铁特征峰，说明纳米氧化铁成功负载于蛭石表面，增强了材料对于土壤中重金属的固化能力。

4.2.2　红外光谱分析

　　矿物的波谱分析是指利用矿物对各种电磁波的吸收和发射特征，从而对物质成分和结构进行分析的方法。电磁波因波长（或频率）的不同可划分为不同的波段，对应于不同的波段，就有不同的波谱分析方法。对应于红外波段电磁波的吸收光谱就是红外光谱（IR）。

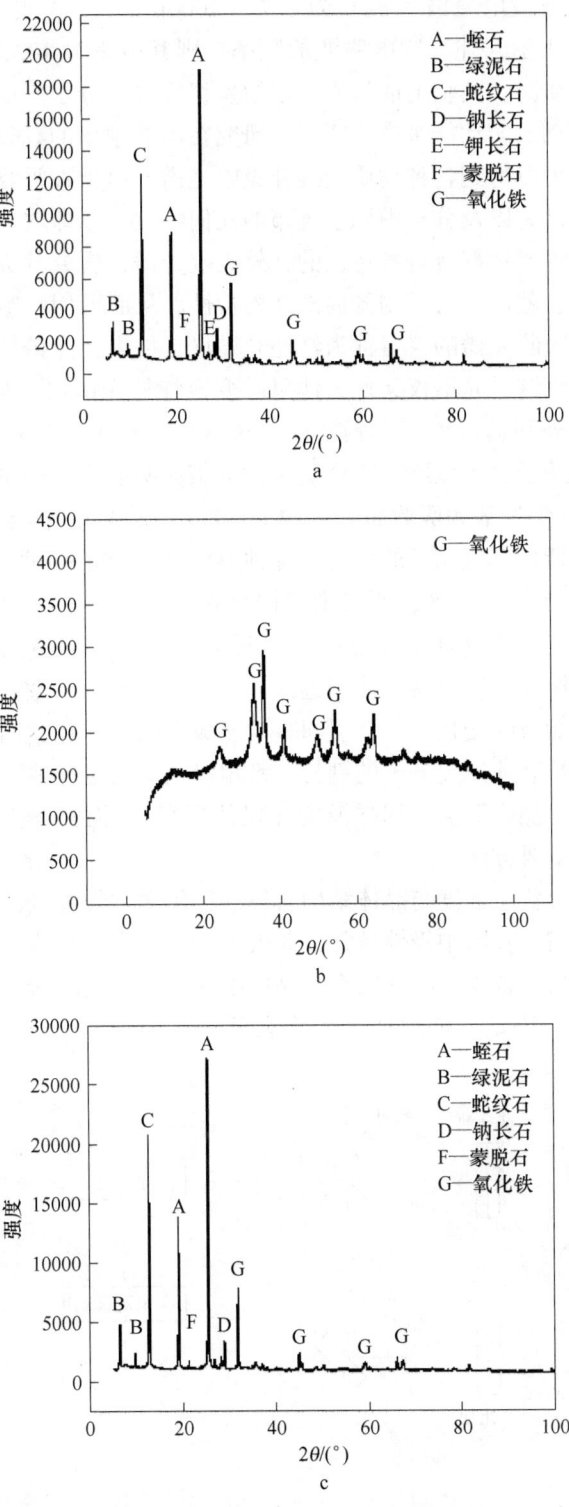

图 4-2 不同材料的 X 射线衍射图谱

a—蛭石；b—纳米氧化铁；c—Fe-V 复合材料

　　红外光谱是红外波段电磁波（波长为 $0.75\sim1000\mu m$）与物质作用出现的吸收光谱。如用波数（cm^{-1}）来表示红外波段电磁波的频率，则其范围为 $13333\sim10cm^{-1}$。当以一定频率的红外光照射物质时，其辐射能量不足以激发组成物质分子中的电子跃迁，但可以被分子所吸收，使其振动或转动能级产生跃迁。研究在不同频率的红外光照射下，被样品吸收后的强度变化，就可以得到各种物质的红外吸收光谱。由于被吸收的特征频率取决于组成分子的原子质量、键力以及分子中原子排布的几何特点，亦即取决于物质的化学成分和内部结构，因此每一种矿物都有自身特征的红外吸收光谱，研究其吸收谱带的位置、谱带数目、带宽及强度等，就可获得矿物的局部结构特性，从而可用以鉴定矿物。

　　测量和记录红外吸收光谱的仪器称为红外光谱仪。如果在光谱仪和数据处理系统采用傅里叶变换函数，那么这类光谱仪又称为傅里叶变换红外光谱仪（FTIR）。红外光谱可以划分为近红外、中红外和远红外三个频率区。其中近红外区（$13333\sim4000cm^{-1}$）的吸收带主要是由低能电子跃迁、含氢原子团伸缩振动的倍频吸收等产生的。中红外区（$4000\sim400cm^{-1}$）的吸收带主要为基频吸收带，其中的 $4000\sim1250cm^{-1}$ 称为特征频率区，此区的吸收峰较疏，主要包括含有氢原子的单键、各种叁键和双键的伸缩振动的基频峰；$1250\sim400cm^{-1}$ 频区是矿物鉴定的指纹区，所出现的谱带相当于各种单键的伸缩振动，以及多数基团的弯曲振动。远红外区（$400\sim10cm^{-1}$）的吸收带主要与晶格振动、转动以及气体分子中的纯转动跃迁、振动转迁有关，使用远红外光或波长更长的微波去照射分子时，将不引起电子能级和振动能级的变化，但会引起转动能级之间的跃迁，因而得到分子的转动光谱。从转动光谱中可精确地测定分子的键长、键角以及偶极矩等参数。

　　红外吸收光谱分析操作简捷，用样极少（仅几毫克），而且不损耗样品，已成为结构和矿物鉴定中的一种重要方法。

　　吸收峰的数目、形状、强度与晶体结构对称性、化学键强度、离子极性等有关。化学键强度越大峰频率越高，基团中极性越强，偶极矩变化越大，吸收频率越高，峰越强；基团对称程度越高，峰数目越少。特征频率与晶体中的阴离子基团或出现在低频区离子基团的类型有关，由内振动决定。伸缩振动出现在低频区。图 4-3 是红外光谱仪的基本构成图。

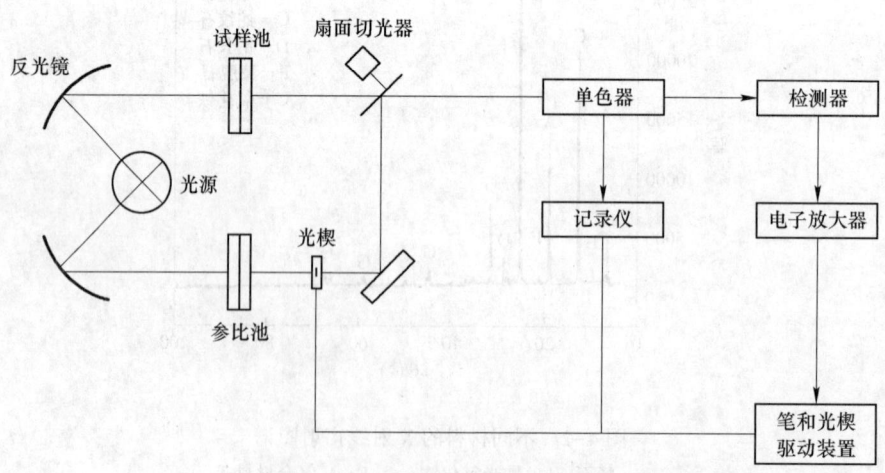

图 4-3　红外光谱仪的基本构成图

红外光谱分析在鉴定环境矿物材料的成分方面有着广泛应用，通过不同基团特征峰的不同，进而确定材料的具体成分。高岭土由于其具有从周围介质中吸附各种离子及杂质的性能，因此，在目前环境污染治理中应用较为广泛，高岭土区别于其他混合矿物的吸收特征峰位于 1360nm 位置，在 2320nm、2350nm 和 2380nm 处出现三重的形态，在 1400nm 和 2200nm 位置进行区分易与其他矿物混淆。图 4-4 为高岭土的红外光谱分析图。

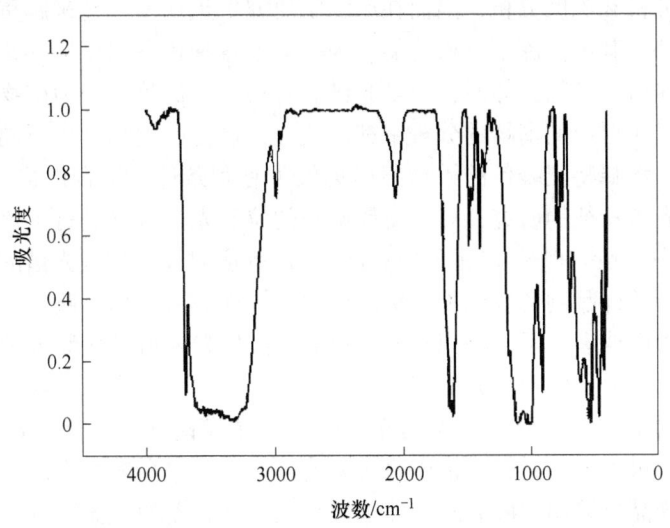

图 4-4　高岭土的红外光谱分析图

4.2.3　拉曼光谱分析

拉曼光谱（RS）是一种分子的联合散射光谱，由于它的产生与分子振动能级间的迁跃有关，因此也是分子的一种振动光谱。主要用于物质分子结构的研究，与红外光谱各有所长，可互为补充。

用单色光照射透明样品时，光的绝大部分沿着入射光的方向透过，一部分被吸收，还有一部分被散射。用光谱仪测定散射光的光谱，发现有两种不同的散射现象，一种叫瑞利散射，另一种叫拉曼散射。前者是由于光子与物质分子发生弹性碰撞，两者之间无能量交换，散射光的频率与入射光的频率相等，只是光子的传播方向发生改变。后者则是由于光子与分子发生非弹性碰撞，光子与分子之间有能量交换，光子把一部分能量给予分子，或从分子获得一部分能量，光子的能量会减少或增加，这样散射光的频率就会低于或高于入射光的频率，因此拉曼散射是在瑞利散射线两侧的一系列低于或高于入射光频率的散射线。

理论与实践证明，拉曼散射光频率 ν' 与入射光频频率 ν 之差等于分子某一简正振动频率 ν_i，即 $\nu'=\nu\pm\nu_i$，若入射光为一单色光（光源为激光），则在散射光谱中，$\nu-\nu'$ 的拉曼谱线叫做斯托克斯线，$\nu+\nu'$ 的拉曼谱线叫做反斯托克斯线。斯托克斯线和反斯托克斯线的跃迁概率是相等的。但是，在正常情况下，分子大多处于基态，所以斯托克斯线比反斯托克斯线强得多，拉曼光谱分析多采用斯托克斯线。

激光拉曼光谱仪的主要部件包括激发源（氩离子激光光源）、样品室、信号检测系统和数据处理系统四部分。现代拉曼光谱仪还常与显微镜组装成在一起构成显微拉曼探针，它不仅兼有光谱仪和摄谱仪两种功能，而且充分发挥了激光光源高方向性、高强度、高单色性的特点。激光拉曼光谱的空间分辨本领达 $1\mu m^2$，探测极限为 $10^{-9} \sim 10^{12} g$，可用于鉴别样品的微颗粒、微区域、微结构中分子的种类和相对数量。

由于拉曼光谱分析技术可以做到非破坏性测试，样品用量少（几毫克），并可以进行无损分析、原位分析和深度分析，因而在矿物学研究中正在发挥越来越重要的作用。除了微小矿物的鉴定外，其原位深度分析功能，为矿物中各种相态包裹体的研究提供了不可替代的分析手段。在研究矿物晶体时，拉曼光谱有着很好的优势，因为矿物晶体的拉曼光谱中，各种震动模式所对应的谱峰的分辨率都比较好，这为区别和分析不同结构单元中拉曼谱峰的结构含义、解释特征峰值的结构归属提供了有利条件。结合以往对各种 Si-O 四面体结构单元拉曼光谱特征的研究，对长石族矿物的拉曼光谱特征进行了比较研究，用以探讨在 TO_4 四面体中，Al^{3+} 代替 Si^{4+} 占位的有序-无序程度对长石拉曼光谱的影响。

拉曼光谱分析的样品制备较红外分析简单，气体样品可采用多路反射气槽测定。液体样品可装入毛细管中或多重反射槽内测定。单晶、固体粉末可直接装入玻璃管内测试，也可配成溶液，由于水分子的拉曼光谱较弱、干扰小，因此可配成水溶液测试。特别是测定只能在水中溶解的生物活性分子的振动光谱时，拉曼光谱优于红外光谱。对有些不稳定的、贵重的样品，可不拆密封，直接用原装瓶测试。为了提高散射强度，样品的放置方式非常重要。气体样品可采用内腔方式，即把样品放在激光器的共振腔内。液体和固体样品放置于激光器的外面。在一般情况下，材料粉末样品可装在玻璃管内，也可压片测量。拉曼光谱在高分子材料、材料表面化学、生物大分子以及无机材料等方面有着广泛的应用。图 4-5 是拉曼光谱仪的基本构成图。

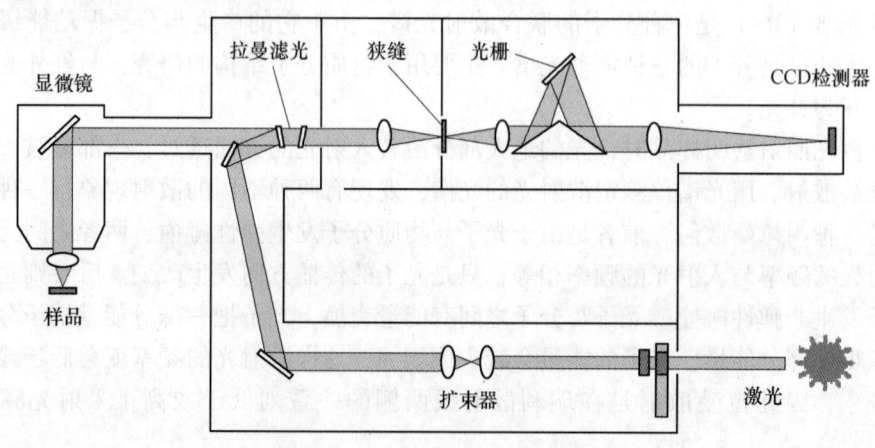

图 4-5 拉曼光谱仪的基本构成图

4.2.4 X 射线光电子能谱分析

X 射线光电子能谱分析（XPS）是用 X 射线去辐射样品，使原子或分子的内层电子或价电子受激发射出来。被光子激出来的电子称为光电子，可以测量光电子的能量，以光电子的动能为横坐标，相对强度（脉冲/s）为纵坐标可做出光电子能谱图，从而获得待测物组成。

XPS 主要应用是测定电子的结合能来实现对表面元素的定性分析，包括价态。X 射线光电子能谱因对化学分析最有用，因此被称为化学分析用电子能谱（ESCA）。

XPS 作为一种表面探测技术常被应用于对基态和后处理过的材料的表面化学相关性质的研究。例如，在紫外灯或空气下暴露的断面及横截面的体相化学研究、离子束刻蚀去除表面污染物的研究以及用深度分布 XPS 技术对样品深层暴露表面的性质研究等。XPS 全谱分析可以检测存在于样品表面的所有元素的基本信息，通过全谱可以知道被沾污硅片表面存在的全部元素的种类、每种元素的结合能以及每种元素的原子数分数。通过扫 XPS 全谱，达到了对测试材料进行定性和定量的目的。除了全谱分析以外，一般还会对材料已知元素进行细扫，如图 4-6 所示，这是被氧化的硅片表面的 Si2p 电子层 XPS 谱，通过对红色的实际测量样品曲线进行拟合得到了五种成分或化合态的 Si。多种氧化态的 Si（SiO_x，$x=1\sim2$）出现在 103.67eV 高电子结合能处，金属 Si 在 100.30eV（Si 2p 1/2）和 99.69eV（Si 2p 3/2）处出现双峰，根据检测到的金属 Si 的信号还可以推测出氧化层的厚度在 2～3nm，XPS 信号会随测量元素越往深层而衰减，因此通过 XPS 谱还可以推测出表面氧化层或改性层的厚度和深度。

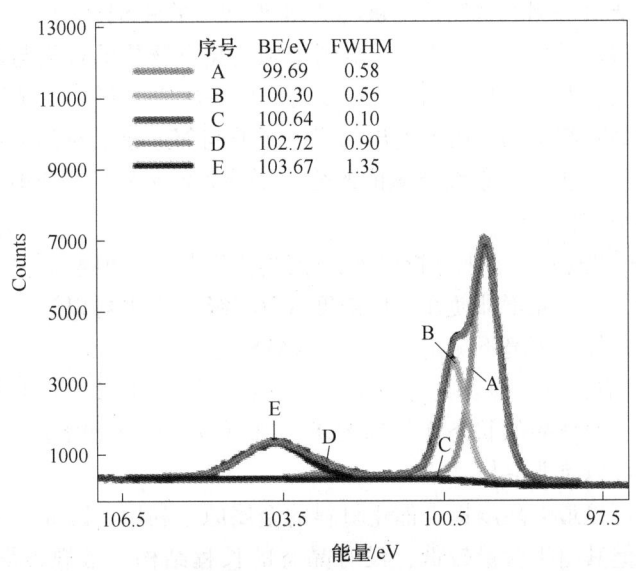

图 4-6 被氧化 Si 的 2p 电子层 XPS 谱

除上述应用外，XPS 还可以应用于以下几个方面：

（1）元素的定性分析。可以根据能谱图中出现的特征谱线的位置鉴定除 H、He 以外的所有元素。

（2）元素的定量分析。根据能谱图中光电子谱线强度（光电子峰的面积）反映原子的含量或相对浓度。

（3）固体表面分析。包括表面的化学组成或元素组成、原子价态、表面能态分布、测定表面电子的电子云分布和能级结构等。

（4）化合物的结构。可以对内层电子结合能的化学位移精确测量，提供化学键和电荷分布方面的信息。

（5）分子生物学中的应用。利用 XPS 鉴定维生素 B_{12} 中的少量的 Co。

4.2.5 X射线吸收精细结构谱分析

X射线吸收精细结构谱分析（XAFS）是利用X射线的照射，使内层电子被激发而得到吸收光谱，由此可得到目标元素的相关信息。因能量范围和激发过程不同，XAFS包括X射线吸收近边结构（XANES）和扩展X射线吸收精细结构谱（EXAFS）。XANES是激发空轨道，反映吸收元素的价态和配位结构的光谱构造。EXAFS是激发电子和周围原子产生的散射电子相互发生作用得到的振动结构。根据傅里叶变换得到径向分布函数，其中包含了吸收元素的局部结构（周围原子种类、配位原子数量、原子间距离）等相关信息。

当X射线的能量与样品中某一元素的一个内电子壳层的能量发生共振时，会出现突然的升高电子被激发形成连续光谱。由于光谱的形状，该光谱又被称为吸收边。多数情况下，吸收边分得很开，且目标元素只是通过扫描一个合适的能量范围来简单地选择。沿着吸收边，随着X射线能量的增加，当X射线的穿透深度变大时，吸收率单调下降。当光谱被扩展越过一个特定边缘时，可观察到精细结构。当超过20~30eV宽的谱峰和谱肩刚通过边沿的起点时，就出现了X射线吸收近边结构（XANES）区。位于能量衰减至几百电子伏的边沿的高能量一侧的精细结构被称为X射线吸收精细结构（XAFS）。XAFS中的精细结构已被研究得较透彻，它使XAFS能用于确定化学物质的种类与局部结构。在边区以外，XAFS精细结构以一系列起伏振荡的形式叠加在本应为孤立原子所具有的较为平滑的吸收曲线上。这些精细结构是由电离出的光电子波与邻近原子对部分这些波的反向散射波之间干涉而形成的。随着X射线能量的改变，干涉条件也发生相应改变，致使邻近原子产生了振荡式的精细结构。

XAFS除了粉末和液体等宏观分析以外，也适用于基板上薄膜等各式样品形态的分析。根据组成元素不同，目标元素即使在极低浓度（10^{-6}级）下也可以进行分析。另外还可以实施接入混合气体并加热环境下测定（in situ XAFS）。

XAFS实验方法有如下特点：具有原子选择性；能够以亚原子分辨率提供吸收原子周围的局域结构信息；对样品的状态无特殊要求，既可以是固体和溶液，还可以是气体等，既可以是晶体，也可以是非晶体。

单原子催化剂可以最大限度提高催化材料的金属原子利用，因此逐渐成为近几年催化领域的研究热点。但其由于含量较低，没有晶态的长程结构，常规表征比较困难，XAFS成为此类材料不可或缺的表征手段。例如中国科学院大连化物所张涛课题组以氧化铁为载体成功制备出首例具有实用意义的"单原子"铂催化剂，利用XAFS方法（荧光模式）和高分辨电镜技术证实了"单原子"铂的存在，无任何亚纳米或纳米聚集体。该研究工作对于从原子水平理解多相催化具有重要意义，同时也为开发低成本高效贵金属工业催化剂提供了可能。在这之后利用XAFS方法研究单原子催化剂取得了一系列突破性进展，成为整个材料领域的研究热点。厦门大学郑南峰课题组采用乙二醇修饰的超薄二氧化钛纳米片作为载体，应用光化学辅助的方法，成功地制备了钯负载量（质量分数）高达1.5%的单原子分散钯催化剂，利用球差电镜、XAFS方法（透射模式）等表征手段和密度泛函理论计算证实紫外光照将表面乙二醇基激发生成乙二醇自由基，脱除钯上的氯离子，同时以Pd—O键的形式将钯原子锚定在载体上，形成了独特的"钯-乙二醇-二氧化钛"的界面。

光电子探测器和掠入射技术的成功应用，使扩展X射线吸收技术可对表面和吸附物种的局域结构进行研究。可用于凝聚态物质结构研究，即使在其他常规结构分析手段不能提供有意义的结构信息的情况下，仍能给出像催化剂非晶材料、液态物质等大无序体系的结构参数及金属酶的结构。在地质（特别是各种熔体）、材料、物理、化学、生物等领域有重要应用。近年来 EXAFS 作为研究原子近邻结构的一种有效手段，已被应用于很多领域，取得了有意义的结果，尤其是与其他方法相互配合补充，可以解决过去难以解决的一些结构问题。但其本身也有一些局限性，还须在理论上和技术上加以发展。

4.2.6　透射电子显微镜

透射电子显微镜（TEM），简称透射电镜，是以短波长电子束作为照明源，用电磁透镜聚焦成像的一种高分辨率、高放大倍数的电子光学仪器。透射电镜的重要特征是分辨率高、放大倍数大。现在高分辨透射电镜的点分辨率可达 0.1nm，放大倍数可达 80 万～100 万倍，使得人们能够在原子尺度上直接观察晶体结构和晶格缺陷，特别适合于进行微区的结构分析。此外，透射电镜配备各种附件，还可以进行形貌、化学成分、电子衍射分析等。像透射电镜这样，能使晶体形貌特征与微观结构在同一仪器上得到反映，这是现有其他方法难以实现的，因此它成为矿物学研究的重要现代工具。

透射电镜的成像原理与普通光学透射显微镜相似，只是以磁透镜取代了玻璃透镜，以电子枪代替普通光源，整个体系应在真空条件下进行而已。透射电镜的组成包括照明系统、成像系统及图像观察和记录系统。当电子枪加上高压（50～300kV）后，随即发射出高速电子流，并通过磁透镜后被聚成很细的电子束，照射到极薄的样品（样品厚度<200nm），透过的电子束再经聚焦放大，可以在成像平面上形成一幅能反映样品微观结构特征的高分辨率电子像。

电子衍射与 X 射线衍射的原理相同，多晶体的电子衍射花样为一系列不同半径的圆环，类似德拜图像。单晶体的衍射花样是排列得十分整齐的斑点，类似于劳厄图像。但由于电子衍射的电子束波长较 X 射线波长要短很多，且物质对电子的散射更强，所以电子衍射有其自己的特点，如曝光时间短（只需几秒钟），衍射斑点与结构图像一一对应等。

由于 TEM 电子束穿透矿物的能力很弱，所以要将矿物制成对电子束透明的试样（厚度<200nm）极不容易，特别是为了观察它的晶格像或晶格缺陷等，对厚度的要求更严。此外，还要保证在制样过程中不发生结构的变化。因此，减薄技术以及样品制备是透射电镜的一个重要环节。

应用透射电子显微镜可以分析固体颗粒的形貌、大小和粒度分布，研究由表面起伏现象表现的微观结构，研究晶体的结构等。

凡是粒度在透射电镜观察范围（几埃到几微米）内的粉末颗粒试样，均可用透射电镜对其颗粒形状、大小和粒度分布进行观察。

王姣在研究高岭石负载型零价铁纳米复合材料去除水体中 Ni 的机理时，使用 TEM 观察了复合材料的外貌，如图 4-7 所示，由图可以看出，该复合材料具有良好分散性的活性铁化合物（膨胀的黑色物质），这种物质可以使复合材料形成很多堆积孔和架空孔，会增大材料的比表面积与孔容，提高了该材料对于水体中 Ni 的去除率。

此外，还可以利用透射电镜解决一些疑难问题。例如某高岭土样品，化学成分分析结果表明 Fe、Mn、Ti 等元素含量都不高，X 射线和红外光谱分析也未检测出 Fe、Mn、Ti 等

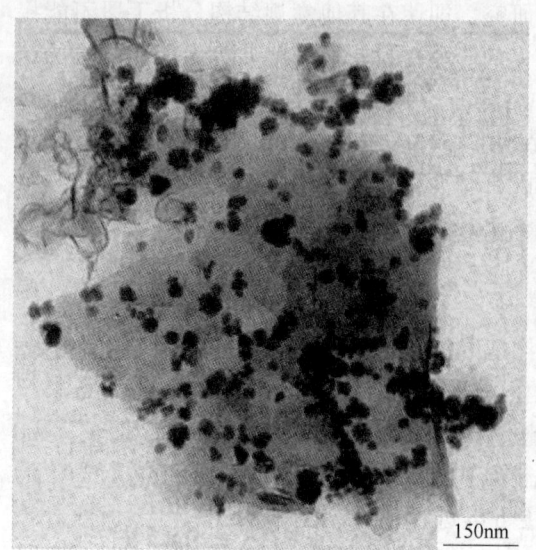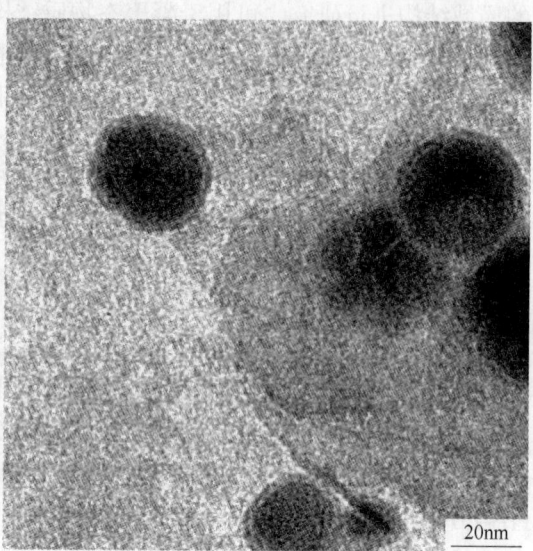

图 4-7　高岭石负载型零价铁纳米复合材料的 TEM 图

成分，但高岭土的白度值不高，通过透射电镜发现样品里存在微小的金红石矿物颗粒，为高岭土的利用提供了新的依据。

4.2.7　扫描电子显微镜

扫描电子显微镜（SEM），是 1964 年以后迅速发展的一种新型电子光学仪器。它是以细聚焦的电子束为照射光源，使之在样品表面扫描而产生某些物理信号，从而得到分析区域的样品微观形貌、成分乃至结构等信息的显微分析仪器。

扫描电镜主要由电子光学系统、信号接收处理显示器、电源系统、真空系统等四部分组成。其成像原理类似于电视摄影显像原理。电子枪发射出来的电子束，经过电磁透镜聚焦成直径为 $20\mu m \sim 2.5nm$ 的电子束，电子束在试样表面上做光栅状逐点扫描。在电子束作用下，试样被激发出各种信号（主要有背散射电子、二次电子、吸收电子、透射电子、特征 X 射线等），信号的强度取决于试样表面的形貌、受激区域的成分和晶体取向。探测器把激发出的电子信号接收下来，经信号处理放大系统后，输送到阴极射线管（显像管）的栅极以调制显像管的亮度。由于显像管中的电子束和镜筒中的电子束是同步扫描的，且显像管亮度是由试样激发出的电子信号强度来调制，因此，试样状态不同，相应的亮度也必然不同。由此得到的图像一定是试样形貌的反映。其中常用的是二次电子像和背散射电子像。

扫描电子显微镜（SEM）用细聚焦的电子束轰击样品表面，通过收集、分析电子与样品相互作用产生的二次电子、背散射电子等对样品表面或断口形貌进行观察。扫描电子显微镜有较高的放大倍数，$20 \sim 20\times10^5$ 倍之间连续可调。由于超高真空技术的发展，场发射电子枪的应用得到普及，现代先进的扫描电子显微镜的分辨率已经达到 1nm 左右。此外，扫描电子显微镜有很大的景深，视野大，成像富有立体感，可直接观察各种试样凹凸不平表面的细微结构，试样制备简单。因此扫描电子显微镜的应用非常广泛。

在制备扫描电子显微镜样品时，样品粉体可以直接撒在试样座的双面碳导电胶上，用表面平的物体，例如玻璃板压紧，然后用洗耳球吹去黏结不牢固的颗粒。对细颗粒的粉体分析时，特别是对团聚体粉体形貌观察时，需将粉体用酒精或水在超声波作用下分散，再用滴管把均匀混合的粉体滴在试样座上，待液体烘干或自然干燥后，粉体靠表面吸附力即可黏附在试样座上。扫描电镜获得的形貌图像，不仅分辨率高、放大倍数范围大（可达20万倍，且连续可调），而且图像景深大，立体感强。在 SEM 上装上必要的专用附件能谱仪，可实现一机多用，在观察形貌像的同时，还可对样品的微区进行成分分析。此外，扫描电镜所用样品的制备方法很简便，可不破坏样品。对于能导电的金属矿物，可以直接放在样品托上进行观察。对于非导体的矿物来说，样品表面要喷镀厚约 20nm 的导电膜，一般选用金或碳。扫描电镜的出现和不断完善，弥补了光学显微镜和透射电镜的某些不足之处，是进行表面形貌研究的有力工具。

周文鑫对麦饭石进行高度煅烧，发现温度为 250℃，加热时间为 2.5h 时，改性后的麦饭石比未改性麦饭石对水中的 Ni^{2+}、Cu^{2+} 吸附率明显上升。采用 SEM 分析了麦饭石改性前后的微观形貌。由图 4-8 可知，麦饭石的结构为层状、孔状，并且存在裂隙和碎块，这种特殊结构是伴随风化作用逐渐形成的；观察图 4-9 可知，经过热处理后，麦饭石表面均变得粗糙、疏松、开裂，孔结构比原始样品变多，且孔洞更大；高温焙烧使麦饭石的表面吸附水、空隙中填充的结构水部分脱除，使其颗粒大小较为规则，孔道分布较均匀。综上说明，麦饭石的热处理改性，可增大麦饭石孔结构，增大麦饭石的比表面积从而提高了其吸附能力。

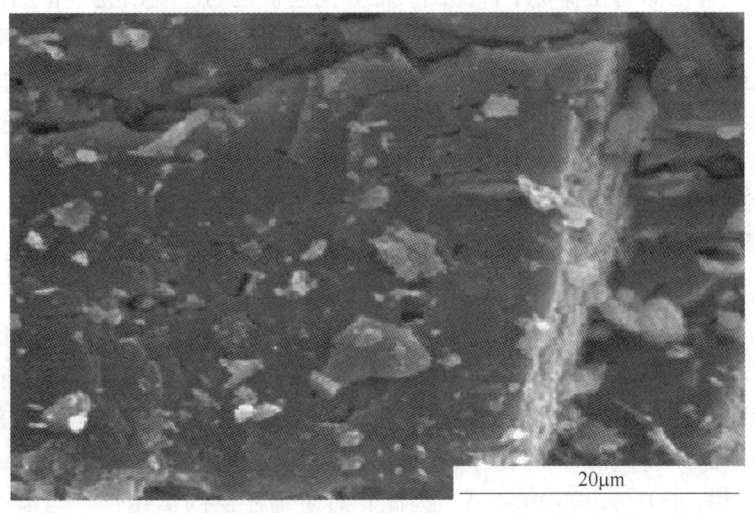

图 4-8 未改性麦饭石的 SEM 图像

4.2.8 原子力显微镜

原子力显微镜（atomic force microscope，AFM），一种可用来研究包括绝缘体在内的固体材料表面结构的分析仪器。它通过检测待测样品表面和一个微型力敏感元件之间的极微弱的原子间相互作用力来研究物质的表面结构及性质。将一对微弱力极端敏感的微悬臂一端固定，另一端的微小针尖接近样品，这时它将与其相互作用，作用力将使得微悬臂发生形变或运动状态发生变化。扫描样品时，利用传感器检测这些变化，就可获得作用力分布

20μm

图 4-9　麦饭石热处理改性后的 SEM 图像

信息，从而以纳米级分辨率获得表面形貌结构信息及表面粗糙度信息。

原子力显微镜的基本原理是：将一个对微弱力极敏感的微悬臂一端固定，另一端有一微小的针尖，针尖与样品表面轻轻接触，由于针尖尖端原子与样品表面原子间存在极微弱的排斥力，通过在扫描时控制这种力的恒定，带有针尖的微悬臂将对应于针尖与样品表面原子间作用力的等位面而在垂直于样品的表面方向起伏运动。利用光学检测法或隧道电流检测法，可测得微悬臂对应于扫描各点的位置变化，从而可以获得样品表面形貌的信息。

AFM 主要由带针尖的微悬臂、微悬臂运动检测装置、监控其运动的反馈回路、使样品进行扫描的压电陶瓷扫描器件、计算机控制的图像采集、显示及处理系统组成。微悬臂运动可用如隧道电流检测等电学方法或光束偏转法、干涉法等光学方法检测，当针尖与样品充分接近，相互之间存在短程相互斥力时，检测该斥力可获得表面原子级分辨图像，一般情况下分辨率也在纳米级水平。AFM 测量对样品无特殊要求，可测量固体表面、吸附体系等。相对于扫描电子显微镜，原子力显微镜具有许多优点。不同于电子显微镜只能提供二维图像，AFM 提供真正的三维表面图。同时，AFM 不需要对样品进行任何特殊处理，如镀铜或碳，这种处理对样品会造成不可逆转的伤害。电子显微镜需要运行在高真空条件下，原子力显微镜在常压下甚至在液体环境下都可以良好工作。这样可以用来研究生物宏观分子，甚至活的生物组织。原子力显微镜与扫描隧道显微镜（scanning tunneling microscope）相比，由于能观测非导电样品，因此具有更为广泛的适用性。当前在科学研究和工业界广泛使用的扫描力显微镜，其基础就是原子力显微镜。

近年来，国内外不少学者开始将 AFM 技术应用于矿物材料领域，为矿业的深入发展起到了积极推动作用。Huamin 等用 AFM 研究了云母、蒙脱石等黏土矿物吸附 Cr^{3+}、Cr^{6+}、Pb^{2+} 等重金属离子后的表面结构与形貌变化。AFM 图像表明，在低 pH 值条件下，铅饱和与铬饱和的云母表面都未发生反应，在高 pH 值条件下，铬饱和的云母不仅在表面形成沉淀物，还形成复层的形貌。蒙脱石吸附 Cr^{6+} 后会在其表面发生氧化还原反应，Cr^{6+} 被还原为 Cr^{3+}，在其表面形成新的表面化合物，还原态的表面呈紧缩的结构，而氧化态的表面呈扩张的结构。谭文峰等利用 AFM 探讨了黑云母经 Pb^{2+} 处理后的表面形貌，进而分析了黑云母表面电荷分布特点。王建绒等利用 AFM 获得了一水硬铝石的表面形貌，发现一水硬铝石矿物 {010} 解理存在约为 12nm 高度的解理台阶，同时在 {010} 解理面存在许多晶体生长小丘，因而大大增大了一水硬铝石解理断面的比表面积和活性点。

4.2.9 核磁共振分析

核磁共振现象是 1946 年由 Bloch 及 Purcell 等发现的，是磁矩不为零的原子核，在外磁场作用下自旋能级发生塞曼分裂，共振吸收某一定频率的射频辐射的物理过程。目前，核磁共振谱在化学、物理学和材料科学等领域得到了广泛的应用。

核磁共振技术是有机物结构测定的有力手段，不破坏样品，是一种无损检测技术。从连续波核磁共振波谱发展为脉冲傅立叶变换波谱，从传统一维谱到多维谱，技术不断发展，应用领域也越来越广泛。核磁共振技术在有机分子结构测定中扮演了非常重要的角色，核磁共振谱与紫外光谱、红外光谱和质谱一起被有机化学家们称为"四大名谱"。核磁共振波谱学是利用原子核的物理性质，采用现代电子学和计算机技术，研究各种分子物理和化学结构的一门学科。核磁共振谱（nuclear magnetic resonance，NMR）与红外、紫外光谱有共同之处，实质上都是分子吸收光谱，但它研究的频率范围是兆周（MC）或兆赫兹（MHz），属于无线电波射频范围。红外光谱主要来源于分子振动能级之间的跃迁，紫外可见吸收光谱来源于分子的电子能级的跃迁，核磁共振谱来源于原子核能级间的跃迁。只有置于强磁场中的某些原子核才会发生能级分裂，当吸收的辐射能量与核能级差相等时，就发生能级跃迁而产生核磁共振信号。

核磁共振是处于静磁场中的原子核在另一交变磁场作用下发生的物理现象。只有具有核自旋的原子核才能产生核磁共振现象。原子核自旋产生磁矩，当核磁矩处于静止外磁场中时产生进动核和能级分裂。在交变磁场作用下，自旋核会吸收特定频率的电磁波，从较低的能级跃迁到较高的能级，从而产生核磁共振吸收现象。因此核磁共振现象来源于原子核的自旋角动量在外加磁场作用下的进动。由于原子核携带电荷，当原子核自旋时，会由自旋产生一个磁矩，这一磁矩的方向与原子核的自旋方向相同，大小与原子核的自旋角动量成正比。将原子核置于外加磁场中，若原子核磁矩与外加磁场方向不同，则原子核磁矩会绕外磁场方向旋转，这一现象类似陀螺在旋转过程中转动轴的摆动，称为进动。进动具有能量，也具有一定的频率。原子核进动的频率由外加磁场的强度和原子核本身的性质决定，也就是说，对于某一特定原子，在一定强度的外加磁场中，其原子核自旋进动的频率是固定不变的。原子核发生进动的能量与磁场、原子核磁矩，以及磁矩与磁场的夹角相关，根据量子力学原理，原子核磁矩与外加磁场之间的夹角并不是连续分布的，而是由原子核的磁量子数决定的，原子核磁矩的方向只能在这些磁量子数之间跳跃，而不能平滑地变化，这样就形成了一系列的能级。当原子核在外加磁场中接受其他来源的能量输入后，就会发生能级跃迁，也就是原子核磁矩与外加磁场的夹角会发生变化。这种能级跃迁是获取核磁共振信号的基础。

超导核磁共振波谱仪和脉冲傅里叶变换核磁共振仪的问世，极大地推动了核磁共振技术的发展。近年，NMR 波谱在研究溶液及固体状态的材料结构中获得了新发展，在生物大分子和高分子结构的研究、材料微观结构与生物功能的关系研究等方面有重要的应用。高分辨固体 NMR 技术，特别是魔角旋转、交叉极化以及偶极去偶等手段和脉冲技术的应用则为 NMR 谱直接研究固体材料的化学组成、形态、构型、构象以及化学动力学过程提供了有效的实验方法。NMR 成像技术可以直接观察材料的空间立体构象和内部缺陷，指导材料的加工过程，为揭示固体大分子的结构与性能的关系发挥了非常重要的作用。另外，NMR 法具有精密、准确、深入物质内部而不破坏被测样品的特点。

核磁共振谱的主要参数包括化学位移、耦合常数和谱峰强度。化学位移反映了原子核所处位置周围的化学键和电子云分布状况；耦合常数可以提供晶体结构中各原子的连接关系；谱峰强度由谱峰曲线下面积的积分表征，可以在一定程度上反映特征原子核的数量。

迄今为止，常为人们所利用作核磁共振研究的原子核有：^1H、^7Li、^9B、^{11}B、^{13}C、^{17}O、^{19}F、^{23}Na、^{27}Al、^{29}Si、^{31}P，并且主要集中在 ^1H 和 ^{13}C 两类原子核上。在矿物学中，可用来研究诸如矿物中水的赋存状态、Si-Al 分布的有序-无序、B 的配位特征等。

4.2.10   比表面积和孔结构分析

比表面积定义为单位质量物质的总表面积，国际单位是 m^2/g，主要是用来表征粉体材料颗粒外表面大小的物理性能参数。实践和研究表明，比表面积大小与材料的许多性能密切相关，如吸附性能、催化性能、表面活性、储能容量及稳定性等，因此测定粉体材料比表面积大小具有非常重要的应用和研究价值。材料比表面积的大小主要取决于颗粒粒度，粒度越小比表面积越大；同时颗粒的表面结构特征及形貌特性对比表面积大小有着显著的影响，因此通过对比表面积大小的测定，可以对颗粒以上特性进行参考分析。

研究表明，纳米材料的许多奇异特性与其颗粒变小比表面积急剧增大密切相关，随着近年来纳米技术的不断进步，比表面积性能测定越来越普及，已经被列入许多的国际和国内测试标准中。

比表面积测试方法有多种，其中气体吸附法因其测试原理的科学性、测试过程的可靠性、测试结果的一致性，在国内外各行各业中被广泛采用，并逐渐取代了其他测试方法，成为公认的权威测试方法。许多国际标准组织都已将气体吸附法列为比表面积测试标准，如美国 ASTM 的 D3037，国际 ISO 标准组织的 ISO9277：2006。我国比表面积测试有许多行业标准，其中最具代表性的是国标 GB/T 19587—2004《气体吸附 BET 法测定固体物质比表面积》。气体吸附法测定比表面积原理，是依据气体在固体表面的吸附特性，在一定的压力下，被测样品颗粒（吸附剂）表面在超低温下对气体分子（吸附质）具有可逆物理吸附作用，并对应一定压力存在确定的平衡吸附量。通过测定出该平衡吸附量，利用理论模型来等效求出被测样品的比表面积。由于实际颗粒外表面的不规则性，严格来讲，该方法测定的是吸附质分子所能到达的颗粒外表面和内部通孔总表面积之和。氮气因其易获得性和良好的可逆吸附特性，成为最常用的吸附质。通过这种方法测定的比表面积我们称之为"等效"比表面积，所谓"等效"的概念是指：样品的表面积是通过其表面密排包覆（吸附）的氮气分子数量和分子最大横截面积来表征。实际测定出氮气分子在样品表面平衡饱和吸附量（V），通过不同理论模型计算出单层饱和吸附量（V_m），进而得出分子个数，采用表面密排六方模型计算出氮气分子等效最大横截面积（A_m），即可求出被测样品的比表面积。准确测定样品表面单层饱和吸附量 V_m 是比表面积测定的关键。

气体吸附法孔径分布测定利用的是毛细凝聚现象和体积等效代换的原理，即以被测孔中充满的液氮量等效为孔的体积。吸附理论假设孔的形状为圆柱形管状，从而建立毛细凝聚模型。由毛细凝聚理论可知，在不同的 P/PO 下，能够发生毛细凝聚的孔径范围是不一样的，随着 P/PO 值增大，能够发生凝聚的孔半径也随之增大。对应于一定的 P/PO 值，存在一临界孔半径 R_k，半径小于 R_k 的所有孔皆发生毛细凝聚，液氮在其中填充，半径大于 R_k 的孔皆不会发生毛细凝聚，液氮不会在其中填充。临界半径可由凯尔文方程给出，R_k 称为凯尔文半径，它完全取决于相对压力 P/PO。凯尔文公式也可以理解为对于已发生凝聚的孔，当压力低于一定的 P/PO 时，半径大于 R_k 的孔中凝聚液将气化并脱附出来。理论和实践表明，当 P/PO 大于 0.4 时，毛细凝聚现象才会发生，通过测定出样品在不同 P/PO 下凝聚氮气量，可绘制出其等温吸脱附曲线，通过不同的理论方法可得出其孔容积和孔径分布曲线。最常用的计算方法是利用 BJH 理论，通常称之为 BJH 孔容积和孔径分布。

孔结构是指用直接或间接可测量的量如孔隙率、比孔容、平均孔径、孔径分布等特征几何参量所描述的，经过模型简化的结构。不同孔结构的催化剂会直接影响反应级数、反应速率常数、活化能等一系列动力学参数及催化剂选择性。孔结构是催化剂常用物性指标。已推导出各种形式的关系式来描述活性与孔结构的关系。所谓的孔径分布是指不同孔径的孔容积随孔径尺寸的变化率。通常根据孔平均半径的大小将孔分为三类：孔径≤2nm 为微孔，孔径在 2~50nm 范围为中孔，孔径≥50nm 为大孔。大孔一般采用压泵法测定，中孔和微孔采用气体吸附法测定。

实践表明，超微粉体颗粒的微观特性不仅表现为表面形状的不规则，很多还存在孔结构。孔的大小、形状及数量对比表面积测定结果有很大影响，同时材料孔体积大小及孔径分布规律对材料本身的吸附、催化及稳定性等有很大的影响。因此测定孔容积大小及孔径分布规律成为粉体材料性能测试的又一大领域，通常与比表面积测定密切相关。

王姣在研究高岭石负载型零价铁纳米复合材料对废水中镍的去除时，对不同制备条件下所得复合材料进行了比表面积测定与孔径分布测试（表 4-2），复合材料的吸脱附等温线以及 PSD 曲线（pore size distribution）（图 4-10）。

表 4-2　高岭石与复合材料的比表面积、孔容和平均孔径宽度

样品	高岭石	nZVI-K6	nZVI-K10	nZVI-K12
比表面积/$m^2 \cdot g^{-1}$	3.3436	22.7366	40.7621	18.6142
孔容/$cm^3 \cdot g^{-1}$	0.014960	0.056992	0.135285	0.085010
平均孔径宽度/nm	11.94152	7.98423	1.285647	1.320692

从表 4-2 可以看出，复合材料的比表面积、孔容相对于高岭石的比表面积提升幅度很大，而复合材料的平均孔径宽度明显变小，说明零价铁纳米粒子加载到高岭石矿物表面，会形成许多堆积孔和架空孔，使得复合材料更有利于废水中 Ni^{2+} 的吸附。

根据国际理论和应用化学联合会的分类，高岭石负载型零价铁纳米复合材料的等温线属于Ⅱ型等温线。由图 4-10 可知，高岭石的Ⅱ型等温线中在较高相对压力下没有确切清晰的迟滞环，表明材料缺乏介孔结构。与高岭石相比，复合材料的迟滞环面积增大，表明由于纳米零价铁粒子的加载，使中孔数量或材料的空隙度增加。图中插图阐明了利用 BJH 的方法从吸脱附等温线中估计得到的孔径分布情况。PSD 曲线表明所有的材料孔径分布范

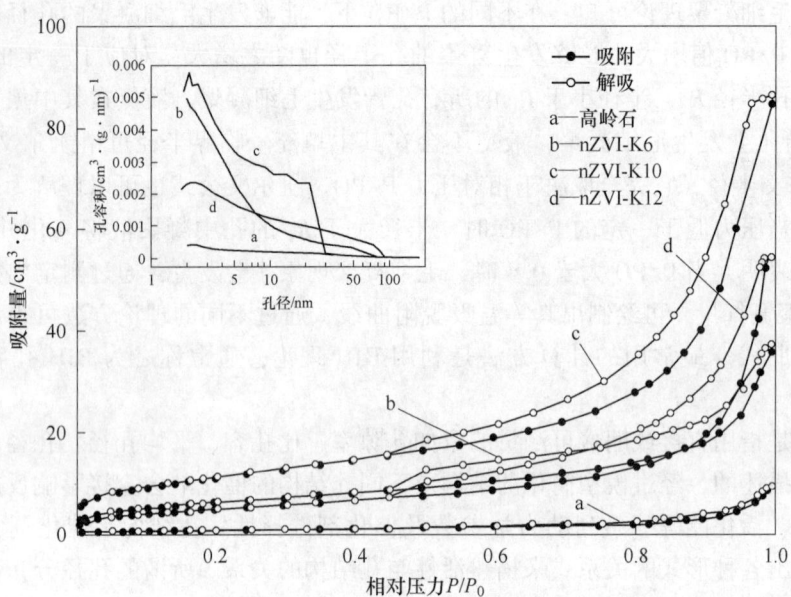

图 4-10 每单位矿物载体和高岭石负载型零价铁纳米复合材料的氮气吸脱附等温线以及 PSD 曲线

围较宽。与单独的矿物载体相比，零价铁的加载使其粒径分布不均匀。

4.2.11 Zeta 电位分析

Zeta 电位又称为电动电位（ζ-电位），是指剪切面（shear plane）的电位。固体表面由于带有电荷而吸引周围的异号离子，这些异号离子在固液界面呈扩散状态分布，形成扩散双电电层。根据 Stern 双电层理论将双电层分为 Stern 层和扩散层。在外电场的作用下，当固定层与扩散层发生相对移动时的滑动面即是剪切面，该处的电位称为 Zeta 电位。固液界面的液体一侧带有相反电荷，这种界面电荷将影响其周围的离子分布，与界面电荷符号相反的离子由于异性电荷引力被吸向界面，而符号相同的离子则被排离界面。同时由于离子的热运动使它们有均匀混合的趋势，因此在固液界面上形成一个扩散双电层。所有的动电现象都与固体颗粒/介质表面形成的双电层有关，Zeta 电位反映了系统中吸附剂表面的带电状态。

以沸石为例介绍沸石的 Zeta 电位与其静电吸附性能的关系。构成斜发沸石的基本单元为硅氧四面体 [SiO$_4$] 和铝氧四面体 [AlO$_4$]，硅氧四面体中四个角的氧原子被相邻的硅原子共有，它的负二价电荷被相邻两个四面体的正四价硅离子中和，因此在电性上是不活泼的，为惰性氧。在铝氧四面体中，因铝离子为正三价，会有一个氧原子的负一价得不到中和，而出现负电荷。沸石中铝氧四面体单元数量越多，则电负性越强，为了平衡这些负电荷，维持电中性，会吸附金属阳离子进入沸石骨架，这些金属阳离子与硅铝酸盐结合非常弱，当置于水中时，这些金属阳离子因水化作用而进入溶液，使沸石表面荷负电，同时当溶液中存在其他更容易进入沸石骨架的阳离子时，会吸附进入沸石骨架，便发生了离子交换反应。因此沸石 Zeta 电位的变化会间接反映沸石中铝氧四面体含量的变化，同时也能表征沸石在水中的静电吸附性能。

焙烧改造对天然斜发沸石 Zeta 电位的影响如图 4-11 所示，可以发现，沸石 Zeta 电位是以 pH 值为变量的函数，随着 pH 值升高，Zeta 电位降低。pH 值为 7 时，天然沸石 Zeta

电位为-32.59mV，当焙烧温度升高或焙烧时间延长，沸石颗粒表面 Zeta 电位呈逐渐升高趋势，没有等电点出现。这表明焙烧会降低沸石对水中带正电荷离子的静电吸附能力，同时对水中阴离子的排斥力减少，会使其吸附阴离子的能力有所增加。

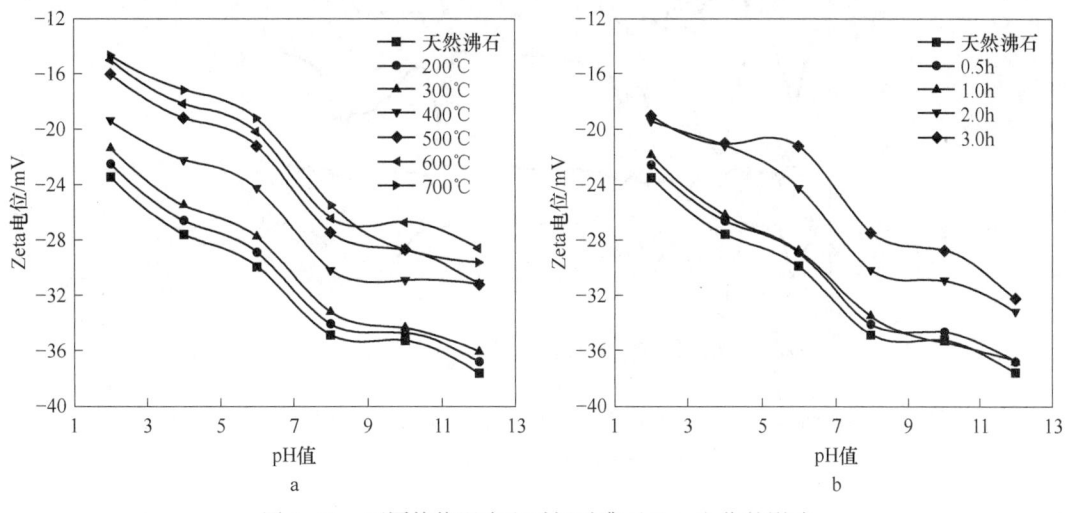

图 4-11　不同焙烧温度和时间对沸石 Zeta 电位的影响

a—温度；b—时间

4.3　环境矿物材料表征应用实例

通过对环境矿物材料的改性，使其性能产生了定向性的变化，这是用人工方法使矿物材料在成分或结构特征上发生改变。可以采用材料表征手段来反映环境矿物材料改性的实质或本质。下面举例介绍了改性环境矿物材料的表征。

4.3.1　改性凹凸棒的表征

王翠研究凹凸棒对碱性嫩黄的吸附效率，发现凹凸棒对其的吸附效率为 59.3%，而用十二烷基硫酸钠（SDS）改性后的凹凸棒具有更高的吸附效率，高达 80.2%。故采用多种表征手段对 SDS 改性凹凸棒（SDS-凹土）的物化性能等进行了表征和分析，以揭示 SDS 对凹凸棒的改性作用机制。

用傅里叶红外光谱仪测试了凹凸棒土、SDS、SDS-凹土、碱性嫩黄以及 SDS-凹土吸附碱性嫩黄后产物（SDS-凹土-碱性嫩黄）的红外光谱图，结果见图 4-12。

图 4-12 中 a 为凹凸棒土的吸收光谱，其中，3615～1647cm^{-1} 属于凹土的特征吸收峰，3615cm^{-1} 属于 Al-OHI 的伸缩振动，3554cm^{-1} 和 3425cm^{-1} 归属于 Mg-OH 的伸缩振动，1647cm^{-1} 属于吸附水和沸石水的弯曲振动。这些特征峰在改性制备的 SDS-凹土（图 4-12 中 c）中仍存在，表明 SDS-凹土中凹凸棒土的层状结构保持完整；图 4-12 中 c 上，2919.4cm^{-1} 和 2851.1cm^{-1} 处分别为甲基、亚甲基的对称和不对称伸缩振动峰，属于 SDS 的烷基特征峰，而凹土没有此峰，说明 SDS 分子进入了凹土中或覆盖到了凹凸表面。对比 SDS-凹土（图 4-12 中 c）和 SDS-凹土-碱性黄（图 4-12 中 e）的红外光谱图可以看出，

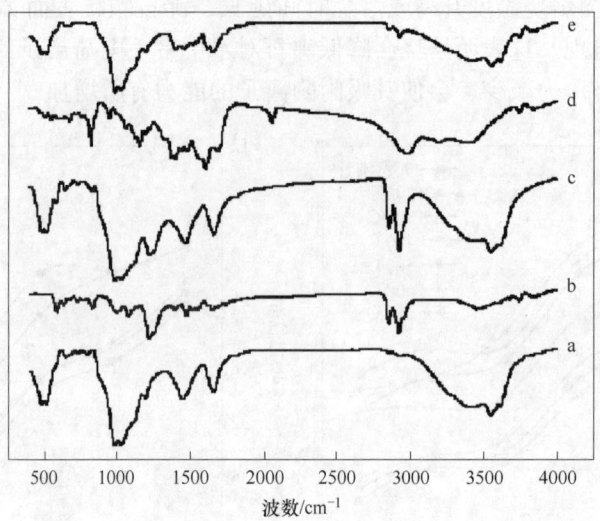

图 4-12　凹凸棒土（a）、SDS（b）、SDS-凹凸棒土（c）、碱性嫩黄（d）、SDS-
凹凸棒土-碱性嫩黄（e）的 FRIT 图谱

2919.4cm^{-1} 和 2851.1cm^{-1} 处 SDS 特征峰的强度在 SDS-凹土-碱性嫩黄中明显减弱，原因可能是材料表面被碱性嫩黄覆盖。2053cm^{-1} 处为碱性嫩黄的特征吸收峰，但在图 4-12 中 e 上未发现此峰，可能是该峰本身较弱，而 SDS-凹土-碱性嫩黄的红外光谱图中各峰强弱均减弱，以至于该峰显现不出来。

图 4-13 为凹凸棒土及改性后的 SDS-凹土的 X 射线衍射分析（XRD）图谱。从图中可以看出，凹土的各种主要衍射峰的形状和位置在改性后的 SDS-凹土中仍然存在，均没有发生大的变化，说明有机阴离子表面活性剂 SDS 与凹凸棒土发生物理吸附作用，SDS 包覆到凹凸棒土表面，没有进入纳米凹土的晶体层间，因此改性后的 SDS-凹土的晶体结构保持完整。凹凸棒土中特征峰的强度在改性后的 SDS-凹土稍有减弱，原因可能是凹凸棒土表面被 SDS 覆盖。

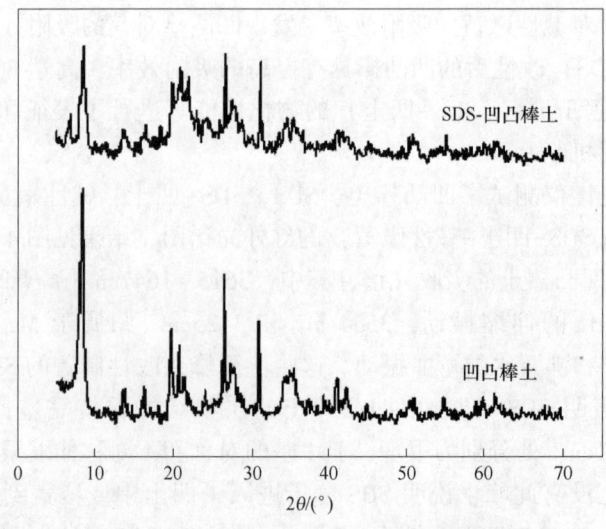

图 4-13　凹凸棒与 SDS-凹凸棒的 XDR 图谱

　　图 4-14a 和 b 分别是放大 3000 倍的凹土和 SDS-凹土的扫描电镜图。从图 4-14a 可知,凹土原土以块状团聚在一起,在块体表面分布着针状或纤维状的凹土棒晶束,但数量并不多,相互间多呈平行的紧密聚集。由图 4-14b 中可以看出 SDS 改性后的凹土内部针状纤维束分散得更广,细小晶束所占的比例明显增大,并且晶束在三维空间呈现松散交错的排列,因此与凹土相比,SDS-凹土更为分散疏松、有更多的空隙,能将更多的有机物分子吸附到孔道中。

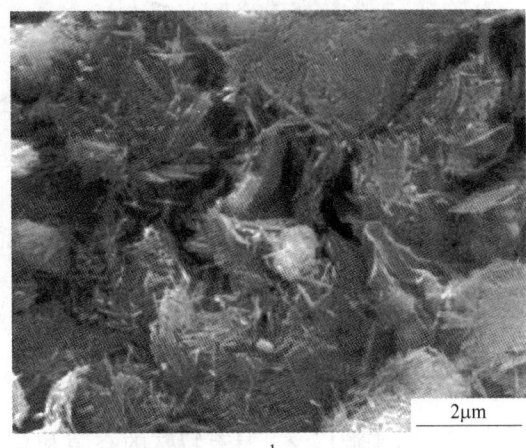

图 4-14　凹凸棒土 (a) 与 SDS-凹凸棒土 (b) 的 SEM 图

　　对样品继续进行 Zeta 电位分析,图 4-15 和图 4-16 分别是凹土、SDS-凹土、碱性嫩黄和 SDS-凹土-碱性嫩黄的 Zeta 电位随 pH 值的变化曲线。

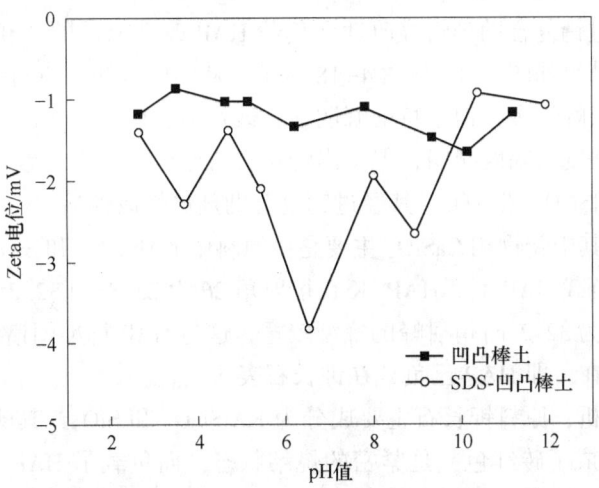

图 4-15　凹凸棒和 SDS/凹凸棒的 Zeta 电位

　　由图 4-15 看到,凹土和 SDS-凹土的 Zeta 电位均为负值,而图 4-16 表明碱性嫩黄的 Zeta 电位为正值,因此,除表面吸附外,凹土和 SDS-凹土还可通过电性中和作用使得碱性嫩黄被絮凝吸附于表面,改性后 SDS-凹土的 Zeta 电位绝对值更大说明负电性更强,因此对碱性嫩黄有更好的吸附效果。当表面改性后的 SDS-凹土与碱性黄分子吸附在一起后,

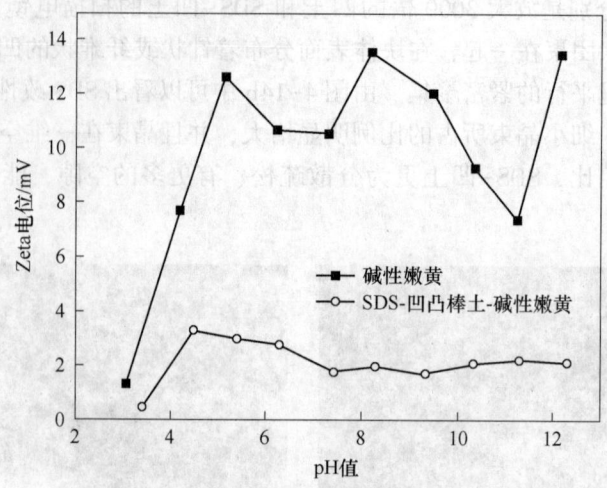

图 4-16　碱性嫩黄和 SDS-凹土-碱性嫩黄的 Zeta 电位

由于电中和作用，吸附产物 SDS-凹土-碱性嫩黄的 Zeta 电位比碱性嫩黄的降低很多。

4.3.2　改性钾长石的表征

钾长石来源广泛，具有特殊的空隙和孔道，但存在吸附率偏低、吸附速率慢等缺陷，需要对钾长石进行化学或物理改性来增强其吸附能力。徐曼对钾长石采取了钙复合助剂焙烧改性和负载羟基磷灰石（HAP）改性，研究改性前后钾长石对废水中 Ni^{2+} 吸附能力的变化，利用 XRD、BET、SEM 等对钾长石改性前后的形貌、物相等进行表征，分析改性前后钾长石的结构变化以及改性机理。

钾长石分别经过钙复合助剂焙烧改性和负载 HAP 改性前后的物相组成均采用 X 衍射仪进行扫描，图谱结果如图 4-17 与图 4-18 所示。从图中可知，原料钾长石由于属于天然矿石，晶型复杂，杂峰较多，但主特征峰明显；改性后，Ca-K 和 HAP-K 的晶体变单一，杂峰变少，衍射峰强度大幅度减弱，但主出峰位置与原矿石基本一致。从物相分析，钾长石主要衍射峰为 $KAlSi_3O_8$ 和 SiO_2。其经过钙复合助剂焙烧改性后，Ca-K 的主要衍射峰变成 SiO_2 和 $CaSiO_3$，其中新物相 $CaSiO_3$ 主要是由原料中 $KAlSi_3O_8$ 和 SiO_2 与熔融钙离子结合生成的。而钾长石负载 HAP 后，HAP-K 在衍射角 2θ 为 25.8°和 32.2°时出现了 HAP 的特征衍射峰，并在 2θ 为 32.2°时衍射峰的峰型较宽，这与 HAP 标准图谱相符合，说明 HAP-K 中有 HAP 晶体存在，即 HAP 已负载在钾长石表面上。

由 XRD 图谱分析，原料钾长石主要成分为 $KAlSi_3O_8$ 和 SiO_2，其颜色表现为灰色；经过焙烧后，Ca-K 变成了砖红色，是紧密的烧结状态；而负载了 HAP 后，HAP-K 变成了白灰色。以上颜色改变同样也说明了钾长石发生了变化或者结构已经改变。

扫描电镜图能够对环境矿物材料进行更直观的微结构观察，对比改性前后所发生的形貌变化。图 4-19 为钾长石在钙复合助剂焙烧改性及负载 HAP 改性前后的扫描电镜图。图 4-19a、b 分别为原料钾长石放大 5000 倍、15000 倍后的微结构图，其表现为无规则的粒径较大的松散整块颗粒，表面光亮并附着许多细碎颗粒。图 4-19c、d 是在相同放大倍数下 Ca-K 改性材料的景象，经比较改性前后钾长石形貌截然不同，改性后表面光滑并表现

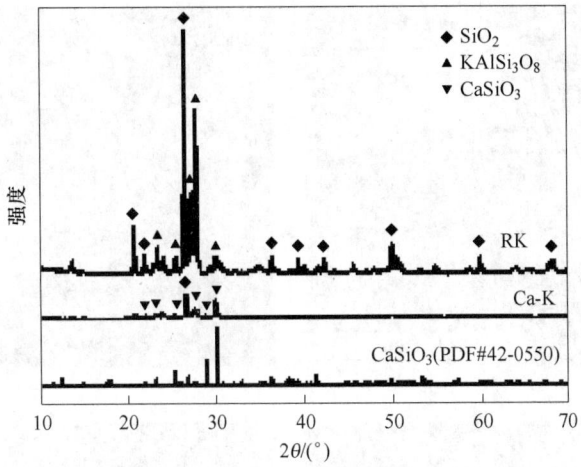

图 4-17 钾长石与钙复合助剂改性后钾长石的 XRD 图

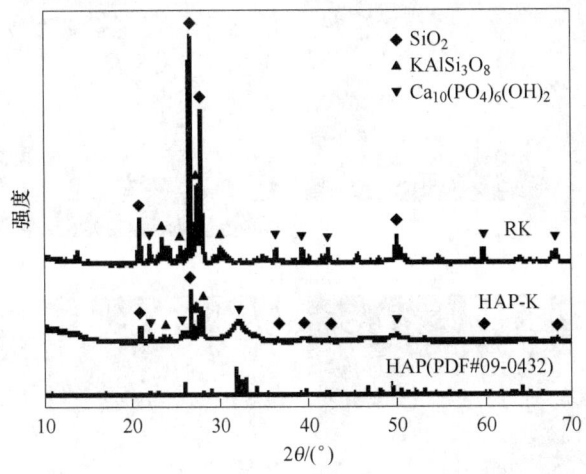

图 4-18 钾长石与 HAP 改性后钾长石的 XRD 图

为排列有序的细长圆柱棒状结构。图 4-19e、f 是在等倍数下 HAP-K 改性材料的形貌图，经观察改性后钾长石的基本形貌还是较大的整块颗粒，但负载 HAP 后钾长石表面变得细密疏松，无细碎颗粒。但以上形貌改变均有益于增大钾长石的比表面积，便于与 Ni^{2+} 接触发生吸附。

比表面积和孔径的大小能反映出吸附材料的吸附能力强弱，表 4-3 是钾长石通过钙复合助剂焙烧改性和负载 HAP 改性前后的比表面积及孔结构性质。原矿钾长石的比表面积偏低，不含丰富的多孔结构，通过钙复合助剂焙烧改性后，Ca-K 的比表面积和总孔体积增大，比表面积为未改性钾长石的 3.6 倍，说明进行酸浸洗和焙烧时，原料孔道疏通去除了孔内杂质或结晶水；但平均孔径却变小，这可能是由于焙烧过程使晶体结构改变。但负载 HAP 后，HAP-K 改性材料的比表面积和总孔体积大幅度提高，尤其比表面积从 $3.836m^2/g$ 增大到 $145.965m^2/g$，增大了 38 倍；总孔体积也由最初的 $0.007cm^{-3}/g$ 增大到 $0.361cm^{-3}/g$，增大了近 51 倍，使用 HAP-K 的接触活性位点数增多，提高了吸附能力。

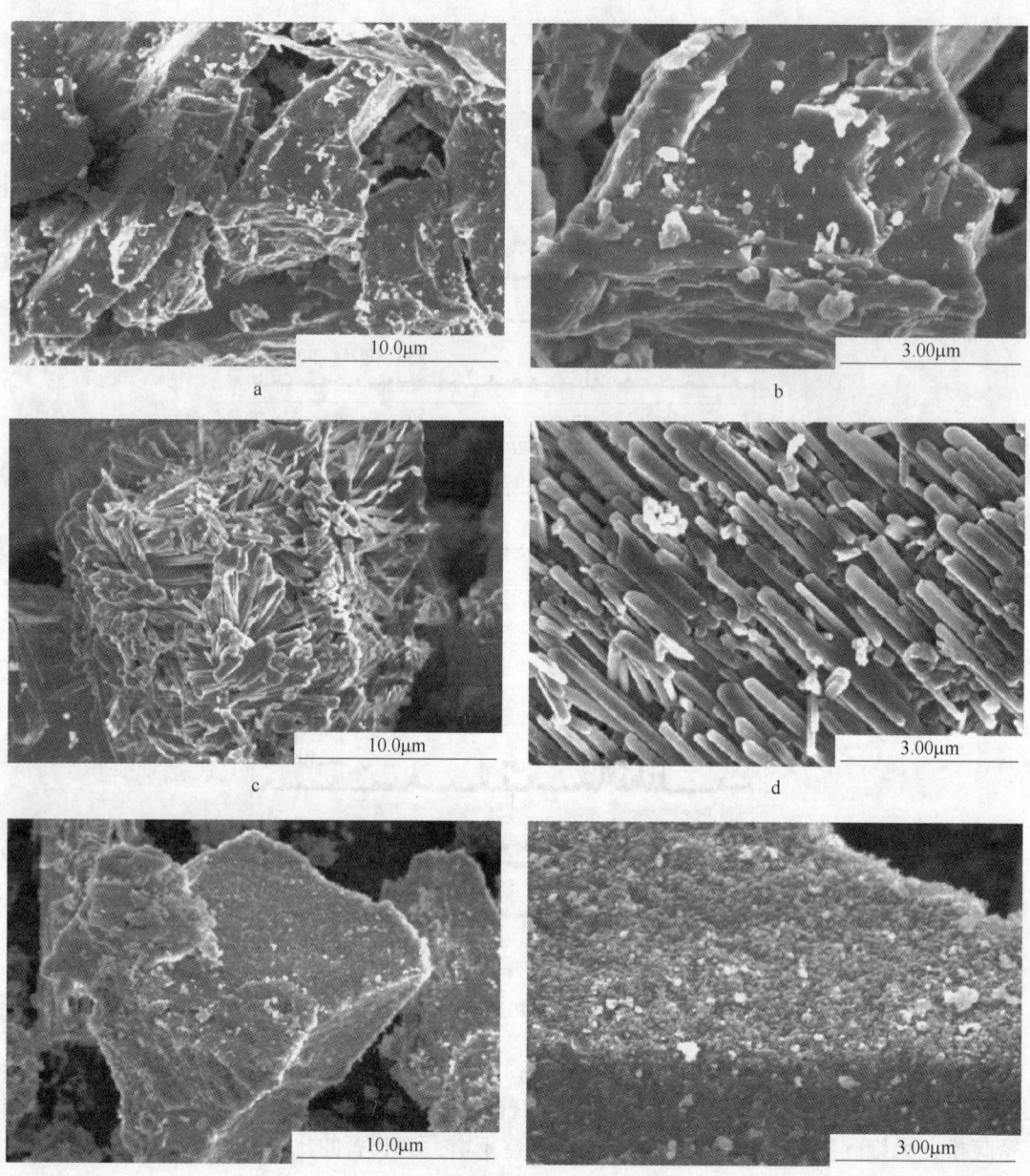

图 4-19　钾长石改性前后的 SEM 图

a, b—钾长石；c, d—钙复合助剂焙烧改性；e, f—HAP 改性

表 4-3　钾长石、Ca-K 和 HAP-K 改性材料的比表面积及孔结构性质

样品	比表面积/m² · g⁻¹	总孔体积/cm⁻³ · g⁻¹	平均孔径/nm
钾长石	3.836	0.007	7.501
Ca-K 改性材料	13.717	0.022	6.568
HAP-K 改性材料	145.965	0.361	9.890

4.3.3　改性有机膨润土的表征

张黎等人选用低品级钙基膨润土，采用超声波法进行钠化处理与有机改性，以碳酸钠为钠化剂，对低品级钙基膨润土进行钠化处理，所得到的钠基膨润土的阳离子交换容量（CEC）为150mmol/100g，蒙脱石含量为90%，达到有机改性的原料要求，然后采用十六烷基三甲基溴化铵为有机改性剂对其进行改性，并对改性有机膨润土进行了表征。

分别将钙基膨润土（钙土）、钠化膨润土（钠化土）、有机化膨润土（有机土）用红外光谱进行分析。由图4-20可以看出，在1400cm^{-1}以下的指纹区，钙土、钠化土、有机土的红外光谱图基本相似。钙土在3000~3200cm^{-1}附近有一个较宽较强的吸收峰，为蒙脱石层间所含H$_2$O的伸缩振动吸收峰和结晶水中—OH的伸缩振动峰，1400cm^{-1}处为层间水分子的弯曲振动峰，1660cm^{-1}和1000~1100cm^{-1}处较宽较强的峰为Si—O—Si骨架振动，在400~800cm^{-1}为硅氧四面体和铝氧八面体的内部振动，均为蒙脱石的特征峰。钠化土在1000~1100cm^{-1}附近的膨润土Si—O—Si骨架振动宽度不同，这表明Na$^+$与天然膨润土层间的Ca^{2+}交换后，改变了硅酸盐结构力的分布，降低了结晶性能，Si—O—Si骨架振动宽度越宽，其分散性能越好。有机土在2852cm^{-1}处是CH$_2$的振动吸收峰，2923cm^{-1}处出现CH$_2$伸缩振动吸收峰，而钙土在此处无吸收峰。由此可见，十六烷基三甲基溴化铵阳离子实现对膨润土改性。

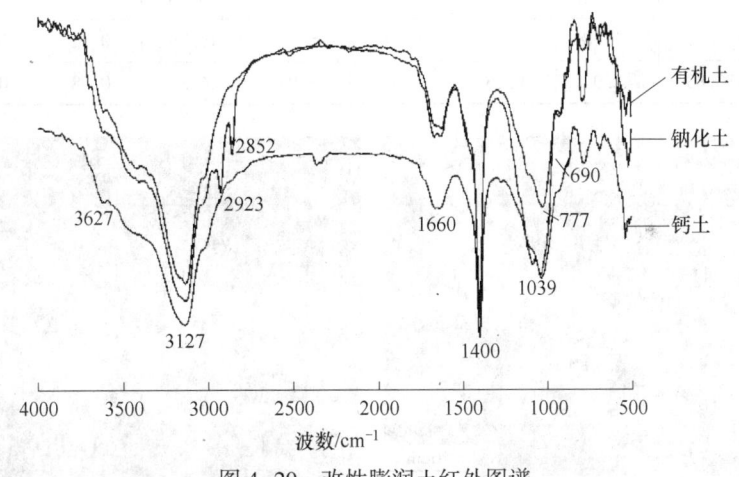

图4-20　改性膨润土红外图谱

对钙基膨润土、钠基膨润土和有机膨润土进行了X射线衍射分析，结果见图4-21。XRD可以分析改性前后膨润土的晶层间距，2θ小于10°时的峰是d（001）面的衍射峰，反映的是膨润土晶层间距的大小。钙基膨润土在10°以内没有出现衍射峰，可能是钙基膨润土中的杂质影响了X射线的扫描，没有扫描出钙基膨润土的晶层间距；钙基膨润土经过提纯钠化改性以及有机改性后，出现了衍射峰，将半衍射角θ代入Bragg方程$2d\sin\theta = \lambda$中，可以计算出钠基膨润土的层间距d为1.9107nm，有机膨润土的层间距d为2.2925nm，说明钠盐置换出了钙离子后，膨润土的层间距有一定增加，有机化处理后季铵盐阳离子置换出了钠离子等，层间距进一步增大，表明有机化剂有效地插层进入了膨润土层间。

采用SEM进一步观测钙土片层、钠化土片层及有机化土的微观结构，并且进行元素分析，结果见表4-4和图4-22。

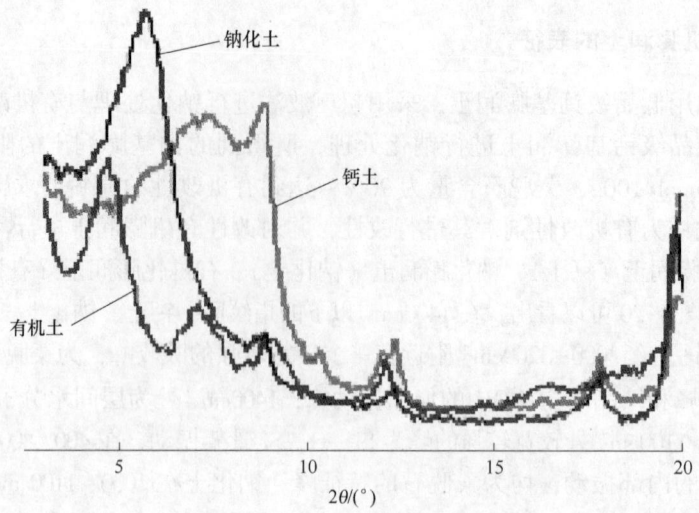

图 4-21　不同种类膨润土的 XRD 图

表 4-4　膨润土的元素含量　　　　　　　　　　　　　　　（%）

类别	C	O	Na	Mg	Al	Si	K	Ca	Fe
钙土	12.23	52.22	—	1.00	9.17	20.68	0.98	1.42	2.3
钠化土	27.09	47.48	2.69	0.71	5.57	16.79	0.52	0.92	1.22
有机土	30.83	42.97	0.75	0.63	5.93	16.36	0.68	0.81	1.04

图 4-22　膨润土 SEM 照片

a—钙土片层；b—钠化土片层；c—有机化土

从表 4-4 可知，钙土中的 Mg、Al、Ca 元素含量较多，不含 Na 元素，这时膨润土的排列紧密，层间距较小，有机化改性剂难以进入膨润土片层间，根据有机改性要求，层间可交换性阳离子应为 Na^+，或以 Na^+ 为主，Ca^{2+}、Mg^{2+} 尽可能少；通过钠化处理之后所得的钠基膨润土中 Na 含量为 2.69%，其余元素含量均减小，说明层间可交换阳离子以钠离子为主，膨润土片层间结构变得更为清晰，呈紧密、无序、重叠的絮状分布，片层间距有一定增大，有利于有机化剂进入片层结构；经过有机化改性后得到的有机膨润土 C 元素的含量明显增加，且从红外图谱中可以看到有机膨润土中出现了有机物特征吸收峰，说明十六烷基三甲基溴化铵置换出钠离子，嵌入到膨润土层间。从图 4-22 可以看出，有机化后蒙脱石颗粒表面有明显的刻蚀痕迹，可看到更多剥离开的、疏松的、卷曲的片层，片层剥离明显，在一维尺度上可达到纳米级。

思 考 题

4-1　常见的环境矿物材料的结构表征方法有哪些，列出六种并简述其作用。

4-2　简述粉晶 X 射线衍射仪的原理并列举一个环境矿物材料的分析实例。

4-3　透射电子显微镜成像系统的主要特点有哪些？以一个具体的环境矿物材料分析。

4-4　扫描电子显微镜的基本用途有哪些？并简述其工作原理。

4-5　简述红外光谱在环境矿物材料研究中的应用。

4-6　如何采用 Zeta 电位分析解释环境矿物材料的吸附性能？

参 考 文 献

[1] 黄万抚．矿物材料及其加工工艺 [M]．北京：冶金工业出版社，2012.

[2] 秦善，王长秋．矿物学基础 [M]．北京：北京大学出版社，2006.

[3] 廖立兵．矿物材料现代测试技术 [M]．北京：化学工业出版社，2010.

[4] 高翔．黏土矿物学 [M]．北京：化学工业出版社，2017.

[5] 朱琳．扫描电子显微镜及其在材料科学中的应用 [J]．吉林化工学院学报，2007，24 (2)：81~84.

[6] 高明珠．核磁共振技术及其应用进展 [J]．信息记录材料，2011，12 (3)：48~51.

[7] 王会丽，赵越，马乐宽，等．复合改性膨胀石墨的制备及对酸性艳蓝染料的吸附 [J]．高等学校化学学报，2016，37 (2)：335~341

[8] 商平，王洁，刘美容，等．环境矿物材料改性与吸油树脂复合的实验 [C] //新农村建设与环境保护——华北五省市区环境科学学会第十六届学术年会优秀论文集．石家庄：河北人民出版社，2009：403~407.

[9] 马礼敦．近代 X 射线多晶体衍射：实验技术与数据分析 [M]．北京：化学工业出版社，2004.

[10] 庞小丽，刘晓晨，薛雍，等．粉晶 X 射线衍射法在岩石学和矿物学研究中的应用 [J]．岩矿测试，2009，28 (5)：452~456.

[11] 刘国生，朱光，王道轩，等．合肥盆地东部朱巷组 X 射线衍射分析及其油气意义 [J]．合肥工业大学学报 (自然科学版)，2003，26 (1)：31~36.

[12] 陈涛，王河锦，张祖青，等．浅谈利用黏土矿物重建古气候 [J]．北京大学学报 (自然科学版)，2005，41 (2)：309~316.

[13] 施斌. 粘性土微观结构定向性的定量研究 [J]. 地质学报, 1997, 71 (1): 36~44.

[14] 唐楠, 唐菊兴, 郭娜, 等. 短波红外光谱仪在矿床蚀变分带研究中的应用——以西藏铁格隆南斑岩-浅成低温热液矿床为例 [J]. 矿物学报, 2015 (s1): 925~926.

[15] Mcmillan P. Structural studies of silicate glasses and melts-applications and limitations of Raman spectroscopy [J]. American Mineralogist, 1984, 69 (6): 622~644.

[16] 谢俊. 铝硅酸盐精细结构及长石的拉曼光谱研究 [D]. 北京: 中国地质大学 (北京), 2008.

[17] Han D S, Batchelor B, Wahab A A. Sorption of selenium (Ⅳ) and selenium (Ⅵ) onto synthetic pyrite (FeS₂): Spectroscopic and microscopic analyses [J]. Journal of Colloid & Interface Science, 2012, 368 (1): 496~504.

[18] Han D S, Batchelor B, Abdel-Wahab A. XPS Analysis of sorption of selenium (Ⅳ) and Selenium (Ⅵ) to mackinawite (FeS) [J]. Environmental Progress & Sustainable Energy, 2013, 329 (1): 1~10.

[19] 陈兰花, 盛道鹏. X射线光电子能谱分析 (XPS) 表征技术研究及其应用 [J]. 教育现代化, 2018 (1): 180~183+192.

[20] Abou-Ras D, Kaufmann C A, Schšpke A, et a1. Elemental distribution profiles across Cu (In, Ga) Se2 solar—cell absorbers acquired by various techniques [C]. Proceedings of the 14th European Microscopy Congress 2008, Aachen, Germany, 2008, 14: 741~742.

[21] Qiao B, Wang A, Yang X, et al. Single-atom catalysis of CO oxidation using Pt1/FeOx [J]. Nature Chemistry, 2011, 3 (8): 634~641.

[22] Liu P, Zhao Y, Qin R, et al. Photochemical route for synthesizing atomically dispersed palladium catalysts [J]. Science, 2016, 352 (6287): 797~800.

[23] 王宇, 李炯, 张硕, 等. X射线吸收精细结构在材料科学中的应用 [J]. 中国材料进展, 2017, 36 (3): 188~194.

[24] 刘威, 任瑞晨. 透射电子显微镜在矿物加工与利用中的应用 [J]. 微计算机信息, 2010, 26 (34): 141~143.

[25] 杜谷, 王坤阳, 冉敬, 等. 红外光谱/扫描电镜等现代大型仪器岩石矿物鉴定技术及其应用 [J]. 岩矿测试, 2014, 33 (5): 625~633.

[26] 刘伟新, 史志华, 朱樱, 等. 扫描电镜/能谱分析在油气勘探开发中的应用 [J]. 石油实验地质, 2001, 23 (3): 341~343.

[27] 焦淑静, 韩辉, 翁庆萍, 等. 页岩孔隙结构扫描电镜分析方法研究 [J]. 电子显微学报, 2012, 31 (5): 432~436.

[28] Javadpour F, Fisher D, Unsworth M. Nanoscale gas flow in shale gas sediments [J]. Journal of Canadian Petroleum Technology, 2007, 46 (10): 55~61.

[29] Godel B, Barnes S J, Barnes S J, et al. Platinum ore in three dimensions: Insights from high-resolution X-ray computed tomography [J]. Geology, 2010, 32 (12): 1127~1130.

[30] Gan H. Morphology of Lead (Ⅱ) and Chromium (Ⅲ) reaction products on phyllosilicate surfaces as determined by atomic force microscope [J]. Clays and Clay Minerals, 1996, 44 (6): 734~743.

[31] 谭文峰, 刘永红, 李学垣, 等. 原子力显微镜研究 Pb²⁺ 在黑云母表面吸附的形貌 [J]. 土壤学报, 2004, 41 (6): 976~977.

[32] 王建绒. 一水硬铝石对重金属离子的吸附性能研究 [D]. 长沙: 中南大学, 2007.

[33] 陈明莲. 微生物对黄铜矿表面性质的影响及其吸附机制研究 [D]. 长沙: 中南大学, 2009.

[34] 胡佩伟. 高岭石基导电矿物材料的应用基础研究 [D]. 长沙: 中南大学, 2012.

[35] Pushpaletha P, Lalithambika M. Modified attapulgite: An efficient solid acid catalyst for acetylation of alcohols using acetic acid [J]. Applied Clay Science, 2011, 51 (4): 424~430.

［36］王翠．表面活性剂改性矿物材料吸附水中染料及其机理研究［D］．武汉：武汉科技大学，2014.

［37］郑玉婴，王灿耀，傅明连．膨润土有机改性的 FTIR 和 XRD 研究［J］．光谱学与光谱分析，2005，25（11）：1813~1816.

［38］王姣．矿物负载型铁基纳米环境材料的制备及吸附降解机理研究［D］．合肥：中国科学技术大学，2017.

［39］于生慧．纳米环境矿物材料的制备及重金属处理研究［D］．合肥：中国科学技术大学，2016.

［40］徐曼．改性钾长石的制备及其对废水和土壤中重金属 Ni（Ⅱ）的吸附研究［D］．乌鲁木齐：新疆大学，2018.

5 环境矿物材料在水处理中的应用

本章要点:

    本章介绍了常见的水体污染来源及污染物种类、表征水质的常用指标以及目前的一些常用水处理技术;重点介绍了不同环境矿物材料在物理性污染废水、氮磷污染废水、重金属废水、有机废水处理中的应用,并阐述了环境矿物材料去除水体中污染物的机理。

5.1 水污染及其处理技术

5.1.1 水污染

    面对地球上有限的水资源,人们在不断开采和利用的同时也不断地制造污染,这对宝贵而十分有限的水资源可谓是雪上加霜,对人类自身而言,无疑将是一出悲剧。第四届世界水论坛提供的联合国水资源世界评估报告显示,全世界每天约有数百万吨垃圾倒进河流、湖泊和小溪,每升废水会污染 8L 淡水;所有流经亚洲城市的河流均被污染;美国 40%的水资源流域被加工食品废料、金属、肥料和杀虫剂污染;欧洲 55 条河流中仅有 5 条河流勉强能用。目前我国水污染现象日趋严重,水体水质日益恶化。全国检测的 1200 多条河流中有 850 条受到不同程度的污染,并且有不断加重的趋势。初步调查表明,我国农村有 3 亿多人饮水不安全,其中约有 6300 多万人饮用高氟水,200 万人饮用高砷水,3800 多万人饮用苦咸水,1.9 亿人饮用有害物质含量超标的水,血吸虫病地区约 1100 多万人饮水不安全。

    污水根据不同来源可分为生活污水、工业废水及初期雨水。生活污水一般来自居民住宅、医院、学校、商业等生活过程,主要成分为纤维素、淀粉、糖类、脂肪、蛋白质等有机物质,氮、磷、硫等无机盐类及泥沙等杂质。工业废水主要是由工业生产中一些有害物如重金属、有机物、酸碱盐、油、放射性废水等混入工业用水造成的,工业废水污染比较严重,往往含有有毒有害物质,有的含有易燃、易爆、腐蚀性强的污染物,需局部处理达到要求后才能排入城镇排水系统,是城镇污水中有毒有害污染物的主要来源。初期雨水是雨雪降至地面形成的初期地表径流,水质水量随区域环境、季节和时间变化,成分比较复杂,个别地区甚至出现初期雨水污染物浓度超过生活污水的现象,某些工业废渣或城镇垃圾堆放场地经雨水冲淋后产生的污水更具危险性。常见水体污染物的种类及其危害介绍如下。

    (1) 酸、碱、盐等无机物污染及危害。水体中酸、碱、盐等无机物的污染,主要来自冶金、化学纤维、造纸、印染、炼油、农药等工业废水及酸雨。水体的 pH 值小于 6.5 或大于 8.5 时，都会使水生生物受到不良影响，严重时造成鱼虾绝迹。水体含盐量增高，影响工农业及生活用水的水质，用其灌溉农田会使土地盐碱化。

（2）重金属污染及危害。污染水体的重金属有汞、镉、铅、铬、钒、钴、钡等。其中汞的毒性最大，镉、铅、铬也有较大毒性。重金属在工厂、矿山生产过程中随废水排出，进入水体后不能被微生物降解，经食物链的富集作用，能逐级在较高生物体内千百倍地增加含量，最终进入人体。

（3）耗氧物质污染及危害。生活污水、食品加工和造纸等工业废水，含有碳水化合物、蛋白质、油脂、木质素等有机物质。这些物质悬浮或溶解于污水中，经微生物的生物化学作用而分解，在分解过程中要消耗氧气，因而被称为耗氧污染物。这类污染物造成水中溶解氧减少，影响鱼类和其他水生生物的生长。水中溶解氧耗尽后，有机物将进行厌氧分解，产生 H_2S、NH_3 和一些有难闻气味的有机物，使水质进一步恶化。

（4）植物营养物质污染及危害。生活污水和某些工业废水中，经常含有一定量的氮和磷等植物营养物质。施用磷肥、氮肥的农田水中，常含有磷和氮；含洗涤剂的污水中也有不少的磷。水体中过量的磷和氮，为水中微生物和藻类提供了营养，使得蓝绿藻和红藻迅速生长，它们的繁殖、生长、腐败，引起水中氧气大量减少导致鱼虾等水生生物死亡、水质恶化。这种由于水体中植物营养物质过多蓄积而引起的污染，叫做水体的"富营养化"，这种现象在海湾出现叫做"赤潮"。

5.1.2 水质指标及检测

水质指标表示水中杂质的种类和数量，它是判断水污染程度的具体衡量尺度，同时针对水中存在的具体杂质或污染物，提出了相应的最低数量或最低浓度的限制和要求。水质指标一般可通过水的物理性质、化学性质和生物性质来体现。

5.1.2.1 水质的物理性指标
表示污水物理性质的污染指标主要有温度、色度、嗅和味、固体物质等。

A 温度
许多工业排出的废水都有较高的温度，这些废水排入水体使其水温升高，引起水体的热污染。水温升高会影响水生生物的生存和对水资源的利用。氧气在水中的溶解度随水温的升高而减小，这样一方面水中溶解氧减少，另一方面水温升高加速耗氧反应，最终导致水体缺氧或水质恶化。地表水的温度一般为 0.1~30℃，随季节、气候条件而有不同程度的变化；地下水的温度比较稳定，一般为 8~12℃；工业废水的温度与生产过程有关。

B 色度
色度是一项感官性指标。一般纯净的天然水是清澈透明的，即无色的，但带有金属化合物或有机化合物等有色污染物的污水呈各种颜色。

C 嗅和味
嗅和味同色度一样也是感官性指标，可定性反映某种污染物的多寡。天然水是无嗅无味的，当水体受到污染后会产生异样的气味。水的异臭来源于还原性硫和氮的化合物、挥发性有机物和氯气等污染物质。不同盐分会给水带来不同的异味，如氯化钠带咸味，硫酸镁带苦味，硫酸钙略带甜味等。

D　固体物质

水中的固体主要分为溶解性固体（DS）和悬浮固体（SS）两大类，而总固体（TS）即为两者之和。通过 600~1000℃ 的马弗炉高温灼烧以后，水样中溶解性和悬浮的固体中的有机物被灼烧成 CO_2 释放到空气中，通过高温残留的物质即为固体中的无机物质，从另一个角度来说，总的挥发性固体（TVS）和总的残留固体（TFS）共同构成了总固体（TS）。水体中的悬浮固体（SS）通过影响光照的作用，对水体的污染效果明显，造成溶解氧下降，导致水体中生物无法生存，所以对污水悬浮固体浓度的监测是判别水体污染程度的重要指标。TFS、TVS 都是根据特殊的要求而进行的监测，一般在污水厂中很少进行日常化验项目的监测。

5.1.2.2　水质的化学性指标

表示污水化学性质的污染指标可分为有机物指标和无机物指标。

A　有机物指标

水体存在大量有机物，会在微生物的作用下最终分解为简单的无机物质、二氧化碳和水等，从而消耗水中的溶解氧。耗氧有机污染物是使水体产生黑臭的主要因素之一。在工程中一般采用化学需氧量（COD 或 OC）、生化需氧量（BOD）、总有机碳（TOC）、总需氧量（TOD）等指标来反映水中有机物的含量。

B　无机物指标

水的化学性质一般用无机物指标来体现。

（1）pH 值。主要是指示水样的酸碱性。pH<7 呈酸性，pH>7 呈碱性。一般要求处理后污水 pH 值在 6~9 之间。

（2）N、P 元素。污水中的 N、P 为植物营养元素，从农作物生长角度看，植物营养元素是宝贵的物质，但过多的 N、P 进入天然水体会大量滋生藻类及其他水生植物，导致富营养化。

（3）重金属。重金属主要是指汞、镉、铅、铬、镍，以及类金属砷等生物毒性显著的元素，也包括具有一定毒害性的一般重金属，如锌、铜、钴、锡等。

5.1.2.3　水质的生物性指标

表示污水生物性质的污染指标主要有细菌总数、大肠菌群和病毒。

A　细菌总数

水中细菌总数反映了水体受细菌污染的程度。细菌总数不能说明污染的来源，必须结合大肠菌群数来判断水体污染的来源和安全程度。

B　大肠菌群

大肠菌群是最基本的粪便污染指示菌群，大肠菌群的值可表明水被粪便污染的程度，间接表明有肠道病菌存在的可能性。

C　病毒

由于肝炎、小儿麻痹症等多种病毒性疾病可通过水体传染，水体中的病毒已引起人们的高度重视。这些病毒也存在于人的肠道中，通过病人粪便污染水体。目前因缺乏完善的经常性检测技术，水质卫生标准对病毒还没有明确的规定。

水质检测均采用国标法。具体测定方法如表 5-1 所示。

表 5-1 水质检测方法

测定项目	分析方法
COD	重铬酸钾消解法（GB 11914—89）
BOD	标准稀释法（GB 7488—87）
TOC	非色散红外线吸收法（GB 13193—91）
TN	紫外分光光度法（GB 11894—89）
$NO_3^- \text{-} N$	酚二磺酸分光光度法（GB 7480—87）
$NH_4^+ \text{-} N$	纳氏试剂分光光度法（GB 7479—87）
TP	钼酸铵分光光度法（GB 11893—89）
温度	温度计法（GB 13195—91）
色度	铂钴标准比色法（GB 11903—89）
SS	分光光度法（GB 13200—91）
pH 值	玻璃电极法（GB 6920—86）
DO	碘量法（GB 7489—87）
汞	冷原子吸收法（GB 7468—87）
镉	原子吸收分光光度法（GB/T 7475—87）
铅	双硫腙分光光度法（GB 7470—87）
铬	二苯碳酰二肼分光光度法（GB/T 7466—87）
砷	二乙氨基二硫代甲酸银光度法（GB 7485—87）
大肠杆菌	多管发酵法（HJ 347.2—2018）

5.1.3 常用水处理技术

我国生活污水排放量日益增多，氮和磷虽然是动植物生存的限制性营养因子，若水体中的氮、磷含量一直处于较高的浓度水平，则很可能会威胁大部分水生生物的生命安全，而且也会直接威胁人们的身体健康甚至生命。未经处理的生活污水中往往存在高浓度的氮和磷，且 NH_4^+、NO_3^- 和 $H_2PO_4^-$ 是其主要的存在形式。已有大量的研究表明，当水体中的含氮量超过 0.2mg/L、含磷量超过 0.02mg/L 时水体即可发生不同程度的富营养化。水域中游离态的氨的存在，往往对水体中的鱼类或其他生物产生严重的毒害作用。

人类进行水处理的目的是提高水质，使之达到某种水质标准。按处理方法的不同，分为物理法、化学法、生物法等多种。物理法设备大都较简单，操作方便，但去除效率不高。化学法有较高的去除效率，但是也伴随着二次污染、投资及运行费用高等问题。与物理法、化学法相比，生物法具有适用范围广、投资及运行费用低、效果稳定、综合处理能力强等优点。

5.1.3.1 物理处理

废水物理处理法是通过物理作用分离和去除废水中不溶解的呈悬浮状态的污染物（包括油膜、油珠）。处理过程中污染物的化学性质不发生变化。

主要方法有重力分离法：离心分离法、筛滤截留法、膜过滤处理和超声水处理。

A　重力分离法

重力分离法处理单元有沉淀、上浮（气浮）等，使用的处理设备是沉淀池、沉砂池、隔油池、气浮池及其附属装置等。

B　离心分离法

离心分离法本身是一种处理单元，使用设备有离心分离机、水旋分离器等。

C　筛滤截留法

筛滤截留法有栅筛截留和过滤两种处理单元，为利用留有孔眼的装置或由某种介质组成的滤层截留废水中的悬浮固体的方法。使用设备有：格栅，用以截阻大块固体污染物；筛网，用以截阻、去除废水中的纤维、纸浆等细小的悬浮物；布滤设备，用以截阻、去除废水中的细小悬浮物；砂滤设备，用以过滤截留更为微细的悬浮物。

此外，还有废水蒸发处理法、废水气液交换处理法、废水高梯度磁分离处理法、废水吸附处理法等。物理处理法的优点为设备大都较简单，操作方便，分离效果良好，故使用极为广泛。

D　膜过滤处理

工业上常见的膜处理方法有：

（1）微滤。微滤又称微孔过滤，是以多孔膜（微孔滤膜）为过滤介质，在 $0.1 \sim 0.3 MPa$ 的压力推动下，截留 $0.1 \sim 1 \mu m$ 之间的颗粒，微滤膜允许大分子有机物和无机盐等通过，但能阻挡住悬浮物、细菌、部分病毒及大尺度胶体透过的分离过程。微滤膜两侧的运行压差（有效推动力）一般为 $0.7 bar$（$1 bar = 0.1 MPa$），属于精密过滤，具有高效、方便及经济的特点。

（2）超滤。超滤是以压力为推动力的膜分离技术之一。超滤是一种加压膜分离技术，即在一定的压力下，使小分子溶质和溶剂穿过一定孔径的特制薄膜，而使大分子溶质不能透过，留在膜的一边，从而使大分子物质得到了部分的纯化。超滤以大分子与小分子分离为目的，能彻底滤除水中的细菌、铁锈、胶体等有害物质，保留水中原有的微量元素和矿物质。超滤的优点是没有相转移，无须添加任何强烈化学物质，可以在低温下操作，过滤速率较快，便于做无菌处理等。所有这些都能使分离操作简化，避免了生物活性物质的活力损失和变性。

（3）纳滤。纳滤是一种介于反渗透和超滤之间的压力驱动膜分离过程，纳滤膜的孔径范围在几个纳米左右。纳滤又称为低压反渗透，是膜分离技术的一种新兴领域，其分离性能介于反渗透和超滤之间，允许一些无机盐和某些溶剂透过膜，从而达到分离的效果。纳滤膜大多从反渗透膜衍化而来，如 CA、CTA 膜、芳族聚酰胺复合膜和磺化聚醚砜膜等。纳滤（NF）用于将相对分子质量较小的物质，如无机盐或葡萄糖、蔗糖等小分子有机物从溶剂中分离出来。

E　超声水处理

超声波水处理技术主要通过将功率超声引入水中，达到去除水中污染物、净化水体的作用，也可用于污泥的处理，是近十几年来兴起的新技术。在污水处理过程中，超声波的空化作用对有机物有很强的降解能力，且降解速度很快，超声波空化泡的崩溃所产生的高能量足以断裂化学键，空化泡崩溃产生氢氧基（·OH）和氢基（·H），同有机物发生氧化反应，能将水体中有害有机物转变成 CO_2、H_2O、无机离子或比原有机物毒性小易降解的有机物。所以在传统污水处理中生物降解难以处理的有机污染物，可以通过超声波的空化作用实现降解。

5.1.3.2 化学处理

废水化学处理法是通过化学反应和传质作用来分离、去除废水中呈溶解或胶体状态的污染物或将其转化为无害物质的废水处理法。主要方法有：以投加药剂产生化学反应为基础的处理方法，如混凝、中和、氧化还原等；以传质作用为基础的处理方法，如沉淀、萃取、汽提、吹脱、吸附、离子交换等。

A 混凝

混凝是指通过某种方法（如投加化学药剂）使水中胶体粒子和微小悬浮物聚集的过程，是水和废水处理工艺中的一种单元操作。混凝则包括凝聚与絮凝两种过程。把能起凝聚与絮凝作用的药剂统称为混凝剂；凝聚主要指胶体脱稳并生成微小聚集体的过程，絮凝主要指脱稳的胶体或微小悬浮物聚结成大的絮凝体的过程。混凝药剂有硫酸铝、三氯化铁、硫酸亚铁、硫酸镁等。

B 中和

中和法即通过化学的方法，使酸性废水中氢离子与外加氢氧根离子，或使碱性废水中的氢氧根离子与外加的氢离子之间相互作用，生成可以溶解或难溶解的其他盐类，从而消除污染物的有害作用，还可以调节酸性或碱性废水的 pH 值。

C 氧化还原

氧化还原法是用氧化剂或还原剂去除水中有害物质的方法。例如，用氯、臭氧或二氧化氯氧化有机物（包括酚），用空气或氯将低价铁、锰氧化为高价铁、锰，使其从水中析出，又如在废水处理中用氯或漂白粉氧化氰根，用硫酸亚铁、二氧化硫或亚硫酸钠使铬酸根中的六价铬还原为三价铬，再用石灰使其沉淀。

D 沉淀

向废水中投加某种化学药剂，使其与水中某些溶解物质产生反应，生成难溶于水的盐类沉淀下来，从而降低水中这些溶解物质的含量，这种方法称为水处理的化学沉淀法。化学沉淀法经常用于处理含有汞、铅、铜、锌、六价铬、硫、氰、氟、砷等有毒化合物的废水。利用向废水中投加氢氧化物、硫化物、碳酸盐、卤化物等生成金属盐沉淀可以去除废水中的金属离子，向废水中投加钡盐可用于处理含六价铬的工业废水生成铬酸盐沉淀，向废水中投加石灰生成氟化钙沉淀可以去除水中的氟化物。根据使用的沉淀剂不同，常见的化学沉淀法有氢氧化物沉淀法、硫化物沉淀法、碳酸盐沉淀法、钡盐沉淀法、卤化物沉淀法等。

E 萃取

萃取是利用溶质在互不相溶的溶剂里溶解度的不同，用一种溶剂把溶质从另一溶剂所组成的溶液里提取出来的操作方法。例如，用四氯化碳从碘水中萃取碘，就是采用萃取的方法。

F 汽提

汽提让废水与水蒸气直接接触，使废水中的挥发性有毒有害物质按一定比例扩散到气相中去，从而达到从废水中分离污染物的目的。通常用于脱除废水中的溶解性气体和某些挥发性物质。

G　吹脱

吹脱是利用空气通过废水时与水中溶解气体发生氧化反应，使水中溶解性挥发物质由液相转入气相，并进一步吹脱分离的水处理方法。一般分为天然吹脱（自然放置）和人工吹脱（吹脱塔、吹脱池）两种。常用于去除工业废水中的氢化氰、丙烯腈等挥发性溶解物质。

H　吸附

吸附法是利用多孔性的固体吸附剂将水样中的一种或数种组分吸附于表面，再用适宜溶剂、加热或吹气等方法将预测组分解吸，达到分离和富集的目的，从而使污水得到净化的方法。在污水处理领域，吸附法主要用于脱除水中的微量污染物，应用范围包括脱色、除臭味，脱除重金属、各种溶解性有机物、放射性元素等。在处理流程中，吸附法可作为离子交换、膜分离等方法的预处理手段，可去除有机物等，也可作为二级处理后的深度处理手段，以保证回用水的质量。

I　离子交换

离子交换分离法是利用交换剂与溶液中的离子发生交换进行分离的方法，是一种固液分离方法。常见的两种离子交换方法分别是硬水软化和去离子法。硬水软化主要是用在反渗透（RO）处理之前，先将水质硬度降低的一种前处理程序。软化机里面的球状树脂，以两个钠离子交换一个钙离子或镁离子的方式来软化水质。

化学处理法与生物处理法相比，能较迅速、有效地去除更多的污染物，可作为生物处理后的三级处理措施，能有效地去除废水中多种剧毒和高毒污染物。此法还具有设备容易操作、容易实现自动检测和控制、便于回收利用等优点。

J　电化学处理

电化学水处理是指利用电位差调控电子流向，从而控制污染物在电极或溶液中的环境界面过程（如絮凝、吸附、氧化、还原等），以降解或转化污染物从而实现水质净化。电化学方法可以通过电子的定向转移与精确调控，强化环境界面过程的速率和效率，其在水处理中体现出非凡的特点和优势，成为破解水危机和水污染的重要技术手段。近10年来，电化学水处理技术发展取得了长足的进步，正在向电极高效、工艺耦合、低碳绿色转变，未来将进一步聚焦功能电极材料设计、高效反应器与组合工艺开发、资源能源的定向转移与回收等重要方向。

电化学水处理技术的核心就是电子的定向转移和高效调控，强化反应的速率和效率。电化学相比较传统的水处理技术，主要具有以下特点和优势：（1）电化学过程由电子直接参与电极反应，无须或者很少引入其他物质，避免了二次污染；（2）电极反应中能生成水处理活性成分，如 Al_{13}、羟基自由基、氯自由基、原子氢等实现絮凝、氧化、还原和消毒过程，深度降解或去除多种污染物；（3）电化学过程可以通过电极材料与界面优化，实现对目标污染物的选择性去除或降解；（4）电化学过程易于设备化，通过调节电化学参数调控运行，操作简单，易于实现自控；（5）一些电化学过程可以通过诸如水中重金属离子的还原、盐离子的跨膜传输等电极过程，同时实现水质净化和资源、能量的回收。

电化学水处理技术根据其过程原理的不同，主要分为电絮凝、电氧化、电还原、电渗析（反向电渗析）以及电吸附等技术。

（1）电絮凝。电絮凝是在外电场作用下，可溶性金属阳极氧化溶解，生成大量的金属阳离子，经过水解、聚合反应成一系列多核羟基配合物和氢氧化物，这些配合物和氢氧化物具有良好的凝聚和吸附作用，从而将污染物从水中去除。电絮凝作为一种环境友好型的电化学水处理技术，被广泛应用在除水中颗粒物、有机物、油、重金属和氟化物等方面。

（2）电化学氧化法。电化学氧化法常用于有毒或生物难降解有机废水的处理。根据其氧化作用机理的不同，电化学氧化技术可分为直接氧化技术和间接氧化技术。直接氧化技术是通过阳极发生的电化学反应直接氧化降解有机污染物的方法，在电流作用下，废水中 H_2O 或者 OH^- 在阳极放电产生吸附态的·OH，电极表面的有机物与·OH 发生氧化反应而被降解。间接氧化是通过电极反应产生具有强氧化性的中间物质氧化降解有机污染物的方法，该技术同时利用了阳极的氧化能力和产生的氧化剂的氧化能力，因此，其处理效率大幅增加。间接氧化的实现有 3 种形式，第 1 种是利用水中阴离子间接氧化有机物，第 2 种是利用可逆氧化还原电对间接氧化有机物，第 3 种是电芬顿氧化降解有机物。

（3）电化学还原法。电化学还原法是指在合适的外加电压下，阴极材料通过直接还原作用（如还原脱卤、还原硝酸盐等）或间接还原作用（原子氢等）对废水中污染物实现转化与矿化的过程。相较于阳极氧化过程中对高析氧过电位材料的要求，阴极还原更易操作，材料使用寿命更长，且对于特征污染物（如卤代有机物）有更快的转化速率。

（4）电渗析（ED）。电渗析是指在电场作用下，溶液中的阴、阳离子定向迁移，透过离子选择性膜从而实现脱盐或浓缩的过程。电渗析系统主要由电极、离子选择性膜和隔板组成，占地面积小、操作维护简便、能耗低，可应用于海水淡化、废水处理、资源回收等领域。作为废水零排放的实现技术之一，电渗析与蒸发法、膜蒸馏等其他技术相比，由于未发生相变而具有明显的能耗优势。用电渗析技术 0.2%~2% 的盐水浓缩至 20% 所需能耗 1.5~7.1kW·h/m³，比蒸发浓缩的能耗（25kW·h/m³）低 70%~90%。由于高浓度的有机物可能导致膜堵塞和膜污染，电渗析不适合直接单独用于高浓度有机废水的脱盐，常与其他处理技术联用。王先锋以电渗析作为脱盐手段，探究了中和、混凝、氧化等预处理方法对 ED 膜损伤的影响，在组合预处理的基础上进行电渗析脱盐实验，脱盐率达到 51.9%，COD 下降约 50%。

（5）反向电渗析（RED）。与渗析的作用过程相反，反向电渗析（RED）是一种通过捕获浓水与淡水之间的盐差能产生电能的过程。反向电渗析装置由阳极、阴极以及交替排布的阴、阳离子交换膜组成，离子交换膜之间为浓、淡水室，在浓度差的驱使下，盐离子迁移形成内电流，内电流通过电极处的氧化还原反应转化为外电流。反向电渗析设备简单，且清洁无污染，在产能方面的巨大潜能使其受到广泛关注。

（6）电吸附

电吸附是一类基于双电层理论与吸附分离的电化学水处理技术，又称为电容去离子技术，其原理是通过在电极上施加电压，水中阴阳离子受电场力作用，向带有与自身相反电荷的电极定向迁移，被双电层吸附从而去除水溶液中离子，在开路或施加相反电压条件下，被吸附的离子被释放排出，同时电极得到再生。由于电吸附技术不涉及电子的得失，无须额外添加氧化剂、絮凝剂等，所需电流仅用于给电极溶液界面的双电层充电，因此，电吸附是一个低电耗、低成本的过程，而且通过放电电极可以很容易得到再生。

稳定高效的电极材料始终是电化学水处理技术的核心，如何通过对电极材料构成、表面官能团的设计，强化目标污染物和电极之间的相互作用和电子传递过程是当前和未来的研究重点。

K   光催化处理

光电催化技术是一种新型的电化学辅助光催化技术，即通过施加阳极偏压抑制光生电子和空穴的复合，达到提高光催化效率的目的。光电催化应用比较多的是 TiO_2 材料，具有良好的抗光腐蚀性和催化活性，而且性能稳定，价廉易得，无毒无害，是目前公认的最佳光催化剂。该项技术不仅在废水净化处理方面具有巨大潜力，在空气净化方面同样具有广阔的应用前景。

L   臭氧水处理

臭氧法是用臭氧作氧化剂对废水进行净化和消毒处理的方法。臭氧具有很强的氧化能力，因此在环境保护和化工等方面被广泛应用。臭氧氧化法的主要优点是反应迅速，流程简单，没有二次污染问题。但目前生产臭氧的电耗仍然较高，每公斤臭氧耗电 20~35 kW·h，需要继续改进生产，降低电耗。同时需要加强对气-水接触方式和接触设备的研究，提高臭氧的利用率。臭氧氧化法主要用于：

（1）水的消毒。臭氧是一种广谱速效杀菌剂，对各种致病菌及抵抗力较强的芽孢、病毒等都有比氯更好的杀灭效果。水经过臭氧消毒后，水的浊度、色度等物理、化学性状都有明显改善。化学需氧量（COD）一般能减少 50%~70%。用臭氧氧化处理法还可以去除苯并（a）芘等致癌物质。

（2）去除水中酚、氰等污染物质。用臭氧法处理含酚、氰废水实际需要的臭氧量和反应速度，与水中所含硫化物等污染物的量和水的 pH 值有关，因此应进行必要的预处理。臭氧氧化法通常与活性污泥法联合使用，先用活性污泥法去除大部分酚、氰等污染物，然后用臭氧氧化法处理。用臭氧把水中的酚氧化成为二氧化碳和水，臭氧需要量在理论上是酚含量的 7.14 倍；用臭氧氧化氰化物，第一步把氰化物氧化成微毒的氰酸盐，臭氧需要量在理论上是氰含量的 1.84 倍，第二步把氰酸盐氧化为二氧化碳和氮，臭氧需要量在理论上是氰含量的 4.61 倍。此外，臭氧还可分解废水中的烷基苯磺酸钠（ABS）、蛋白质、氨基酸、有机胺、木质素、腐殖质、杂环状化合物及链式不饱和化合物等污染物。

（3）水的脱色。印染、染料废水可用臭氧氧化法脱色。这类废水中往往含有重氮、偶氮或带苯环的环状化合物等发色基团，臭氧氧化能使染料发色基团的双价键断裂，同时破坏构成发色基团的苯、萘、蒽等环状化合物，从而使废水脱色。臭氧对亲水性染料脱色速度快、效果好，但对疏水性染料脱色速度慢、效果较差。含亲水性染料的废水，一般用臭氧 20~50mg/L，处理 10~30min，可达到 95% 以上的脱色效果。

（4）除去水中铁、锰等金属离子。铁、锰等金属离子，通过臭氧氧化可成为金属氧化物而从水中离析出来。理论上臭氧耗量是铁离子含量的 0.43 倍，是锰离子含量的 0.87 倍。

（5）除异味和臭味。地面水和工业循环用水中异味和臭味，是放线菌、霉菌和水藻的分解产物及醇、酚、苯等污染物产生的。臭氧可氧化分解这些污染物，消除使人厌恶的异味和臭味。同时，臭氧可用于污水处理厂和污泥、垃圾处理厂的除臭。

5.1.3.3　生物处理

废水中某些难降解的有机物质和有毒物质，需要运用微生物的方法进行处理，污水具备微生物生长和繁殖的条件，因而微生物能从污水中获取养分，同时降解和利用有害物质，从而使污水得到净化。废水生物处理是利用微生物的生命活动，对废水中呈溶解态或胶体状态的有机污染物进行降解，从而使废水得到净化的一种处理方法。废水生物处理技术以其消耗少、效率高、成本低、工艺操作管理方便可靠和无二次污染等显著优点而备受人们的青睐。

生物处理的方法很多，从不同的角度有不同的分类方法。可根据微生物生长方式不同，将生物处理技术分为悬浮生长法和附着生长法两大类。还可根据参与代谢活动的微生物对溶解氧的需求不同，进行分类。主要方法有：

（1）好氧生物处理。好氧生物处理是在水中存在溶解氧的条件下（即水中存在分子氧）进行的生物处理过程。好氧生物处理是城镇污水处理所采用的主要方法。

（2）缺氧生物处理。缺氧生物处理是在水中无分子氧存在，但存在如硝酸盐等化合态氧的条件下进行的生物处理过程。

（3）厌氧生物处理。厌氧生物处理是在水中既无分子氧又无化合态氧存在的条件下进行的生物处理过程。高浓度有机污水的处理常用到厌氧生物处理法。

近年来，随着氮、磷等营养物质去除要求的提高，缺氧生物处理和厌氧生物处理也广泛应用于城镇污水处理，缺氧和好氧结合的生物处理主要用于生物脱氮，厌氧和好氧结合的生物处理则主要用于生物脱磷。

相比于以上水处理技术，环境矿物材料处理污染物具有处理效果好、成本低、二次污染小、储量大、可重复使用的优点，可用于替代传统处理方法。目前，应用于环境污染治理的环境矿物材料分为天然环境矿物材料、改性环境矿物材料、复合及合成环境矿物材料和工业废弃物环境矿物材料四种。

5.2　环境矿物材料在水污染治理中的应用

许多矿物材料具有最佳的环境协调性，广泛应用于环境污染治理的各个领域中。矿物材料是以天然矿物（主要是非金属矿物，也包括金属矿物）和岩石为主要原料，以矿产资源的有效利用为目的，直接或经过加工合成后获得的制品。环境矿物材料是由矿物及其改性产物组成的与生态环境具有良好协调性或直接具有防治污染和修复环境功能的一类矿物材料，具有表面吸附、离子交换、化学活性等性能，对水中的污染物质有良好的吸附作用，并且通过改性等研究，可进一步提高其性能。

非金属矿物种类繁多、储量丰富、价格低廉，其用作环保材料具有投资少、处理效果好、二次污染小及可以重复使用等优点。目前石英、尖晶石、石榴子石、海泡石、坡缕石、膨胀珍珠岩、硅藻土及多孔 SiO_2、膨胀蛭石、麦饭石等用于化工和生活用水过滤；白云石、石灰石、方镁石、蛇纹石、钾长石、石英等用于清除水中过多的 H^+ 或 OH^-；明矾石、三水铝石、高岭土、蒙脱石、沸石等用于清除废水中有机物和金属离子。因此，包括我国在内的世界上许多国家对非金属矿物环保材料的研究与开发都非常重视。

除用作燃煤锅炉烟气脱硫的碳酸盐矿物外，非金属环保功能材料有以下相同或相似特点：（1）多为硅胶盐矿物。如硅藻土、沸石、海泡石、凹凸棒石、膨润土、蛭石、膨胀珍珠岩等，主要化学成分为 SiO_2、Al_2O_3、CaO、MgO 等，具有良好的化学稳定性。（2）具有孔或层状结构。其体层间或纳米级孔空间可以提供特殊的微化学吸附或微化学反应场所。（3）具有较大的比表面积和优良的吸附性能。如天然沸石的比表面积为 $500\sim100m^2/g$，海泡石比表面积为 $50\sim150m^2/g$，凹凸棒石比表面积为 $30\sim40m^2/g$，硅藻土的比表面积为 $20\sim100m^2/g$，蒙脱石的比表面积为 $100m^2/g$ 以上。（4）具有离子交换性特性。如膨润土、皂土、高岭土等的晶体层间有可交换的 Ca、Mg、Na、K 等金属阳离子，可在晶层间进行特殊的离子交换反应，可用于重金属废水治理。（5）具有较好的吸水性和保湿性。大多可吸收和保存自身质量的 $30\sim50$ 倍的水分，这在土壤改良和室内除湿等方面具有很好的用途。

此外，这些非金属矿物环境材料具有原料来源广泛、单位加工成本较低、加工使用过程和使用结束后对环境友好等特点，在治理水污染的新型绿色环保材料等方面研发和应用潜力巨大。"十二五"规划时期，非金属矿工业大力发展非金属矿物材料产业，调整产业与产品结构，提高资源利用率，进行由原料工业向材料工业发展方式的转变。非金属矿物材料已经成为无机非金属新材料的重要组成部分，成为"新能源、环保"等高新技术产业发展的重要支撑材料。

5.2.1 水体中物理性污染物的去除

矿物对污水的净化机理与矿物本身的性能有直接关系，主要是利用矿物表面的吸附作用、矿物孔道的过滤作用、矿物层间的离子交换作用及矿物微溶性的化学活性作用等。用矿物处理废水，方法主要包括过滤、中和、混凝沉淀、离子交换、吸附等。处理后水中所含杂质应低于规定的指标，pH 值应为中性。

5.2.1.1 过滤用矿物

凡在水中稳定，即不溶解、不电离、不与水发生反应、保持中性的矿物均可作过滤材料。为达到除去水中固体微粒等杂质的目的，过滤用矿物砂的粒度、圆度及级配有一定的要求。

常用矿物有石英、铁钛矿、尖晶石、石子石、多孔 SiO_2、硅藻土等。板柱状矿物和片状物不单独用作过滤矿物砂。纤维状矿物可作洁网材料用于化工业，不能用于过滤生活用水。

5.2.1.2 控制水体 pH 值的矿物

矿物自身的 pH 值特征，或者矿物的水解反应及活性特征，可用来消耗、清除水体中过多的 H^+ 和 OH^-，调节浅海、湖泊、河流等局部水体的 pH 值，也用以调节工业循环用水、生活用水的 pH 值。

例如，方解石、生石灰、石灰乳、水镁石、方镁石、蛇纹石、长石等矿物可用以处理酸性水（转变为中性水）。

5.2.2 水体中氮磷的去除

近年来，氨氮废水的排放造成水质污染的现象日益严重，导致了"赤潮""赤湖"等严重后果，加强氮磷废水的治理已经被提上日程。国家环保标准规定，处理后的工业废水中氨氮的含量应在 50mg/L 以下。

水体氮磷的去除主要有物理法、化学法和生物法。物理法包括吸附法、吹脱法等。化学法包括离子交换法、化学沉淀法等，主要通过与水体中的氮磷物质发生化学反应而将其去除。生物法主要是依靠硝化菌将氨态氮转化为硝态氮，反硝化菌将硝态氮转化为氮气并释放，聚磷菌厌氧释磷、好氧超量吸磷等原理来实现的。水体的温度、DO、pH 值、污染物浓度和碳源等因素对微生物的生长活性都要重要的影响，进而影响氮磷的去除效果。其中矿物材料处理氮磷污染物是物理化学过程，该方法克服了效率低、易产生二次污染、重复利用率低等缺点，具有明显的优点。近几年，沸石、膨润土、蛭石、陶粒等环境矿物应用于脱氮除磷已成为研究的热点。

5.2.2.1 沸石

沸石是一种普遍存在于火山沉积物等处的非金属矿物，在水污染治理中有以下优点：（1）储量丰富，价廉易得；（2）制备方法简单；（3）可去除水中无机的和有机的污染物；（4）具有较高的化学和生物稳定性；（5）容易再生。

沸石空间网架结构中的空腔与孔道决定了它具有较大的开放性和巨大的内表面积，孔中所含的结构可交换碱、碱土金属阳离子以及中性水分子（沸石水），脱水后结构不变，因此具有良好的离子交换、选择吸附和分子筛等功能。具有特殊骨架结构的沸石，作为一种廉价的非金属矿物资源受到世界各国越来越广泛的关注，并以其优异的吸附性和选择离子交换性被广泛应用于各种废水的处理，取得了明显的成效。有研究表明，沸石在给水和微污染水处理中，具有良好的离子选择交换性能，特别是对氨离子；沸石还是一种极性吸附剂，可以吸附极性有机物，同时沸石对细菌还有富集作用，是一种理想的生物载体；利用生物沸石反应器处理微污染原水，经长期运行测试，生物沸石反应器对氨氮、硝氮、Mn、有机物、色度、浊度平均去除率分别为 93%、90%、95%、32%、77%、72%；而沸石作为滤池滤料在去除氨氮上表现出极好的抗冲击负荷能力；沸石也可以去除饮用水中的铅和氟。在生活污水处理中，沸石可以强化活性污泥对有机物和氨氮的去除率；在工业污水处理中，沸石对阳离子的选择吸附性能可用于去除工业废水中的 NH_4^+ 物质。

国内外对于沸石法去除废水中氨氮开展了大量研究，均得到了较好的处理效果。如袁俊生等利用斜发沸石处理氨氮废水，在废水浓度 pH = 5 的条件下，平均交换容量达到 12.96mg/g 沸石，且交换容量随 pH 值的增大而降低；高速、低温有利于吸附，低速、高温有利于洗脱；循环试验显示，处理后废水浓度由 246mg/L 降到 21.3mg/L，氨氮去除率达 91.3%，达到了国家排放标准。

5.2.2.2 膨润土

膨润土具有强的吸湿性和膨胀性，可吸附 8~15 倍于自身体积的水量，体积膨胀可达数倍至 30 倍；在水介质中能分散成胶凝状和悬浮状，这种介质溶液具有一定的黏滞性、触变性和润滑性；有较强的阳离子交换能力；对各种气体、液体、有机物质有一定的吸附能力，最大吸附量可达 5 倍于自身的重量；它与水、泥或细沙的掺和物具有可塑性和黏结性；具有表面活性的酸性漂白土（活性白土、天然漂白土-酸性白土）能吸附有色离子。

膨润土可用于废水氮磷处理中。王趁义等针对养殖废水污染物浓度低的特点，采用正交实验方法，以氮磷的去除率为指标，分别实验研究了钠基膨润土、原位柱撑膨润土（PMCs）、铜改性膨润土、溴化十六烷基三甲铵（CTMAB）改性膨润土以及聚合氯化铝

（PAC）等在不同的矿物投加量、搅拌时间和 pH 值条件下处理模拟养殖水的效果。综合考虑相关因素，确定了上述五种净水剂处理氮浓度为 0.5mg/L、磷浓度为 2mg/L 的模拟养殖水的最优条件分别为：钠基膨润土，投料 3g，搅拌 20min，pH 值为 7；PMCs，投料 0.3g，搅拌 30min，pH 值为 7；铜改性膨润土，投料 0.5g，搅拌 40min，pH 值为 5；CTMAB 改性膨润土，投料 0.3g，搅拌 40min，pH 值为 7；PAC，投料 0.1g，搅拌 20min，pH 值为 7。从氮磷的去除结果看，五种净水剂对 PO_4^{3-}-P 的吸附明显优于 NO_3^--N。刘子森等人采用改性膨润土（MB）作为原位物理化学吸附材料，并将其与沉水植物 V. spiralis 联合应用于杭州西湖沉积物磷处理，首次探讨 MB 与 V. spiralis 联合作用对沉积物各形态磷的吸附效果，以期实现富营养化湖泊沉积物磷高效脱磷，对充分发挥黏土矿物和沉水植物协同作用、有效控制富营养化湖泊内源磷污染问题有重要的理论和实际意义。该研究结果表明，MB 可以促进沉水植物 V. spiralis 的生长，V. spiralis 可能通过根系分泌作用促进溶磷或是通过促进根际微生物群落的 P 代谢活性增加沉积物中的生物可利用性 P 含量。

5.2.2.3　蛭石

蛭石的晶体结构由三个基本结构层组成的结构单元层堆置而成，每个结构单元层中，上下两个基本层均为硅氧四面体，中间为硅氢氧铝镁层，层间具有水分子及可交换性阳离子。蛭石有较高的层电荷数，故具有较高的阳离子交换容量和较强的阳离子交换吸附能力。其特点是质轻，水肥吸附性能好，不腐烂，可使用 3~5 年（不像腐殖土、椰子壳衣等容易腐烂）。蛭石的这种结构特点使其对 NH_4^+ 具有较高的选择性。

已经有很多学者对蛭石的磷吸附性能进行了广泛的研究及试验。袁东海等通过磷等温吸附与饱和吸附后释放磷试验，研究了高岭土、蒙脱土、凹凸棒土、蛭石和沸石对溶液中磷的吸附效果及其影响因素。结果表明，蛭石的磷理论饱和吸附量最大，为 3473mg/kg，其他依次为凹凸棒土、蒙脱土和沸石。高岭土的磷理论饱和吸附量最低，为 554mg/g。影响黏土矿物对磷理论饱和吸附量的主要因素是钙含量和胶体氧化铁及氧化铝的含量，而 pH 值、阳离子交换量和比表面积对磷理论饱和吸附量影响不大。LeeT 等以蛭石（EV）为原料制备的悬浮吸附剂，对其去除水溶液中磷酸盐的能力进行了测试。改性蛭石（MEV）的 EV/甘油比为 1/4，其中甘油含有 4%（摩尔分数）的硫酸，加热至指定温度。对于分别在 580℃和 380℃下加热的 MEV，获得了 58.6m^2/g 的最高比表面积和 62.2%的碳含量。MEV 的干密度从 1.78g/cm^3（EV）下降到 0.25g/cm^3，表明该吸附剂具有漂浮特性。380℃加热的 MEV 显示最高的 Freundlich 分配系数为 45.7L/kg，最高的 Langmuir 吸附能力为 714.3mg/kg（对于 MeV-580 为 476.2mg/kg，对于 MeV-780 为 181.8mg/kg）。用伪二阶模型很好地解释了 380℃加热的 MEV 去除磷酸盐的过程，模型参数与其他磷酸盐吸附试验相当。

相关研究表明，钙型蛭石用量增加，对氨氮的交换容量逐渐增大。当蛭石用量增加到 5g 时，交换趋于平衡，继续增加蛭石用量，交换容量增加不明显，随着蛭石用量的增加，提供的交换位逐渐增多，则交换容量逐渐增大，而当蛭石的量增加到一定程度时，继续增加蛭石的用量时，溶液中的氨氮不会再发生变化，会达到一个动态平衡。根据能量和质量守恒定律，当溶液中氨氮下降到一定程度的时候，会造成氨氮向蛭石内部迁移使得进行交换反应所需的动力不足，这样溶液中的氨氮不会再被吸附，溶液与结合蛭石表面的浓度会达到一个相对平衡，所以应结合实验的结果来确定蛭石的最佳用量。钙型蛭石对铵根离子的全交换容量在 pH 值为 7 时最高，为 71.89mmol/100g。可以得出，在环境领域钙型蛭石的阳离子交换具有反应速率快的特点，在交换的初始阶段（10~60min）交换容量随时间显著上升，此后趋于平缓，可以在 300min 内达到平衡，且对 NH_4^+ 有较高的交换选择性。由于交换过程为放热反应，随着温度的升高其交换能力反而减弱。

5.2.2.4 陶粒

对于废水的脱氮除磷，陶粒有其显著的作用。以天然陶土为主要原料，加适量的化工原料，可以生产出一种较理想的水处理滤料——球形轻质陶粒。用于曝气生物滤池处理城市废水的试验表明，陶粒滤料为球形表面，密度小，易清洗，成本低廉，废水处理效果极佳，且这种滤料具有很高的处理率，强度大、孔隙率大、比表面积大、化学稳定性好、生物附着力强、膜性能良好、水流流态好，反冲洗容易的优点。陶粒处理生活废水中的氨氮有较好的效果，陶粒有利于硝化菌在其表面生长，固定获得较高的硝化菌浓度，有较强的氨氮去除效果，应用膨胀粒滤料可有效地解决铵盐排放问题。这种滤料有持续的生物再生能力。有研究人员经过 10 个月的持续运行，发现陶粒的净化效果依然很好，氨氮去除率为 $0.4kg/(m^3 \cdot d)$。

江萍等将陶粒用于曝气生物滤池中，发现 COD 的去除率大于 85%，BOD 去除率大于 90%。耿土将陶粒用于厌氧滤池填料，处理炼油废水，悬浮物浓度在 1~3mg/L 以下，对油类去除率达到 16.7%，对 COD 去除率达到 33%。张抖民等研究发现陶粒柱的浊度平均去除率为 6.44%，高锰酸钾去除率为 51.64%，含氮污染物氨氮、硝酸盐去除率分别为 91.5% 和 98.12%。陶粒过滤后对后工序的滤膜处理，有减轻超滤膜污染、维持高比流量的重要作用。

含黏土陶粒的沸石滤料因为对铵盐有离子交换能力，氨氮去除负荷为 $0.65kg/(m^3 \cdot d)$。该陶粒中含有一定的 CaO、Al_2O_3 和 Fe_2O_3 等。CaO 对磷（P）有沉淀作用，Al_2O_3 和 Fe_2O_3 有吸收 P 的能力，Ca-A-Fe 复合氧化物是重要的磷（P）吸收材料。有人采用回转窑在 1200℃ 烧成的球状陶粒做了吸收磷（P）的实验，发现最高吸收率可达 3465mg/kg。P 吸收能力和陶粒的化学性质有很大关系，包括总金属含量，阳离子交换能力，可溶于草酸的 Fe 和 Al 等。总金属含量和 P 吸收能力关系最为密切，在主要的四种金属 Mg、Ca、Fe、Al 离子中，Ca 离子含量和 P 的吸收能力关系最为密切。

5.2.3 水体中重金属的去除

随着现代工业的发展，选矿、冶金、化工、电镀等行业排放的废弃物常常导致土壤和水体重金属污染，对人类的健康造成威胁。生物毒性显著的 Hg、Cd、Pb、Cr、As 和具有毒性的 Zn、Cu、Co、Ni 等重金属污染物不能被生物降解，倾向于在活的有机体中富集，在人体内能和蛋白质及各种酶发生强烈的相互作用，使它们失去活性，如果超过人体所能耐受的限度，会造成人体急性中毒、亚急性中毒、慢性中毒等，对人体会造成很大的危害。

治理重金属污染的传统技术有化学沉淀、渗透膜、离子交换、活性炭吸附等，但这些方法普遍成本较高。利用来源于地质体表面和矿山废弃物的矿物材料治理重金属污染，具有材料来源广、价廉、节能、去除率高等优点，可为重金属污染治理提供新的解决方案，有效解决以往治理方案中存在的不足，正在引起国内外环境工程界的广泛关注。目前，采用天然矿物材料，如电气石、膨润土、沸石、珍珠岩、硅藻土、蛭石、海泡石、磷灰石等在重金属污染治理方面进行了大量的研究，并取得了一些卓有成效的进展与成果。

环境矿物材料在重金属污染治理中的应用主要有以下三个方面：

（1）污水处理工艺末段。在常规污水处理工艺的末段加入环境矿物材料作为吸附剂的处理工艺，可以有效解决常规污水处理工艺难以处理的重金属污染问题，而且操作简单，成本较低。

（2）稳定化试剂。在土壤重金属污染治理中，利用环境矿物材料吸附重金属的特性，将重金属吸附在环境矿物材料中，不仅可以达到减少重金属污染物的扩散，防止进一步对地下水污染的目的，而且可以减少农作物对重金属污染物的吸收，实现对重金属污染物的稳定化，从而达到治理目的。

（3）渗透反应墙的填充剂。在渗透反应墙中，往往需要填充大量的填充剂。环境矿物材料的应用，不仅可以有效降低人工制造的填充剂所带来的高成本问题，而且具有绿色环保、成本低的优点。

目前各种类型的环境矿物材料包括非金属矿物材料中的硅酸盐、磷酸盐，以及金属矿物材料中的铁矿、锰矿等矿物材料都得到了研究。以下主要介绍几种环境矿物材料对生物毒性显著的重金属离子 Cr^{6+}、Cd^{2+}、Pb^{2+}、As^{3+}、Cu^{2+} 的治理。

5.2.3.1 对铬的去除

铬是一种毒性很大的重金属，离子有一价、三价、六价三个价态，其中六价铬的毒性最大。Cr^{6+} 容易进入人体细胞，对肝、肾等内脏器官和 DNA 造成损伤，在人体内蓄积具有致癌性并可能诱发基因突变。

去除水中铬离子的方法很多，如吸附、化学沉淀、离子交换、过滤、膜技术等，其中，吸附法能较好地适应水量水质变化，操作简单，价格低廉，且吸附剂易于再生，不易造成二次污染。对于 Cr^{6+} 的去除，硅藻土、碳酸盐矿物、沸石、海泡石等环境矿物材料都有很好的效果。

硅藻土是一种生物成因的硅质沉积岩，具有多孔性、低密度、大的比表面积及良好的吸附性，并且还具有相对不可缩性和化学稳定性等理化特性，其表面为大量的硅羟基所覆盖并有氢键存在，这些羟基基团是使硅藻土具有表面活性、吸附性以及酸性的本质原因。硅藻土处理城市污水技术是一项物化法污水处理技术，高效的改性硅藻土污水处理剂是该技术的关键，该技术可实现高效、稳定而又廉价地处理城市污水的目的。靳翠鑫等人采用 $MgCl_2 \cdot 6H_2O$ 作为镁源，$NH_3 \cdot H_2O$ 作为沉淀剂，十六烷基三甲基溴化铵（CTAB）作为模板剂，以水热法在硅藻土表面原位生长纳米花状 $Mg(OH)_2$，随反应时间增加，转变成单斜晶系网状结构 $Mg_3Si_4O_{10}(OH)_2$ 纳米花。采用扫描电子显微镜（SEM）、透射电子显微镜（TEM）、X 射线衍射（XRD）、氮气吸附-脱附测试、傅里叶红外光谱（FT-IR）、X 射线光电子能谱（XPS）等测试手段对样品进行了表征，结果显示：反应时间为 0.5~2h 时硅藻土表面以生长 $Mg(OH)_2$ 为主，样品的比表面积为 $180m^2/g$；反应时间至 3h 时，硅藻土表面 $Mg(OH)_2$ 转化成网状结构 $Mg_3Si_4O_{10}(OH)_2$，样品比表面积增大到 $350m^2/g$，此复合结构对 Cr^{6+} 最大吸附量可达 570mg/g。性能测试表明，对 Cr^{6+} 的最大吸附容量分别为 430mg/g、570mg/g。在 pH=3~5、7~9 范围内，对 Cr^{6+} 去除效率可达 99.95%，因此获得的镁基氧化物/硅藻土复合结构在 Cr^{6+} 离子去除中具有较大的应用潜力。

　　碳酸盐矿物是土壤、沉积岩和地表各类沉积物中重要的矿物之一，在防治重金属污染方面有重要的作用。其中，方解石在调节环境水体质量和控制重金属元素的迁移与转化中，扮演着极为重要的角色。王晖等人发现碳酸盐矿物方解石和菱镁矿对含铬废水具有较好的净化效果，特别是采用含 $MgCO_3$ 的菱镁矿，在较低用量下（$2kg/m^3$）即可有效处理浓度 100~900mg/L 的含铬废水，去除率达 99.6% 以上。

　　沸石不仅对含氮物质有净化效果，在重金属去除方面也有不容小觑的作用。为了净化含 Cr^{6+} 离子的污水，李琳等制备了 Fe_3O_4/沸石/石墨三元复合材料，测试了其对 Cr^{6+} 离子的吸附特性，发现时间对 Cr^{6+} 离子吸附率的影响非常明显，随着吸附时间的增长对 Cr^{6+} 离子的吸附量明显增加，3h 接近饱和，6h 吸附率最高（为80.2%），充分发挥了 3 种原材料各自的优点而提高了吸附速度。该三元复合材料具有制备简单、成本低、重复利用率高、吸附性能好等优点，可能成为广泛应用的新型吸附材料。

　　海泡石是一种层状的硅酸盐黏土矿物，结构单位层间孔道开阔，在其通道和孔洞中可以吸附大量的水或极性物质，包括低极性物质，因此海泡石具有很强的吸附能力。强吸附性以及可处理改善的大比表面，使之具备作催化剂载体的良好条件。海泡石的一些表面性质（如表面酸性弱、镁离子易被其他离子取代等），使其本身也可用作某些反应的催化剂。故海泡石不仅是一种很好的吸附剂，而且是一种良好的催化剂和催化剂载体。杨明平等人对海泡石处理含铬废水进行了实验研究，结果表明天然海泡石经改性后对 Cr^{6+} 有很强的去除能力；在 pH 值为 3~6、Cr^{6+} 质量浓度为 0~35mg/L 条件下，1L 废水加入 2.0g 改性海泡石进行静态吸附 12h，Cr^{6+} 的去除率达到 99.5%。该方法工艺简单、成本低，无二次污染。郭添伟等研究了用稀盐酸在一定条件下对海泡石进行改性处理，并用改性海泡石对含铬工业废水进行了吸附实验，结果表明用改性海泡石处理景德镇某厂含铬电镀工业废水，调节溶液 pH 值为 5，温度为 20℃，吸附时间为 8h，对 Cr^{6+} 的去除率达 98% 以上；处理后废水中 Cr^{6+} 的质量浓度为 0.15mg/L，达到国家排放标准。

5.2.3.2　对镉的去除

　　镉毒性很大，可在人体内积蓄，主要积蓄在肾脏，引起泌尿系统的功能变化。镉主要来源有电镀、采矿、冶炼、燃料、电池和化学工业等排放的废水，废旧电池中镉含量较高，也存在于水果和蔬菜中，尤其是蘑菇，在奶制品和谷物中也有少量存在。

　　目前，已有许多技术用于去除环境中的镉，目前对含镉废水的处理方法有化学沉淀法、漂白粉氧化法、离子交换法等，但是这些传统的处理方法普遍存在二次污染、成本高、处理效果不理想等问题。近几年来，黏土矿物由于来源广泛、成本低廉和无二次污染，且具有比表面积大、阳离子交换量高、吸附性能强、化学稳定性强等特点，已逐渐成为新型高效吸附材料开发的热点，膨润土、海泡石对有毒重金属镉有很好的吸附效果，此外碳酸盐矿物也能高效吸附重金属镉。

　　碳酸盐矿物是金属阳离子与碳酸根相结合的化合物。陈森等人采用天然碳酸盐矿物（方解石、白云石）作为吸附剂去除废水中的 Cd^{2+}，试验了废水中 Cd^{2+} 初始浓度、pH 值、反应时间、温度及吸附剂粒径等因素对 Cd^{2+} 去除效果的影响。结果发现 Cd^{2+} 初始浓度、pH 值、反应时间对 Cd^{2+} 的去除率影响显著：Cd^{2+} 初始浓度为 3.2mg/L 时，方解石、白云石对 Cd^{2+} 去除率达到 96.53%、95.42%，但随着初始浓度的增加去除率降低；当 Cd^{2+} 废水 pH 值为 7.0 时，方解石、白云石对 Cd^{2+} 的去除率分别为 95.0%、99.44%，酸性条件下

Cd^{2+}的去除率较低；去除率随反应时间增加而增加，当反应时间为24h时，方解石、白云石对 Cd^{2+} 去除率达到98.1%、95.7%。陈森还利用去离子水、0.01mol/L 的 HCl、NaOH、NaCl 分别进行解吸试验，结果表明：不同解吸剂对方解石、白云石中 Cd^{2+} 解吸率都较低，分别为0.16%、2.40%、0.18%、0.17%和0.29%、9.62%、0.17%、0.39%；Cd^{2+} 能被方解石及白云石稳固地吸附；方解石、白云石对 Cd^{2+} 的等温吸附线符合 Freundlich 和 Langmuir 模式，最大吸附量分别为7.709mg/g、10.546mg/g。

膨润土是一种粉末状黏土，主要组成矿物蒙脱石占60%，蒙脱石的独特晶体结构使其对重金属离子有良好的交换性和选择吸附性，同时膨润土颗粒表面还可以形成水合氧化物覆盖层，有利于配合吸附重金属离子。

海泡石具有较大的理论表面积，具有高效吸附重金属的能力。杨胜科等对海泡石去除废水中镉离子的方法进行了实验探讨，结果表明海泡石对去除水中的镉离子具有较好的作用，可以将含 Cd^{2+} 10mg/L 的水净化至 0.1mg/L 以下，去除率达到了99%以上；海泡石与含 Cd^{2+} 溶液的作用时间、海泡石用量、水中 Cd^{2+} 浓度以及酸度等因素都会影响吸附和离子交换共同作用；海泡石去除 Cd^{2+} 的机理是基于吸附和离子交换共同作用。海泡石用量、作用时间、水中 Cd^{2+} 浓度及酸度等因素都会影响海泡石对溶液中 Cd^{2+} 的去除效果，其中 pH 值是影响吸附作用的重要因素，pH 值≥4的弱酸性和中性条件下吸附效果好。

5.2.3.3 对铅的去除

铅是可在人体和动物组织中积蓄的有毒金属，主要来源于各种油漆、涂料、蓄电池、冶炼、五金、机械、电镀、化妆品、染发剂、釉彩碗碟、餐具、燃煤、膨化食品、自来水管等。它通过皮肤、消化道、呼吸道进入体内与多种器官亲和，主要毒性效应是贫血症、神经机能失调和肾损伤，易受害的人群有儿童、老人、免疫低下人群。

化学上传统的除铅方法有沉淀法、凝聚法、吸附法、离子交换法，过程操作复杂，易产生二次污染。环境矿物材料便宜易得，成本低，去除效果好，近年来受到人们的关注，对于 Pb^{2+} 的去除，滑石、电气石、海泡石等环境矿物材料都很好的效果。

滑石是一种常见的硅酸盐矿物，它是一种单斜晶系的三八面体层状硅酸盐矿物，具有很好的化学稳定性和疏水性，由于它的单元层内电荷平衡、结合牢固且单元层间靠微弱的分子键连接，无其他阳离子，滑石是一种不带层电荷的层状硅酸盐。利用滑石的吸附作用处理重金属废水的理论依据有以下两点：一是液相吸附理论，同活性炭相似，滑石跟溶剂微弱的亲和力主要取决于滑石的天然疏水性；二是滑石表面的活性官能团。魏林利用动态吸附实验方法发现滑石对水溶液中的重金属离子 Cu^{2+}、Pb^{2+}、Cd^{2+} 具有良好的吸附效果，3种重金属离子的等温线均符合 Langmuir 和 Freundlich 的吸附等温线，尤其与 Freundlich 吸附等温式的符合情况更好，当3种重金属离子初始浓度（100mg/L）相同时，通过实验并综合离子半径和离子水化的性能，滑石对重金属 Cu^{2+}、Pb^{2+}、Cd^{2+} 的吸附性能表现为 Pb^{2+} > Cu^{2+} > Cd^{2+}。

电气石由于具有热电性及压电性，容易因静电效应而带电，因而得名。有研究表明，电气石对 Pb^{2+}、Cu^{2+}、Zn^{2+} 的吸附符合 Langmuir 和 Freundlich 吸附等温式，对 Pb^{2+}、Cu^{2+}、Zn^{2+} 的饱和吸附量顺序是 Cu^{2+}、Pb^{2+}、Zn^{2+}。有研究发现，电气石微粒表面存在电场，能够影响电子转移，使水分子解离，电气石表面有大量的不饱和键，在溶液中与水配位，使水解离成羟基，在溶液中与重金属阳离子生成表面配位化合物发生吸附。

　　罗道成等研究了改性海泡石对废水中 Pb^{2+}、Hg^{2+}、Cd^{2+} 的吸附性能，结果表明改性海泡石对重金属离子 Pb^{2+}、Hg^{2+}、Cd^{2+} 具有较强的吸附作用；在 20℃、滤速为 5mL/min、pH值为 5 时，质量浓度分别为 100mg/L 的 Pb^{2+}、Hg^{2+}、Cd^{2+} 溶液，经改性海泡石吸附后，其去除率均达 98% 以上。金胜明等用一种酸性水溶液对海泡石进行表面处理，结果表明，酸度、温度、固液比和酸介质种类对海泡石的比表面积和孔容影响大；改性后的海泡石对含 Pb^{2+}、Cd^{2+}、Hg^{2+} 重金属离子的废水进行处理，结果表明，改性海泡石对 Pb^{2+}、Cd^{2+}、Hg^{2+} 有很好的吸附能力，处理后的废水中重金属离子含量低于国家标准中容许的最高排放浓度。

5.2.3.4　对砷的去除

　　砷元素广泛存在于自然界，已被发现的砷矿物共有数百种。砷与其化合物被运用在许多种合金中。单质砷无毒性，砷化物具有较大的毒性且在农药、除草剂、杀虫剂等工农业生产中被广泛应用。砷对环境的污染特别是对水质的污染已引起了全世界环境科学工作者的普遍关注。三价砷比五价砷毒性大，其化合物三氧化二砷被称为砒霜，是种毒性很强的物质，有机砷与无机砷毒性相似。

　　现在国内砷去除方法很多，传统的有化学沉淀法、氧化还原法、絮凝法、离子交换树脂法、生物法等，但这些方法存在投资大、运行成本高、操作管理麻烦，并且会产生二次污染和不能很好地解决金属和水资源再利用等问题。目前在实际运用中采用较多的是吸附法，吸附法因其材料便宜易得，成本低，去除效果好而一直受到人们的青睐。吸附技术的核心在于吸附剂，以铁氧化物、铝氧化物、锰氧化物及其复合氧化物为活性组分的材料被广泛报道用于除砷。

　　铁的硫化物矿物属于硫化物大类，主要有黄铁矿和磁黄铁矿两种。硫化物矿物的表面性质研究是一个比较重要的问题，它作为尾矿库中最常见的矿物类型，与尾矿库的环境污染存在密切联系。在自然条件下，硫化物矿物的表面反应主要包括表面溶解、表面氧化、表面重金属释放和吸附。

　　王延明以天然黄铁矿和磁黄铁矿为吸附剂，通过静态实验和动态实验考察了黄铁矿和磁黄铁矿对砷的吸附效果，研究发现在 25℃ 时黄铁矿和磁黄铁矿对砷的吸附在 6h 都能达到平衡，平衡时砷的去除率都大于 95%。王强研究了赤铁矿（Fe_2O_3）对三价砷离子的吸附实验，结果表明：随着砷离子初始浓度的增大，溶液中 As(V) 的浓度也逐渐增大，也就是说氧化量在增大；温度升高有利于赤铁矿对砷离子的吸附；在 pH=8 吸附时效果最好，pH=6 时氧化量达到最大。马红梅采用 $FeCl_3$ 强迫水解法制备 β-FeO(OH) 作为吸附材料，研究了其对水体中微量 As(V) 的去除效果，结果表明，在较宽的酸性范围（pH3.5~7.0）都能有效吸附砷，最大静态吸附容量为 23.42mg/g。李连香通过静态和动态吸附脱附试验，研究 FeO(OH) 吸附剂的除砷性能，研究结果表明，其对 As(V) 吸附性能良好，在配水条件下，最大吸附容量可达 13.7mg/g；具有较宽的 pH 值适用范围（3.0~9.0），最佳吸附 pH 值为 4.0。

5.2.3.5　对铜的去除

　　铜主要污染来源是铜锌矿的开采和冶炼、金属加工、机械制造、钢铁生产等。冶炼排放的烟尘是大气铜污染的主要来源。对于 Cu^{2+} 的去除，蒙脱石、海泡石、沸石等环境矿物材料都有很好的效果。

　　蒙脱石是一种具有较大比表面积的土矿物,因此可以通过吸附作用处理废水中的重金属离子。赵徐霞以提纯钠化后的蒙脱石(Na-mnt)为吸附剂,在对其进行性能表征的基础上,进行了 Cu^{2+} 吸附试验,考察了 Cu^{2+} 初始浓度、溶液的初始 pH 值、吸附温度及吸附时间对 Cu^{2+} 吸附的影响。结果表明随着 Cu^{2+} 初始浓度的提高,Na-mnt 对 Cu^{2+} 的吸附量增大;吸附量随着温度的升高而下降,表明该吸附过程属于放热反应; Cu^{2+} 溶液的初始 pH 值对 Na-mnt 吸附 Cu^{2+} 的影响很大,弱酸性环境有利于 Na-mnt 对 Cu^{2+} 的吸附。XRD 和 SEM 分析表明,Na-mnt 具有较大的比表面积及孔径,有利于对铜离子的吸附,对 Cu^{2+} 的吸附过程遵循拟二级动力学模型。肖燕萍等研究制备了海藻酸钠(SA)和蒙脱石(Mt)联合负载型纳米零价铁(SA/Mt-nZVI),探究其对水中 Cu^{2+} 的去除效果并考察了 Cu^{2+} 初始浓度、pH 值对去除率的影响。结果表明:以 2%(质量分数)SA 和 6%(质量分数)Mt-nZVI 条件制备的 SA/Mt-nZVI 小球对 Cu^{2+} 处理效果好,反应 24h 后,SA/Mt-nZVI 小球对初始浓度为 40mg/L 的 Cu^{2+} 去除率达到 92.11%;与游离的 Mt-nZVI 颗粒相比,其活性并未降低; Cu^{2+} 的去除率随其初始浓度升高而降低;在 pH 值为 2~6 之间, Cu^{2+} 去除率随 pH 值升高而升高;SA/Mt-nZVI 小球可有效净化污水中的 Cu^{2+} ,将其重复使用 3 次后,对 Cu^{2+} 的去除率仍维持在 59.52%。同时该材料还避免了蒙脱石负载型纳米零价铁(Mt-nZVI)在使用中易随水迁移造成出水水质混浊和零价铁流失的缺点。

　　海泡石经改性后其网状孔径变大,表面更多的酸基暴露,这些羟基和水分子可与重金属离子配合,或重金属离子与改性海泡石中可交换的阳离子发生离子交换反应。刘雪采用液相还原法制备海泡石负载纳米零价铁(S-nZVI),并研究其对 Cu(Ⅱ)、Zn(Ⅱ)的去除效果。同时,利用比表面积与孔径分析(BET)、透射电子显微镜(TEM)、X 射线衍射(XRD)对制备出的材料进行表征,研究 pH 值、S-nZVI 投加量、重金属离子溶液初始浓度对去除率的影响,拟合 S-nZVI 材料去除 Cu(Ⅱ)、Zn(Ⅱ)的动力学模型和吸附等温模型,并对反应后的 S-nZVI 进行回收及再生。结果表明,液相还原法可以成功制备出 S-nZVI,且颗粒分布均匀。在 60min 左右,S-nZVI 对 Cu(Ⅱ)、Zn(Ⅱ)的去除达到平衡。Cu(Ⅱ)、Zn(Ⅱ)的去除率随着 pH 值的升高而升高。当 Cu(Ⅱ)、Zn(Ⅱ)溶液初始浓度为 20mg/L 时,最佳 S-nZVI 投加量分别为 0.030g、0.050g,此时去除率分别为 98.98%、98.97%。当 Cu(Ⅱ)浓度为 90mg/L 时,S-nZVI 材料对 Cu(Ⅱ)的去除量最大,为 127.57mg/g;对 Zn(Ⅱ)来说,当浓度为 110mg/L 时去除量最大,为 109.13mg/g。重金属的去除过程符合准二级动力学模型和 Langmuir 吸附等温模型。S-nZVI 可通过外加磁场进行回收,5 次再生处理后其对 Cu(Ⅱ)、Zn(Ⅱ)的去除率仍维持在 96.84%、80.25%。实验结果显示,S-nZVI 在废水除 Cu(Ⅱ)、Zn(Ⅱ)领域具有很好的应用前景。

　　沸石因原料来源和生产工艺简单等原因在污水处理中被广泛应用。粉煤灰是燃煤电厂排放量比较大的固体废弃物,化学成分主要是氧化硅和氧化铝,与天然沸石的组成类似。因此,利用粉煤灰为原料,制备沸石的研究引起了关注。王凯以粉煤灰(fly ash,FA)为原料采用水热合成法制备粉煤灰基沸石(fly ash zeolite,FAZ),通过 Na_2SiO_3 进行改性,制备了粉煤灰基沸石负载二氧化硅的铜离子吸附剂(fly ash zeolite loaded silica,FAZS),利用 X 射线粉末衍射(XRD)、扫描电镜(SEM)和氮气吸附孔径分布(BET)进行表征。以铜离子为吸附模型离子,考察了 pH 值、吸附剂用量和吸附时间等因素对吸附量的影响。结果表明,FAZS 对 Cu^{2+} 具有较好的吸附能力;在 298K 时,FAZS 对 Cu^{2+} 的吸附符合准二级动力学模型且为化学吸附过程，在80min内基本达到吸附平衡，最大吸附量高达127.4mg/g，Langmuir等温吸附数学模型能比较好地拟合FAZS对Cu^{2+}的吸附，热力学数据说明该吸附是吸热、自发的过程。

5.2.4 水体中有机污染物的去除

随着化学工业及其相关产业的高速发展，含难生物降解有机污染物的工业废水种类和数量日益增多，对生态环境和人类健康的危害也日益严峻，尤其是化工、医药、农药、造纸和冶金等行业。由于经济和技术方面的原因，采用传统的废水处理技术如物理法、化学法和生化法已不能满足越来越高的环保要求，探索高效、经济的方法处理高毒性和难生化降解有机废水已成为化学界和环保领域重要的研究课题，目前矿物材料的应用受到越来越多的关注。

矿物材料在有机废水中的应用主要包括在印染废水（罗丹明B、亚甲基蓝、活性艳红、耐酸大红）、油田废水、造纸废水等方面的应用。

5.2.4.1 膨润土

膨润土除了用于含磷废水的处理，还可用膨润土处理水中有机污染物。由于天然膨润土存在着大量可交换的亲水性无机阳离子，使膨润土表面通常存在一层薄的水膜，因而不能有效地吸附疏水性有机污染物。通常采用某种有机阳离子，通过离子交换或改性后可作吸附剂处理各类有毒和难生物降解的有机物。有机改性膨润土去除水中有机物的能力比原土高几十至几百倍，而且可以有效地去除低浓度的有机污染物。

近年来，国内外在这方面开展了大量研究。如利用季铵盐等阳离子表面活性剂与钠型蒙脱石作用，经过离子交换将这些体积较大的有机正离子引入层间，再通过离子交换作用和表面活性剂脂肪链的萃取作用吸附有害的有机污染物。有研究表明，改性蒙脱石对水中的苯酚、2-硝基苯酚、3-硝基苯酚和4-硝基苯酚的亲和力顺序为：3-硝基苯酚≈4-硝基苯酚>2-硝基苯酚>苯酚。F. A. Banat等人研究了天然膨润土对酚的吸附性能，结果表明，天然膨润土不能有效地吸附疏水性有机污染物，通过对天然膨润土进行改性可明显改善其对有机污染物的吸附性和离子交换性能。此外，经过改性处理制得的有机膨润土是由有机覆盖剂以其价键、氢键、偶极及范德华力与膨润土结合而成的有机复合物，其中长碳链有机阳离子取代了蒙脱石层间的无机离子，使层间距扩大，既增强了吸附性能，又具有了疏水性，对水中的乳化油有很强的吸附性和破乳作用，极少量的有机膨润土就有较高的除油率。另外，用有机膨润土净化工业乳化油废水，处理条件宽、技术要求低、出水水质稳定，非常适于乳化油废水的深度处理。

5.2.4.2 凹凸棒石

凹凸棒石黏土是一种含水富镁硅酸盐黏土矿物，具有独特的链式结构，层内贯穿孔道，表面凹凸相间布满沟槽，因而具有较大的比表面积和不同寻常的吸附性能，吸附脱色能力强。无论是在吸附过程中，还是在污水处理中，凹凸棒石黏土都可以再生，它耗能少，对环境保护非常有利。凹凸棒石黏土选择吸附能力大小的次序为：水>醇>酸>醛>正烯烃>中性脂>芳香烃>环烷烃>烷烃、直链烃>环烷烃>烷烃，直链烃比支链烃吸附得快，吸附选择性对油脂的脱色有重要的作用，此外在其他分离过程中也有较大的工业价值。

水净化的常规方法是经过絮凝、沉淀、过滤和化学处理，一般能有效地除去大多数污染物和杀死大多数微生物，但不能很有效地去除诸如激素、农药、病毒、毒素和重金属离子等物质，这些有害物质仍留在水源中，给人造成危害。而凹凸棒石黏土可通过接触或过滤技术处理水，可以消除这些有害物质。若使吸附污染物的凹土再生，可加热或以化学剂加以处理。因此，凹土在污水处理中的应用对保护生态环境、保证人类的健康可起到重要作用。

　　天然凹凸棒石及活化后的凹凸棒石是优良的吸附剂，它不仅吸附 Cu^{2+}、Pb^{2+} 等金属阳离子，此外还吸附包括润滑油脂、醇、醛、芳香烃链等的大分子量化合物和大团块的微菌霉素等。通过有机改性处理后，其在印染废水、油脂等有机物的净化处理方面具有较大的应用潜力。彭书传等人用溴化十六烷基三甲铵（CTMAB）将凹凸棒石黏土改性后，一定条件下，对水中酚去除率达到 88.5%，硅藻土通过有机或无机改性修饰同样可以将其运用到各种有机废水治理中。黄健花等利用 OTMAC（十八烷基三甲基氯化铵）改性的凹凸棒石对水体中苯酚的吸附效果进行了研究，并对影响吸附去除的因素如接触时间、温度等进行了探索，发现 OTMAC 改性的凹凸棒石可以作为水体中苯酚的去除剂。

5.2.4.3　石墨

　　石墨的工艺特性主要取决于它的结晶形态。结晶形态不同的石墨矿物，具有不同的工业价值和用途。石墨可分为天然石墨、人造石墨、块状石墨、鳞片石墨、隐晶质石墨 5 种。天然石墨是碳的自然元素矿物，经特殊的热处理可将其制成表面积极大、密度很低，能完全浮在水上的膨胀石墨。膨胀石墨材料内部孔隙非常发达、孔体积较大，是一种性能优异的吸附剂。研究表明，膨胀石墨对浮油具有良好的吸附性能，对原油的吸附量可达 70g/g，然后可通过压缩回收原油，重复操作也能使石墨重复使用。

　　郑艳银采用改性 Hummers 法首先制备了改性石墨烯分散液，然后采用匀胶法制备了改性石墨烯薄膜，以亚甲基蓝作为目标降解物，在可见光下研究了改性石墨烯薄膜的光催化性能；研究了不同热处理工艺对改性石墨烯薄膜光催化性能的影响，初步探究了其可见光光催化机理；最后将改性石墨烯薄膜光催化应用于不同城市污水的处理中。研究结果表明最终该薄膜对亚甲基蓝的 4h 光降解率可达到 35.3%；材料表征表明该改性石墨烯中存在大量含氧官能团；该改性石墨烯氧化程度很高，具有很高的活性；改性石墨烯及其薄膜对城市严重富营养化的水体和城市中水净化效果明显，具有很好的应用前景。徐从斌等以网络状孔型结构发达的膨胀石墨（EG）为载体，采用化学沉积法制备负载零价铁（ZVI）的膨胀石墨（EG-ZVI）。研究者利用 SEM、XRD、FT-IR 及 XPS 等对负载及反应前后的 EG-ZVI 进行表征，探索了 EG-ZVI 对铅离子（Pb^{2+}）的处理效果并对其反应产物及机理进行了分析。结果表明，亚微米级 ZVI 成功负载到 EG 表面；相比 ZVI，EG-ZVI 对 Pb^{2+} 的去除能力提升明显；EG-ZVI 去除 Pb^{2+} 主要是吸附和还原作用的共同结果，该过程符合一级动力学模型，且控制步骤为化学反应过程；其还原过程是由负载在 EG 表面的 ZVI 腐蚀提供电子还原 Pb^{2+} 生成铅单质，并进一步生成铅氧化物与氢氧化物；EG-ZVI 能弥补 ZVI 在反应过程中生成惰性层导致去除效率低的不足，使其在 Pb^{2+} 废水的实际修复中具有较高的应用前景。柴琴琴研究了改性凹凸棒石的结构，探讨了改性凹凸棒石对猪粪废水中有机污染物的吸附性能及机理。结果表明，改性剂成功结合到了凹凸棒石表面，有机改性凹凸棒石的晶体结构未发生改变，但对有机污染物的吸附能力显著高于原土。两性和阳离子改性凹凸棒石吸附有机污染物的最佳参数：修饰比例为 100%，吸附剂浓度为 16g/L，pH＝4（阳离子改性为 6)，对猪粪废水中 COD 的去除率分别达到 88% 和 92%，吸附量分别达到 79mg/g 和 82mg/g。吸附过程均符合二级动力学模型（$R^2 > 0.998$），两性和阳离子改性凹凸棒石对有机物的吸附分别符合 Freundlich 和 Langmuir 等温式。有机改性凹凸棒石的疏水性增强，提高了对有机污染物的吸附能力，其沉降性能良好，这使其作为一种吸附剂用于实际养猪废水的处理成为可能。

5.2.5　工程实例

四川某公司是一家磷肥生产大厂，主要产品为过磷酸钙、磷酸铵。磷肥生产过程中排放的大量废水来自磷酸循环水系统溢流排污、磷石膏渣场排污水、磷肥生产水淬水和一部分尾气废水和冷却水排放水，废水中的主要污染物为氟和磷，废水中含有过量的氟和磷，会严重污染环境，对人类的健康带来危害。尚伟民等进行磷肥废水处理工程应用实验，采用含有 CaF_2 晶种的石灰乳及聚合铁、聚合铝处理含氟、含磷废水，反应过程控制 pH 值为 7.5~7.8，使 F^- 和 PO_4^{3-} 同时形成沉淀，达到去除氟和磷的目的。沉淀出水采用含 Al_2O_3 成分较高的稀土陶粒滤料过滤，出水水质达到（GB 8978—1996）一级排放标准。该工艺流程简单、自控水平高、易操作，处理出水全部回用，实现了零排放封闭循环，用一级处理（沉淀池）加二级处理（二段生物滤池）为基本处理工艺处理城市污水。废水处理设施满负荷运行后，经环保局连续取样、监测，经过 2 个月的连续试验表明，以球形轻质陶粒为滤料的曝气生物滤池对 SS、COD、BOD 和 NH_4^+-N 均具有很强的去除效率。

综上所述，环境矿物材料在治理水污染上具有易获得、成本低、效果好且不易出现二次污染和可循环利用等优势，可以成为寻求成本低廉的环保技术、减少二次污染的重点研究方向之一。但目前国内外对此方面的研究还较少，能够将室内研究成果转化成为工业化应用的则更少。根据笔者的认识，对今后在利用环境矿物材料治理水污染的研究有以下几点建议：（1）进一步研究对环境矿物材料的改性及循环再生方法，以提高对污染物的吸附效率。（2）通过矿物材料的改型和改性，将多种矿物材料结合起来，经济、以有效地处理水污染。（3）环境矿物材料与生物方法有机、有效地结合起来，以天然的方法来治理水污染。（4）研究使用矿山尾矿、废渣、粉煤灰等工业废弃物环境矿物材料来治理水污染，在治理了污染的同时有效地进行了废弃物的利用，降低了治理成本。

5.3　环境矿物材料处理水体中污染物的机理

环境矿物材料独特的晶体结构，由于具有矿物表面吸附作用、孔道过滤作用、结构调整作用、离子交换作用、化学活性作用、物理效应作用、纳米效应作用及与生物交互作用等基本性能，对无机、有机污染物具有显著的净化作用。

5.3.1　无机污染物的去除机理

水体中的无机污染物主要指物理性污染物、氮磷污染物、重金属离子等。

5.3.1.1　对物理性污染物的去除

对物理性污染物的去除主要利用的是矿物材料的孔道过滤作用，通过对水中悬浮固体的筛滤截留达到净化水体的作用。矿物的孔道过滤作用表现为矿物过滤作用和孔道效应。

多数矿物均具有孔道结构特征。某些矿物具有与过滤材料同样的特征，如机械强度高、化学性质稳定、比表面积大、有一定的粒度级配。矿物孔道效应包括孔道分子筛、离子筛效应与孔道内离子交换效应等。过去认识到的具有孔道结构并具有良好过滤性的矿物包括沸石、黏土、硅藻土、蛋白石等，新近发现磷灰石、电气石、软锰矿、硅胶等也具有良好的孔结构特性；另外，蛇纹石、埃洛石管状结构以及蛭石膨胀孔隙等也表现出优良的孔道性能，近年来也同样备受关注。

5.3.1.2　对氮磷污染物的去除

对水体中氮磷污染物的去除主要利用的是矿物材料的离子交换作用、沉淀作用，主要发生在矿物表面、孔道内与层间域，如碳酸盐和石灰石等矿物表面、沸石和锰钾矿等矿物孔道内及大多数黏土矿物层间隙等。例如高岭土是含水的铝、铁、镁和钙的层状结构硅酸盐矿物，经焙烧和酸处理改性后，随着铝氧结构的溶出，层间键断裂，形成许多均匀微小颗粒，其中大部分达到纳米级，从而使其比表面积增大、孔隙变多和极性增强等，使其具备优良的表面吸附、交换性能。一方面，在中性左右条件下高岭土中的 Al、Fe 与磷酸根反应生成沉淀物，Al、Fe 的水解产物还可与磷酸盐发生配合反应形成配合絮凝沉淀；另一方面，高岭土中的 Ca^{2+}、Mg^{2+} 可与废水中的 NH_4^+ 发生交换反应，交换出的 Ca^{2+}、Mg^{2+} 则与 PO_4^{3-} 发生反应，生成沉淀物，可去除污水中的磷。高岭土吸附除氮和沉淀除磷的反应如下：

$$Z-M^{2+}+2NH_4^+ \longrightarrow Z-2NH_4^++M^{2+}（Z 代表高岭土，M 代表 Ca、Mg 等）；$$

$$3M^{2+}+2PO_4^{3-} \longrightarrow M_3（PO_4）_2\downarrow。$$

未发生交换的 NH_4^+ 与交换出来的 Ca^{2+}、Mg^{2+} 在有磷酸根存在条件下，可同步脱铵除磷生成 MAP（六水磷酸铵镁即鸟粪石）沉淀，其机理可表示为

$$Mg^{2+}+PO_4^{3-}+NH_4^++6H_2O \longrightarrow Mg\,NH_4PO_4\cdot 6H_2O\downarrow；$$

$$Mg^{2+}+HPO_4^{2-}+NH_4^++6H_2O \longrightarrow Mg\,NH_4PO_4\cdot 6H_2O\downarrow +H^+。$$

5.3.1.3　对重金属离子的去除

对水体中重金属离子的去除主要利用矿物材料的吸附作用、离子交换作用、化学活性作用。一是矿物表面吸附作用，受矿物表面物理和化学特征的控制，比表面积大的表面和极性表面往往只有很强的吸附作用。二是离子交换作用，将重金属离子吸附到矿物表面。例如黏土矿物通过离子交换吸附或配合作用能将水体中的重金属离子吸附到其表面上来。不同黏土矿物对金属离子吸附性能不同，其吸附具有选择性。有研究表明，多水高岭石、伊利石和绿泥石等三种不同类型黏土矿物对砷的吸附能力差异较大，绿泥石和高岭石对砷的吸附能力比其他黏土矿物高出 25~35 倍。膨润土、蛭石、凹凸棒石、海泡石等黏土矿物直接利用或经过适当的活化改性处理后，可用来处理含重金属离子废水，获得了较好的效果。三是化学活性作用，该过程都伴随着对多种污染物的净化作用，溶解作用包括溶质分子与离子的离散和溶剂分子与溶质分子间产生新的结合或配合，表现为物质结构"相似相溶"。此外，矿物材料对重金属离子的去除机制还包括纳米效应作用、生物交互作用等。

5.3.2　有机污染物的去除机理

有机污染物降解的机制为均相、非均相和吸附的协同作用。矿物表面微形貌特征在很

大程度上影响其表面活性强度，有利于化学吸附的条件是由表面-吸附成键作用的增强和表面内与被吸附分子中成键作用的减弱之间的平衡来决定的。通常矿物表面的原子结构及电子特性有可能与其内部有很大差异，有些环境矿物的内部结构缺陷与错位直接影响矿物整体性质，往往能增加矿物表面活性。暴露的矿物表面要进行重构，即表面的不饱和状态会促使其结构进行某些自发的调整。当有被吸附的分子存在时，表面又会以不同的方式在结构上进行重新调整，不同的晶体表面重构程度也不同。为了更好地吻合吸附物结构，通常与吸附物最近的基底表面上的原子会发生空间位移。这种情况往往发生在吸附物与矿物表面之间具有强的交互作用，也就是吸附物与表面具有强的化学活性并有强键形成。

思 考 题

5-1 水污染治理常见的环境材料有哪些？

5-2 环境材料应用于水污染治理有什么优缺点？请举例说明。

5-3 哪些环境矿物材料能分别对含铬、镉、铜、铅废水进行处理？

5-4 环境矿物材料处理重金属废水的机理有哪些？

5-5 环境矿物材料处理有机废水的机理有哪些？

5-6 与其他环境材料相比，环境矿物材料在环境治理领域的优势有哪些？

5-7 概述环境矿物材料未来的发展趋势。

参 考 文 献

[1] 黄占斌. 环境材料学 [M]. 北京: 冶金工业出版社, 2017.

[2] 高廷耀, 顾国维, 周琪. 水污染控制工程 [M]. 第三版下册. 北京: 高等教育出版社, 2007.

[3] 韩跃新, 印万忠, 王泽红, 等. 矿物材料 [M]. 北京: 科学出版社, 2006.

[4] 商平. 环境矿物材料 [M]. 北京: 化学工业出版社, 2008.

[5] 曹春艳, 于冰, 赵莹莹. 有机改性膨润土处理含油废水的研究 [J]. 硅酸盐通报, 2012, 31 (6): 1382~1387.

[6] 陈森, 吴永贵. 两种天然碳酸盐矿物对废水中 Cd^{2+} 的吸附及解吸试验 [J]. 桂林理工大学学报, 2014, 34 (1): 94~98.

[7] 丁仲礼, 孙继敏, 刘东生. 联系沙漠-黄土演变过程中耦合关系的沉积学指标. 中国科学 (D 辑), 1999, 29 (1): 82~87.

[8] 古励, 潘龙辉, 何强, 等. 沸石对降雨径流中氨氮的吸附特性 [J]. 环境工程学报, 2015, 9 (1): 107~112.

[9] 郭敏俊, 屈撑囤, 车晓军. 纳滤水处理技术研究进展 [J]. 广州化工, 2016, 44 (13): 34~37.

[10] 胡承志, 刘会娟, 曲久辉. 电化学水处理技术研究进展 [J]. 环境工程学报, 2018, 12 (3): 677~696.

[11] 贾兰, 周铎, 赵光, 等. 电气石强化序批式生物膜反应器脱氮效能研究 [J]. 环境污染与防治, 2017, 39 (11): 1218~1221.

[12] 雷春生, 朱晓峰, 高雯, 等. 酸活化凹凸棒黏土对印染废水中亚甲基蓝的吸附性能 [J]. 环境工程学报, 2017, 11 (2): 885~891.

[13] 李海芳. 改性沸石吸附废水中氮磷的试验研究 [D]. 邯郸：河北工程大学，2018.

[14] 李萍，李思凡，杨双春，等. 滑石粉在水处理中的应用研究进展 [J]. 科技导报，2013，31 (21)：69~73.

[15] 梁璇静. 环境矿物材料在环境污染治理中的应用 [J]. 中州建设，2011 (12)：97~98.

[16] 刘含. 改性沸石在生活污水中脱氮除磷及再生的实验研究 [D]. 青岛：青岛科技大学. 2017.

[17] 刘立华，杨正池，赵露. 重金属吸附材料的研究进展 [J]. 中国材料进展，2018，37 (2)：100~108.

[18] 吕杭杰. 改性凹凸棒负载 Fe-Mn 催化剂的制备及其协同臭氧处理印染废水的研究 [D]. 杭州：浙江工业大学，2017.

[19] 聂果，王永杰. 环境矿物材料在水体污染治理进展中的研究 [J]. 环境科学与管理，2014，39 (12)：126~129.

[20] 邵红，刘相龙，李云姣，等. 两种改性膨润土对含油废水吸附行为的研究 [J]. 环境科学学报，2015，35 (7)：2114~2120.

[21] 张素芳，蒋白懿，李亚峰. 膨润土的改性对水中氨氮和磷的去除效果研究 [J]. 辽宁化工，2011，40 (11)：1115~1117+1120.

[22] 王德举. 多级孔道沸石材料的制备及催化应用研究 [D]. 上海：复旦大学. 2011.

[23] 王丽琼，王凯，马玉龙. 改性蒙脱石吸附制药废水中残留四环素的研究 [J]. 环境科学与技术，2017，40 (8)：197~201+215.

[24] 王光友，韩颖慧，许佩瑶，等. 印染废水中亚甲基蓝的石墨烯光催化降解 [J]. 印染，2017，43 (22)：40~43+54.

[25] 徐从斌，杨文杰，孙宏亮，等. 膨胀石墨负载零价铁的合成及其对水中 Pb（Ⅱ）去除效果与机制 [J]. 无机材料学报，2018，33 (1)：41~47.

[26] 徐伟伟. 水处理技术研究进展 [J]. 水利科技与经济，2014，20 (1)：72~74.

[27] 孙恩呈. 环境矿物材料治理水污染研究进展 [J]. 天津化工，2012，26 (2)：13~16+19.

[28] 赵艳锋，柳欢，王宇明，等. 改性硅藻土处理含磷废水的试验研究 [J]. 应用化工，2018，47 (1)：33~35.

[29] 彭书传，魏凤玉，周元祥，等. 有机凹凸棒粘土吸附水中苯酚的试验 [J]. 城市环境与城市生态，1999，12 (2)：14~16.

[30] 郑艳银. 石墨烯净化城市污水技术与机理研究 [D]. 石家庄河北科技大学，2018.

[31] 王强，卜锦春，魏世强，等. 赤铁矿对砷的吸附解吸及氧化特征 [J]. 环境科学学报，2008，28 (8)：1612~1617.

[32] 马红梅，朱志良，张荣华，等. B-FeO（OH）对水中砷的吸附作用 [J]. 同济大学学报（自然科学版），2007，35 (12)：1656~1660.

[33] 李连香，邬晓梅，叶明，等. FeO（OH）吸附剂去除饮用水中 As（Ⅴ）的研究 [J]. 中国农村水利水电，2010 (9)：84~87.

[34] 靳翠鑫，杜玉成，吴俊书，等. 硅藻土原位负载网状纳米结构硅酸镁及其对 Cr（Ⅵ）吸附性能 [J]. 无机化学学报，2019，35 (4)：621~628

[35] 李琳，马哲，党晨，等. Fe_3O_4/沸石/石墨复合材料的制备及其对 Cr^{6+} 离子吸附特性分析 [J]. 化学工程师，2019，33 (1)：8~11.

[36] 杨明平，彭荣华，李国斌. 用改性海泡石处理含铬废水 [J]. 材料保护，2019，36 (7)：54~55.

[37] 郭添伟，夏光华，占俐琳，等. 改性海泡石处理含铬工业废水的试验研究 [J]. 陶瓷学报，2003，24 (4)：215~218.

[38] 杨胜科，费晓华. 海泡石处理含镉废水技术研究 [J]. 化工矿物与加工，2004，33 (9)：16~17+20.

［39］魏林．滑石粉对重金属离子的吸附性研究［D］．西安：长安大学．2008.

［40］罗道成，易平贵，陈安国，等．改性海泡石对废水中 Pb^{2+}、Hg^{2+}、Cd^{2+} 吸附性能的研究［J］．水处理技术，2003，29（2）：89~91.

［41］王延明．铁的硫化矿物对砷的吸附机理研究［D］．安徽：合肥工业大学．2012.

［42］赵徐霞，庹必阳，韩朗，等．钠基蒙脱石对 Cu^{2+} 的吸附研究［J］．金属矿山，2008（3）：182~186.

［43］肖燕萍，宋新山，赵志淼，等．海藻酸钠/蒙脱石联合负载型纳米 FeO 对 Cu（Ⅱ）的去除研究［J］．环境科学学报，2017，37（1）：227~233.

［44］刘雪，刘兴国，刘云飞，等．海泡石负载型纳米零价铁对水中 Cu（Ⅱ）、Zn（Ⅱ）的去除研究［J］．环境科学学报，2019，39（2）：379~389.

［45］王凯，邱广明，贾晓伟，等．粉煤灰基沸石负载二氧化硅对 Cu^{2+} 吸附性能［J］．功能材料，2019，50（3）：3152~3158.

［46］Banat F A, Al-Bashir B, Al-Asheh S, et al. Adsorption of phenol by bentonite［J］. Environmental Pollution, 2000, 107（3）：391~398.

［47］黄健花，王兴国，金青哲，等．超声波改性 OTMAC–凹凸棒土吸附苯酚［J］．水处理技术，2005，31（9）：61~64.

［48］柴琴琴，呼世斌，刘建伟，等．有机改性凹凸棒石对养猪废水中有机物的吸附研究［J］．环境科学学报，2016，36（5）：1672~1682.

［49］尚伟民，王淑萍，胡爱林，等．磷肥废水处理工程应用实例［J］．工业用水与废水，2006，37（4）：77~79.

［50］袁东海，张孟群，高士祥，等．几种粘土矿物和粘粒土壤吸附净化磷素的性能和机理［J］．环境化学，2005，24（1）：7~11.

［51］Lee T, Lee S, Lee J, et al. Modification of vermiculite for the preparation of floating adsorbent for phosphate in wastewater［J］. Water Environment Research, 2016, 88（8）：724~731.

6 环境矿物材料在大气污染治理中的应用

本章要点：

　　本章主要介绍了大气中主要污染物质的特征及其检测方法，包括颗粒物、硫化物、硝化物、VOCs等；简要介绍了大气污染常用的治理技术，重点介绍了针对不同大气污染物治理可利用的环境矿物材料，并说明了其净化机理。

6.1　大气污染及其治理技术

　　随着科技和工业的不断发展，大气污染已经成为目前环境中急需解决的问题之一。世界卫生组织（WTO）称，2012年全球650万例死亡与空气污染有关，空气污染继续以惊人速度上升，影响经济和生活质量。目前我国越来越重视大气污染的问题，尤其是京津冀地区，已经成为大气污染的高发区，国务院在2013年提出了"大气十条"的概念，其包括两部分内容，一是明确了我国大气污染防治总体目标，二是提出了实现目标的十条措施，制定了从2013年到2017年明确的目标值和详细的工作方案。大气污染是指大气中一些物质的含量达到有害的程度以至于破坏生态系统和人类正常生存和发展的条件，对人或物造成危害的现象。大气污染源有自然因素（如森林火灾、火山爆发等）和人为因素（如工业废气、生活燃煤、汽车尾气等）两种，并且以后者为主要因素，尤其是工业生产和交通运输所造成的。大气污染的主要过程由污染源排放、大气传播、人与物受害这三个环节所构成。

6.1.1　大气污染因子及检测

　　GB 3095—2012《大气环境质量标准》规定的常规分析指标有总悬浮颗粒物、降尘、飘尘、二氧化硫、氮氧化物、一氧化碳和光化学氧化剂（O_3）。在一些城市或工业区还对总烃、铅、氟化物等进行监测。下面对这些常规分析指标分别进行具体介绍。

　　总悬浮颗粒物（TSP）：指环境空气中空气动力学当量直径小于等于$100\mu m$的颗粒物。一般用浓度表示，单位为mg/m^3或$\mu g/m^3$。总悬浮颗粒物的国家标准分析测定采用重量浓度法，常用于城镇区域环境空气中TSP监测。测定时用抽气泵使空气以一定流速通过滤膜，空气中的颗粒物就被阻留在滤膜上。根据抽气的流速和时间，计算被采集空气的体积，根据采样前后滤膜的重量差，计算悬浮颗粒物的总重量，从而求出大气中颗粒物的浓度。

　　降尘（PM10）：指环境空气中空气动力学当量直径小于等于$10\mu m$的颗粒物，也称可吸入颗粒物。靠重力作用能在较短时间沉降。

飘尘（PM2.5）：指环境空气中空气动力学当量直径小于等于 $2.5\mu m$ 的颗粒物，也称细颗粒物。它富含大量的有毒、有害物质且在大气中的停留时间长、输送距离远，直径小，可深入细支气管和肺泡，直接影响肺的通气功能，使机体容易处在缺氧状态，因而对人体健康和大气环境质量的影响更大。HJ 618—2011《环境空气 PM_{10} 和 $PM_{2.5}$ 的测定重量法》规定 PM_{10} 和 $PM_{2.5}$ 的测定方法：分别通过具有一定切割特性的采样器，以恒速抽取定量体积空气，使环境空气中 $PM_{2.5}$ 和 PM_{10} 被截留在已知质量的滤膜上，根据采样前后滤膜的重量差和采样体积，计算出 $PM_{2.5}$ 和 PM_{10} 浓度。

二氧化硫（SO_2）：SO_2 是一种无色具有强烈刺激性气味的气体，易溶解于人体的血液和其他黏液。大气中 SO_2 主要来自火山爆发和化石燃料（煤炭、石油、天然气等）的燃烧，是目前大气污染中数量较大、影响面较广的一种气态污染物。二氧化硫污染在我国尤其严重，不仅会带来酸雨等环境问题，如果人体过量摄入，还可能引发过敏反应，出现呼吸困难、呕吐等症状。GB/T 16128—1995《大气中二氧化硫含量的检验标准》规定了居住区 SO_2 的测定方法：其原理是二氧化硫被四氯汞钾溶液吸收，生成稳定的二氯亚汞硫酸盐配合物，再与甲醛和盐酸副玫瑰苯胺反应生成紫色配合物，进行比色定量。

二氧化氮（NO_2）：大气中主要的氮氧化物有 NO_2 和 NO，NO 的毒性不大，但在大气中被缓慢氧化为 NO_2。二氧化氮（NO_2）是一种棕红色、高度活性、有刺激性臭味的气态物质，具有腐蚀性和较强的氧化性，其毒性是 NO 的 5 倍，主要来自汽车燃油和化石燃料的燃烧。NO_2 与碳氢化合物经紫外线照射后发生光化学反应，生成光化学烟雾，具有强氧化性，刺激人和动物眼睛和呼吸道黏，影响植物生长，使大气能见度降低。GB/T 15435—1995《环境空气二氧化氮的测定 Saltzman 法》规定 NO_2 的测定方法：空气中的二氧化氮与吸收液中的对氨基苯磺酸进行重氮化反应，再与 N-(1-萘基) 乙二胺盐酸盐作用，生成粉红色的偶氮染料，于波长 $540\sim545nm$ 之间，测定吸光度。

一氧化碳（CO）：标准状况下一氧化碳纯品为无色、无臭、无刺激性的气体，主要来自燃料的不完全燃烧和动植物尸体的腐烂。一氧化碳进入人体之后会和血液中的血红蛋白结合，产生碳氧血红蛋白，进而使血红蛋白不能与氧气结合，从而引起机体组织出现缺氧，导致人体窒息死亡。复旦大学公共卫生学院在我国 272 个主要城市研究大气中一氧化碳对人群死亡影响，发现一氧化碳短期暴露与总心血管疾病死亡、脑卒中死亡特别是冠心病的死亡显著相关。中国规定用红外分析法、气相色谱法、汞置换法为测定大气中一氧化碳含量的标准方法。气相色谱法原理是，空气样品经碳分子筛的色谱柱分离后，一氧化碳在氢气流中，经镍催化剂的作用，温度达 $360℃$ 时转化为甲烷，然后用氢火焰离子化鉴定器测定。

臭氧：正常情况下臭氧为臭氧层的主要组成成分，起到对紫外线过滤、吸收的作用，分布在距地面 $20\sim50km$ 的大气中，但近地面高浓度的臭氧会对人体健康产生负面作用。于 2016 年世界环境日前夕发布的《中国环境状况公报》显示，2015 年 338 个城市空气质量超标天数中，以 $PM_{2.5}$、臭氧和 PM_{10} 为首要污染物的居多，臭氧已经成为首要大气污染物。臭氧具有强烈的刺激性，对人体健康有一定危害。它主要是刺激和损害深部呼吸道，并可损害中枢神经系统，对眼睛有轻度的刺激作用，臭氧在大气中作为强氧化剂，加快硫酸烟雾和光化学烟雾的形成。臭氧浓度测定方法大致可分为化学分析法和仪器法，化学分析法常用碘化钾法、硼酸碘化钾吸光光度法和靛蓝二磺酸钠分光光度法。

6.1.2　大气污染治理技术

目前大气污染物的处理主要针对颗粒污染物和气态污染物。颗粒污染物主要利用重力、离心力等进行多相分离，而对于气态污染物，根据其不同的理化性质，用冷凝、吸收、吸附、燃烧、催化转化等技术处理。

6.1.2.1　颗粒污染物处理技术

颗粒污染物控制技术就是气体与粉尘颗粒的多相混合物的分离操作技术，即除尘技术。微粒不一定局限于固体，也可以是液体微粒。多相混合物中处于分散状态的物质成为分散相或分散物质，通称尘粒或粉尘威力，而包围分散相的另一物质则为连续相或分散介质。

在实际操作中，治理颗粒污染物的方法比较多，根据设备的器械和原理，可以将治理方式分为干法和湿法两种类型。

干法去除颗粒污染物的原理，是通过利用重力或机械力将粉尘从气流中进行分离，减轻排放废气中的污染颗粒物的含量，从而达到净化空气的目的。常用的设备类型有重力沉降室、惯性除尘器以及旋风除尘器。干法除尘方法最大的优点是能耗低、耗水量小，环保效果明显，但是该方法一次投资大、结构复杂、耗材多，并且设备机构比较复杂、技术难度大。

湿法除尘的原理是通过利用水或其他种类的液体使排放废气湿润，从而使废气中的颗粒湿润化，进而通过收集颗粒进行空气治理。湿法除尘主要通过喷雾塔式、填斜塔式、离心式分离型或文丘里型除尘器进行操作。这种除尘方式的效率高，除尘器结构简单，造价低，占地面积小，操作维修方便，特别适宜于处理高温、高湿、易燃、易爆的含尘气体。此外，在除尘的同时还能除去部分气态污染物，因此广泛应用于工业生产各部门的空气污染控制与气体净化。但是湿法除尘需要利用水或其他液体进行辅助除尘，在除尘工序结束后，产生的污水处理也是一项重要的工程，如不及时处理，会造成二次工业废水污染。

A　机械除尘器

机械式除尘器是依靠机械力（重力、惯性力、离心力等）将尘粒从气流中去除的装置，包括重力沉降室、惯性除尘器和旋风除尘器等。重力沉降室主要用以净化那些密度大、颗粒粗的粉尘，特别是磨损性很强的粉尘，它能有效地捕集 $50\mu m$ 以上的尘粒，但不宜捕集 $20\mu m$ 以下的尘粒。惯性除尘器适合用于净化密度和颗粒较大的金属或矿物性粉尘，具有较高的除尘效率。惯性除尘器的净化效率不高，一般只用于多级除尘器中的第一级除尘，捕集 $10\sim20\mu m$ 以上的粗尘粒。旋风除尘器多用于捕集 $5\sim10\mu m$ 以上的粉尘，其效率可达90%以上，可根据化工生产的不同要求，选用不同材料制作，或内衬各种不同的耐磨、耐热材料，以提高使用寿命。

B　湿式除尘器

湿式除尘器捕集粉尘的主要原理是惯性碰撞与拦截作用。当含尘气流碰到水滴时，气流绕过水滴而继续前进，密度较大的粉尘由于惯性作用撞到水滴上而随水滴被清除；对于气流中密度较小的粉尘，由于其惯性作用力较小，能随气流一起绕过水滴，当其流线至水滴表面的距离小于粉尘的半径时，粉尘由于接触水滴而被拦截。除此以外，粉尘还受到扩散、凝聚和静电的作用。任何一种原理的作用都与粉尘的颗粒与水滴的大小（雾化程度），以及气流与水滴流的相对速度有关，可分为重力喷雾洗涤器、旋风洗涤器、板式洗涤器、文丘里洗涤器等。

C　电除尘器

电除尘器是含尘气体在高压电场进行电离的过程中，使粉尘荷电，并在电场力的作用下，使粉尘沉积于电极上，将粉尘从含尘气体中分离出来的一种除尘设备。它能有效地回收气体中的粉尘，以净化气体。在合适的条件下使用电除尘器，其除尘效率可达99%或更高。目前在化工、发电、水泥、冶金、造纸等工业部门都已广泛使用。电除尘器压力损失小、烟气量大、能耗低，对粉尘有很高的捕集效率，但设备大、投资高。

D　袋式除尘器

袋式除尘器是一种干式滤尘装置。它适用于捕集细小、干燥、非纤维性粉尘。滤袋采用纺织的滤布或非纺织的毡制成，利用纤维织物的过滤作用对含尘气体进行过滤，当含尘气体进入袋式除尘器后，颗粒大、比重大的粉尘，由于重力的作用沉降下来，落入灰斗，含有较细小粉尘的气体在通过滤料时，粉尘被阻留，使气体得到净化。

6.1.2.2　气态污染物控制技术

气态污染物种类多，处理时要多方面考虑。从反应过程来看，可将气态污染物的治理方法分为吸收法、吸附法、催化法、燃烧法、冷凝法、膜分离法、生物法、电子束照射法。

吸收法是利用气体混合物中的一种或多种组分在选定的吸收剂中溶解度不同或与吸收剂中的组分发生选择性的化学反应，从而将其从气相分离出去的操作过程。吸收法治理气态污染物具有工艺成熟、设备简单、投资低等特点，但必须对吸收液进行适当处理或回用，否则易造成二次污染或导致资源浪费。吸附法是利用多孔性固体物质具有选择性地吸附废气中的一种或多种有害组分的特性来处理废气的。按作用力不同可分为两种：物理吸附和化学吸附。吸附法常用于其他方法难以分离的低浓度（如×10^{-6}含量级）有害物质和排放标准要求严格的废气处理，如用活性炭吸附低浓度SO_2。催化法利用催化剂在化学反应中的催化作用，将废气中有害的污染物转化成无害的物质，或转化成更易处理和回收利用的物质。催化燃烧法适用连续排放的废气，不适用于含有大量尘粒、雾滴的废气净化，也不适用在氧化过程中产生固体物质的废气以及污染源间歇产生场合的废气净化。

综合以上，处理大气污染物通常有吸收法、过滤法、吸附法、催化转化法，无论哪种方法，都要借助于一定的介质材料才能实现。选择合适的介质材料可在一定程度上避免二次污染、净化效率不高等问题，更有在原有矿物材料的基础上进行改性，以开发出更完善的大气污染物净化系统。

6.2　环境矿物材料在治理大气污染中的应用

环境控制材料是构成净化处理的主体，是大气污染治理的关键技术之一。下面将针对几种主要的大气污染物，对其治理常用的环境矿物材料进行讨论。

6.2.1　颗粒物的去除

矿物材料去除大气颗粒物主要是由于沉降、过滤及吸附作用。目前用来除尘的矿物材料可以分为纤维滤料和高温滤料。纤维滤料使用温度在120~150℃之间，只能处理一般的烟气，对于温度较高场合，如钢铁厂、电站及焚烧厂等多采用高温滤料。

6.2.1.1　纤维滤料

纤维以其比表面积大、体积蓬松、价格低廉、容易加工成型等特点占据了过滤材料的大部分市场，工作层具有上疏下密的理想滤层的孔隙分布，易于反洗，具有较强的耐磨性及抗化学侵蚀性。天然纤维是自然界存在的，可以直接取得纤维，矿物纤维是从纤维状结构的矿物岩石中获得的纤维，主要组成物质为各种氧化物，如二氧化硅、氧化铝、氧化镁等，其主要来源为各类石棉，如温石棉、青石棉等。但天然纤维与合成纤维相比较，力学性能、耐化学药品能力均较差，且价格较高，因此在合成纤维滤布出现后，天然纤维滤布已经很少采用。无机纤维主要品种有玻璃纤维、金属纤维、陶瓷纤维和碳纤维等，大部分的无机纤维耐高温性能好，热稳定性好，多用于处理高温过滤除尘领域。在过滤技术中，纤维主要有两个方面的基本应用：一方面，可作为纺织品过滤材料的基本原料；另一方面，将纤维按照规定的设计要求制成某种形式直接作为滤料使用，如纤维束或纤维球滤料。该方法可以减少对本体和阀门的磨损。使用纤维球滤料可以设置孔洞较小的纱网，以防止反冲时跑料。

6.2.1.2　高温滤料

在现代工业生产中，涉及高温含尘气体的净化除尘领域十分广泛。高温气体的直接净化除尘技术是实现高温气体资源综合利用的关键技术，也是一项先进的环保技术。介质过滤净化除尘技术因其最大程度地利用了气体显热和有用能源，同时简化了工艺过程，节省了设备投资以及避免了湿法除尘所带来的二次水污染等而具有显著的优势。高温气体介质过滤除尘技术的核心是高温过滤材料，由于其在高温、高腐蚀性气体中工作，因此对过滤材料具有很高的要求，必须满足过滤特性、使用寿命、价格等多方面的要求。目前常用的有金属多孔材料和陶瓷多孔材料。

A　金属矿物过滤材料

金属矿物是指具有明显的金属性的矿物，如呈金属或半金属光泽，具有各种金属色（如铅灰、铁黑、金黄等），不透明，不导电，导热性良好的矿物。它们绝大多数是重金属元素的化合物，主要是硫化物和部分氧化物，如方铅矿（PbS）、磁铁矿（Fe_3O_4）；个别的本身就是金属单质，如自然金（Au）。

金属过滤材料具有优异的耐温性和力学性能，在常温下金属材料的强度是陶瓷材料的10倍，即使在700℃高温下其强度仍是陶瓷材料的数倍。金属材料良好的导热性和韧性使其具有优异的抗热震性能，并且适于连续的反向脉冲清洗，再生性好，使用寿命长。金属材料还具有很好的加工性能和焊接性能。金属丝网过滤器除尘技术可以对5μm以下的尘粒进行精细除尘。这些特点导致金属过滤材料同陶瓷过滤材料比较而言，有着整体强度好以及持续工作稳定的特点，尤其是近年来金属过滤材料的抗腐蚀性显著改善，在高温除尘方面的应用体现出更多的优越性。

金属材料可以克服陶瓷材料缺点，并且有着理想的抗氧化以及抗腐蚀能力，可以在600℃以上的高温条件下持续工作5000h以上。经过金属材料净化之后的高温气体，起煤气含尘量小于10mg/nm³，过滤效率大于99%，实现了理想的除尘效果。高温除尘组件使用金属过滤材料，能够发挥高压高温条件下化学以及机械稳定性特点，在高温煤气除尘当中的应用是其他的过滤材料难以取代的。尤其是Fe-Al金属化合物是廉价高新材料，抗氧化性能远远超过高合金钢以及不锈钢，在600℃条件下氧化速率低于不锈钢1个数量级，在高温条件下腐蚀速率低于高合金钢 1 个数量级。

金属材料良好的塑性使其可以拉拔成金属细丝或纤维，进而编织成网或铺制成毡。粉状颗粒材料经烧结可以制成烧结金属粉末和金属膜。金属多孔过滤材料按结构形式分，主要有烧结金属丝网、金属纤维毡、烧结金属粉末和金属膜等。

a 烧结金属丝网多孔材料

烧结金属丝网多孔材料用多层金属编织丝网为原料，通过特殊的叠层设计、复合压制和真空（或保护气氛）烧结等工艺制备而成。主要由保护层、阻挡过滤层和强度支撑 3 部分组成。它既能保持普通金属编织丝网孔隙结构简单、网孔尺寸均匀的特性，又克服了其强度低、整体性差、网孔形状不稳定等不足，并且可以灵活地对材料的孔隙尺寸、渗透性能和机械强度进行合理的匹配与设计。目前，以刚性烧结金属丝网微孔材料为核心的净化分离技术与设备的开发应用，在各个工业领域有着良好的应用前景和广阔的市场开发潜力。

b 金属烧结纤维毡

金属烧结纤维毡是由不同纤维丝径的纤维按一定的梯度搭接而成的一种多孔深度型滤材，其丝径属于微米级别，孔隙率达到 75%~88%，表面积大，内部弯曲的通道能阻拦、吸附大量不同形状、粒径的污染物，并且阻力小，纳污能力高。纤维毡过滤机理是粉尘通过滤料时因为产生的筛分、惯性、黏附、扩散和静电作用而被捕集，如图 6-1 所示。带粉尘（1 号）的烟气通过滤料时，气流能绕过纤维滤料穿透滤布，而质量或速度较大的粉尘由于惯性作用仍保持直线运动撞击到纤维上而被捕集，称为惯性作用。粒径极细的粉尘（2 号）会产生如气体分子热运动的布朗运动，增加了粉尘与滤布表面接触的机会，使粉尘被捕集，称为扩散作用。当粉尘粒径较大（3 号），通过纤维表面的距离等于或小于纤维空间时就会被拦截下来，称为筛分作用。粉尘颗粒（4 号）和滤料之间相互碰撞会放出电子产生静电，当两者所带的电荷相反时粉尘会被吸附在滤料上，提高了除尘效率，称为静电作用。当粉尘（5 号）的半径大于粉尘中心到滤料边缘的距离时，粉尘被滤料黏附而被捕集，成为黏附作用。以上的除尘机理一般在过滤过程中同时起作用，由于金属纤维具有良好的导电性，因此静电作用不太明显。

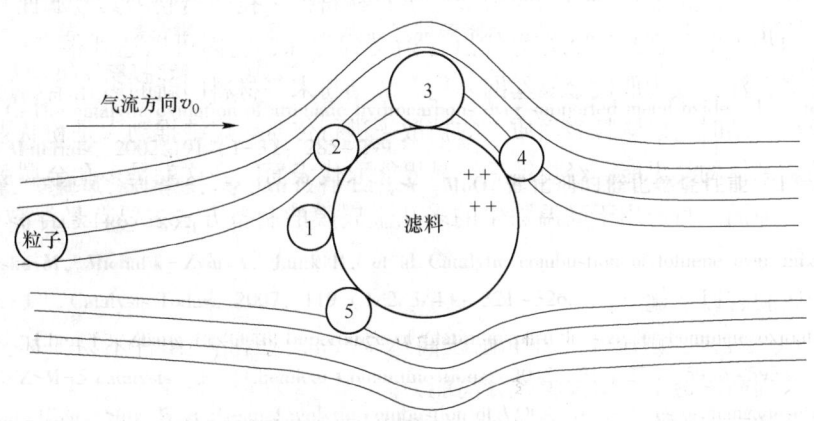

图 6-1 金属纤维拦截效应

通常含尘气体通过滤料时，粉尘会在阻留在滤料上，形成"一次粉尘层"，如图 6-2 所示。一次粉尘层具有更高的除尘效率，对粉尘捕集起着更为重要的作用，除此之外，由于金属纤维毡是通过不同丝径的纤维叠配烧结而成，具有"三维滤料"的结构，内部具有更多、更细小、分布均匀而且有一定纵深的空隙结构，能使粉尘深入到纤维层内部，起到深层过滤作用，因而在较少依赖粉尘层的条件下，也能够起到很好的捕集效果。

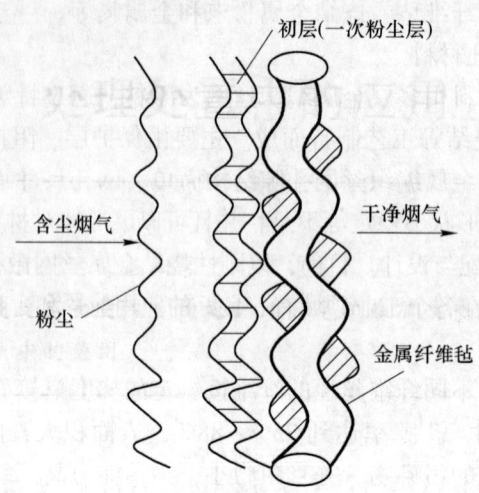

图 6-2　金属纤维毡除尘原理

　　目前随着超细纤维加工技术的成熟，金属纤维丝径可以做到近 $1\mu m$。采用超细纤维作为金属纤维毡滤料的迎风面，可以直接形成具有微细孔表面空隙的薄层，阻挡大部分粉尘留在滤料表面，起到表面过滤作用，既不用依赖粉尘层的过滤作用，也不用使太多粉尘进入滤料深层，增加运行阻力。同时在后续层中采用丝径较粗的纤维作为支撑层，制备成具有连续梯度变化的多层结构。这样的设计可以增加滤料对气流的冲击抵抗力，增大过滤风速，减小压降，反向清灰简单，耗气量小，能耗降低。

　　c　烧结金属粉末和金属膜

　　烧结金属粉末则通过熔融金属雾化制粉压制成型得到，烧结金属粉末能够制作成为各种不同的形状，过滤精度较高。而同为金属多孔材料，多孔金属膜因其过滤面积大、过滤效率高、压力损失低、密封性能好等优点逐渐受到青睐，它因可以达到很高的过滤精度，耗材少而备受关注，成为取代金属丝网、毡、烧结粉末等材料的新的多孔金属过滤材料。

　　多孔膜在烧结时，以颗粒表面质点的扩散来进行传质。烧结推动力是粉状颗粒的表面能大于多晶烧结体的晶界能。经烧结后，晶界能取代表面能，这就是多孔金属膜机械强度大、耐高压的原因。目前用于高温除尘的多孔金属膜的制备方法主要有悬浮粒子烧结法、相分离沥滤法等。

　　多孔金属膜有以下优点：

　　(1) 机械强度高，耐压性能好（耐压高达 7MPa），因此膜组件不易损坏，可用增大压差的方法来提高渗透率，增大膜的分离能力。

　　(2) 具有良好的热传导性和散热能力，因此可减小膜组件的热应力，提高膜的使用寿命，非常适合高温领域的应用。

　　(3) 密封性能好，膜材料是具有良好焊接性能的金属材料，因而膜组件易于连接密封。

（4）具有很强的应用价值，在过滤过程中，多孔金属膜吸附量大，支撑性好，过滤面积大，可在线清洗，适应范围宽。

B 多孔陶瓷材料

尽管金属材料有着众多的优点，然而它活性较高，容易氧化，尤其是许多高温含尘气体具有腐蚀性或氧化性，容易被腐蚀，稳定性不好等，使其制备和应用受到极大限制。陶瓷材料因具有优良的热稳定性和化学稳定性，可在温度高达1000℃下工作，并且在氧化、还原等高温环境下具有很好的抗腐蚀性而成为高温气体除尘的优良选材之一。早在20世纪末期，国内生产的石英质、刚玉质、硅酸铝制、硅藻土质等多孔陶瓷材料就开始在一些化工产业方面推广应用，21世纪后，多以多孔堇青石陶瓷材料为支撑体，莫来石-硅酸铝纤维为复合膜过滤层的堇青石质陶瓷纤维复合膜材料净化700℃以下高温气体（烟尘）。

但陶瓷过滤材料的缺点是性脆，延展性、韧性很差，难于与系统整体封接，还由于热传导性差使其难以承受急冷急热负荷波动，即抗热性差。在高温、高压条件下，陶瓷的整体强度，操作的长期性、可靠性及反吹性仍存在不少问题。因此目前研究的重点是纤维增强复合陶瓷过滤材料制备技术，以提高陶瓷过滤材料的韧性和延展性。

a 陶瓷滤料的化学成分和性能

陶瓷过滤材料由于具有均匀分布的微孔或孔洞，孔隙率较高、体积密度小，具有发达的比表面及其独特的物理表面特性，对液体和气体介质有选择的透过性，能量吸收或阻尼特性，加之陶瓷材料特有的耐高温、耐腐蚀、高的化学稳定性和尺寸稳定性，使多孔陶瓷这一绿色材料可以在气体液体过滤、净化分离、化工催化载体、吸声减震、高级保温材料、生物植入材料、特种墙体材料和传感器材料等多方面得到广泛的应用。

多孔陶瓷材料在高温除尘应用方面有其独特的优点，其主要特点如下：

（1）孔隙率高，可达到60%以上，孔径均匀且易于控制。过滤精度高，可达0.1μm，适用于各种介质精密过滤。

（2）耐酸碱性好，适用于强酸或强碱以及各种有机气氛中工作。

（3）机械强度高，可耐受较高的工作压力及压力降。

（4）耐高温，工作温度可达800℃，适用于各种高温气体过滤。

（5）过滤元件使用寿命长，经济性好，长期使用时微孔形貌不发生变化，且再生性好。

b 多孔陶瓷材料的分类

依据孔径大小分把多孔陶瓷为三类：微孔陶瓷、介孔陶瓷、宏孔陶瓷。

微孔陶瓷：指孔径小于2nm的多孔材料，比如活性炭和沸石，其中最典型的代表是人工合成的沸石分子筛，它是拥有规则的孔道结构的结晶硅铝酸盐，因为小于1.5nm的孔径尺寸，削弱了其对有机大分子的吸附和催化的作用。

介孔陶瓷：指孔径位于2~50nm之间的多孔材料。Mohil公司（美国）的Kresge于1992年制备出孔径可调新式介孔分子筛，分子筛从微孔领域进入介孔范畴，使利用沸石分子筛完成吸附、催化和分离大分子成为可能。

宏孔陶瓷：指孔径大于50nm的多孔材料。其特征是孔径尺寸大以及分布范围广。

c 多孔陶瓷制备工艺

目前广泛应用的多孔陶瓷大部分是由传统方法制备的，这些制备方法比较成熟。多孔陶瓷传统的制备方法有挤压成型、颗粒堆积法、发泡法、有机泡沫浸渍法、添加造孔剂等。其中，添加造孔剂是通过在陶瓷配料中添加造孔剂，利用造孔剂在坯体中占据一定的空间，然后经过烧结，造孔剂离开基体而成气孔来制备多孔陶瓷。虽然在普通的陶瓷工艺中，采用调整烧结温度和时间的方法，可以控制烧结制品的气孔率和强度，但对于多孔陶瓷，烧结温度太高会使部分气孔封闭或消失，烧结温度太低，则制品的强度低，无法兼顾气孔率和强度，而采用添加造孔剂的方法则可以避免这种缺点，使烧结制品既具有高的气孔率，又具有很好的强度。

（1）添加造孔剂。添加造孔剂工艺制备多孔陶瓷的关键在于造孔剂种类和用量的选择，其次是粒径的大小。添加造孔剂的目的在于促使多孔材料的气孔率提高，因此它必须满足下列条件：在加热过程中易于排除，排除后在基体中无有害残留物，不参与基体反应。造孔剂的种类很多，其造孔原理也有所不同。造孔剂可分为无机物和有机物两大类。无机造孔剂如易挥发性无机物碳酸氢铵、碳酸铵、氯化铵等，是通过特定温度下无机物的分解产生大量气体，在冷却后保留下来成为气孔；一些熔点较高，但可溶于水、酸或碱溶液的无机 Na_2SO_4、$CaSO_4$、$NaCl$ 等，是待基体烧结后，用水、酸或碱溶液浸出造孔剂而保留下来成为气孔；有机造孔剂如淀粉、碳粉、煤粉等一些天然纤维、高分子聚合物，是在磨具压制成型的过程中自身占有一定尺寸的空间，在随后烧结的高温条件下氧化（燃烧），并形成一定的气孔。

Falamakile 用掺入 5% 的 $CaCO_3$ 作为造孔剂，1350℃ 高温烧结制得渗透性较强的氧化铝膜催化剂载体。Gregorová 以罂粟种子和马铃薯淀粉为造孔剂，制备出总气孔率为37.6%、开口气孔率为 32.4% 的 Al_2O_3 多孔陶瓷并具有孔梯度性。姚秀敏利用聚甲基丙烯酸甲酯，制制备出气孔率从 20%~50% 变化且孔径可控的多孔羟基磷灰石陶瓷。

（2）颗粒堆积法。颗粒堆积工艺是在骨料中加入相同组分的微细颗粒，利用微细颗粒易于烧结的特点，在高温下产生液相，使骨料（大颗粒）连接起来。孔径的大小与骨料粒径成正比，骨料粒径越大，形成的多孔陶瓷平均孔径就越大，呈线性关系。骨料颗粒尺寸越均匀，产生的气孔分布也越均匀。另外添加剂的含量和种类以及烧成温度对微孔体的分布和孔径大小有直接的影响。

（3）有机泡沫浸渍法。有机泡沫浸渍工艺是 Schwartzwalder 等在 1963 年发明的，其独特之处在于它凭借有机泡沫体所具有的开孔三维网状骨架的特殊结构，将制备好的料浆均匀地涂覆在有机泡沫网状体上，干燥后烧掉有机泡沫体而获得一种网眼多孔陶瓷。多孔体的尺寸主要取决于有机泡沫体的尺寸，与浆料在有机泡沫体上的涂覆厚度也有一定的关系。该工艺是制备高气孔率（70%~90%）多孔陶瓷的一种有效工艺，并且此类多孔陶瓷具有开孔三维网状骨架结构。

（4）发泡法。发泡工艺是在陶瓷组分中添加有机或无机化学物质，在处理期间形成挥发性气体，产生泡沫，经干燥和烧制成多孔陶瓷，包括网眼型和泡沫型两种。与泡沫浸渍工艺相比，发泡工艺更容易控制制品的形状、成分和密度，并且可制备各种孔径大小和形状的多孔陶瓷，特别适于生产闭气孔的陶瓷制品。利用发泡工艺可以得到高孔隙率（40%~90%）、高强度的多孔陶瓷材料，孔径尺寸在 $10\mu m$~2mm。其优点是容易控制制品的形状、成分和密度，特别适合闭气孔陶瓷材料的制备等，此工艺对原料要求高，工艺条件不易控制。

表6-1比较了几种多孔陶瓷的制备工艺的制备方法、优缺点及其应用。

表6-1 几种多孔陶瓷的制备工艺

工艺	制备方法	孔径	气孔率	优点	缺点	应用
添加造孔剂	加入造孔剂高温燃尽或溶解,留下孔洞	$10\mu m \sim 1mm$	$0 \sim 50$	气孔大小、形状可控,工艺简单	分布均匀性差,不适合制备高气孔率的制品	一般过滤器
有机泡沫浸渍法	有机泡沫挂浆,高温燃尽	$100\mu m \sim 5mm$	$70 \sim 90$	高气孔率,孔径大小可调、制品强度高	制品形状密度不易控制、有机物燃烧污染环境	金属液过滤器
发泡法	加入发泡剂,悬浮体内发泡成孔	$10\mu m \sim 2mm$	$40 \sim 90$	适合制备闭气孔陶瓷,气孔率大,强度高	原料要求高,工艺条件不易控制	轻质建材,保温隔热材料
挤压成型	泥饼通过多孔模具挤出成型	$>1mm$	<70	孔形状大小可控,易于连续生产	不能制备小孔径的材料,模具加工困难	汽车尾气催化载体,红外燃烧器
颗粒堆积法	粗骨料粘结堆积而成	$0.1\mu m \sim 600\mu m$	$20 \sim 30$	工艺简单,制品强度高	气孔率低	部分无极膜

d 常用的多孔陶瓷

在烟尘处理中,常将陶瓷烧制成刚性块状单体,表6-2列出目前陶瓷过滤单元中常用的陶瓷材料。

表6-2 目前陶瓷过滤单元常用的陶瓷材料

材料名称	化学分子式	材料名称	化学分子式
碳化硅	SiC	氧化铝	SiC
氮化硅	SiN_4	多铝硅酸盐	SiN_4
氧化铝	Al_2O_3	β-堇青	Al_2O_3

碳化硅颗粒常用于制作高密度颗粒过滤单元,其滤料孔隙率为30%~60%;使用氧化铝或多铝硅酸盐制成的低密度纤维过滤单元的孔隙率为80%~90%。陶瓷材料虽然是高温气体除尘的优良选材之一,但也存在着性脆,延展性、韧性很差,热传导性以及抗热震性差等缺点。在高温、高压条件下,陶瓷材料的整体强度、操作的长期性、可靠性及反吹洗性仍存在不少问题。可将催化剂沉积在多孔陶瓷表面,使其具有催化功能来去除气态污染物。如将多孔陶瓷催化净化器应用于汽车排气管中,可使排出的CO、HC、NO_2等有害气体转化成CO_2、H_2O、N_2,从而达到净化空气的目的。目前世界上90%的车用催化器载体是多孔陶瓷,其中应用最为广泛的是蜂窝状的堇青石陶瓷载体。如果把室内空气中的悬浮颗粒物、灰尘等先经活性炭或滤网滤除后再通过TiO_2光触媒担载多孔陶瓷元件,可有效地提高空气净化效率,从而提高室内空气清新度。

6.2.2　工业烟气脱硫脱硝

随烟气排放的二氧化硫和氮氧化物是最主要的大气污染物质。可针对锅炉厂的污染特性将二氧化硫和氮氧化物分开治理，但对于对两种污染物质有一定净化要求的锅炉厂，分开处理不仅占地面积大，而且投资和运行费用高，因此可采用同时烟气脱硫脱硝技术。国家科技部分别于 2006 年和 2007 年将烟气同时脱硫脱硝技术开发列入了"863"重大研究计划，国家环境保护"十二五"规划重点工业部门分工方案中指出，新建燃煤机组要同步脱硫脱硝设施。

6.2.2.1　烟气脱硫材料

目前通常将 SO_2 控制技术分为燃烧前、燃烧中和燃烧后三大类。燃烧前控制技术是控制污染的先决一步，采用一些手段如煤炭洗选脱去硫分与灰分。燃烧中控制主要指清洁燃烧技术，旨在减少燃烧过程中污染物的排放，提高燃料利用率的加工燃烧转化和排放污染控制的所有技术总称。该技术主要是当煤在炉内燃烧的同时，向炉内喷入固硫剂，固硫剂一般利用炉内较高温度进行自身煅烧，煅烧产物与煤燃烧过程中产生的 SO_2、SO_3 反应，生成硫酸盐和亚硫酸盐，以灰的形式排出炉外，减少 SO_2、SO_3 向大气的排放，达到脱硫的目的。煤燃烧后进行脱硫处理，即对尾部烟气进行脱硫处理，净化烟气，降低烟气中的 SO_2 排放量，是在烟道处加装脱硫设备对烟气进行脱硫的方法。它是目前世界上大规模商业化应用的脱硫技术，是控制 SO_2 最行之有效的途径。烟气脱硫矿物材料主要有钙基固硫剂、硅藻土吸附材料、吸收材料。

A　钙基固硫剂

通常使用的固硫剂是一些含钙、镁、铝、铁、硅和钠等的物相。通过在粉煤成型过程中加入这些固硫剂，使煤在燃烧时所生成的二氧化硫被固硫剂吸收，形成硫酸盐固定在炉渣中，以减少二氧化硫向大气排放。

固硫剂与含硫气体的反应一般分为三个步骤：微孔扩散过程、产物层扩散过程和本征表面反应过程。可参与反应的表面积越大（微孔结构好）、产物层越薄、化学反应速率越大，那么固硫剂转变的速率也越快，这就是说固硫剂的活性越高。

从技术和经济来看，目前的主要固硫剂仍是钙基固硫剂。钙基固硫剂主要有天然石灰石、白云石等。利用钙基固硫剂进行燃烧过程脱硫是指将钙基物质预混合在燃料中或将其在燃烧锅炉的合适位置喷入炉膛进行脱硫。天然石灰石是应用最普遍的固硫剂，它的成分中除含 CaO、MgO 等主要成分外，经常还含有一些微量或痕量元素以及少量其他杂质元素如 Fe、Al、K、Na 等。其中的 Fe、Al 可看作是有效助剂，其添加量可达 CaO 含量的 4% 左右，粒度细，且均匀分布，其与固硫剂的紧密接触可增加固硫剂的固硫效率。

普通的钙基固硫剂经过高温环境后，其颗粒不同，孔径的比容会明显下降，这是因为颗粒表面晶粒经高温烧结而长大，堵死了大量的微孔，同时也生成了晶粒之间较大的空隙，从而使固硫剂的微孔受到严重破坏（即固硫剂的烧结或高温结构稳定性差）。另外，固硫反应生成的固硫产物在高温下发生再分解，因此钙的利用率低，高温固硫效果差。为了提高钙基固硫剂的利用率，科学家们进行了大量的工作，有关这方面的研究可分为三类：（1）利用一些特殊的含钙基物质成分或结构上的特点来提高脱硫率；（2）利用调质方法来改善固硫剂的活性;(3)利用添加剂来增强脱硫能力。

下面介绍几种钙基固硫剂的改进。

a 含钙基物质固硫剂

纳米、贝壳含有钙基,可用作固硫剂使用。针对纳米的研究较少,汤龙华等对纳米 $CaCO_3$ 作固硫剂进行了基础研究,结果表明:纳米 $CaCO_3$ 有较好的利于固硫反应的微观物理特性和固硫特性,具有较好的低温脱硫效果,纳米 $CaCO_3$ 用作喷钙吸收剂已具备一定的实用意义。但国内大多数技术达不到固硫剂规格的要求,质量稳定性较差,需要从日本进口,价格昂贵,其成本问题将制约着纳米碳酸钙在脱硫工业中的应用。

影响钙基固硫剂脱硫的影响因素有以下几点。

(1)钙硫比(Ca/S):一定条件下,Ca/S 越大,固硫剂的分散度越大,与 SO_2 接触的概率越大,固硫效果就越好。当 Ca/S 达到某一数值时,固硫率随 Ca/S 的增加趋势变缓,不仅经济上不可取,对提高固硫率的作用也不大。因此,应综合考虑 Ca/S 选取范围(一般为 2.0~2.5,具体数值与煤质、添加剂种类等有关)。

(2)固硫剂粒度:固硫剂粒度减小时,比表面积相应增大,在一定程度上可减小外扩阻力,提高反应速率及 Ca^{2+} 的利用率。但靠减小粒径提高固硫率会增加能源损耗,同时会造成床层阻力增加,使固硫剂流出形成飞灰,脱硫效率下降,因此,需要根据实际情况选择适宜的粒径。

(3)反应床层温度:在 600℃时由于含硫煤燃烧而产生的 SO_2 基本已经完全排出,有机硫析出温度低,过程短,排放温度在 400℃以下,而 $CaCO_3$ 必须在 825℃左右才能分解为火星的氧化钙进行固硫反应。由于燃烧时炉温高,有机硫的析出速率大于 $CaCO_3$ 的分解,使含硫气体来不及与固硫剂反应就已经逸出。另外,温度过高还会使固硫剂表面烧结失活。

(4)固硫助剂:添加助剂可以克服钙基固硫剂本身的局限性:温度过高时固硫产物 $CaSO_4$ 会发生分解。Fe_2O_3 是优良的氧化剂,可促进 CaO 吸收 SO_2 生成 $CaSO_3$;SiO_2 能与 CaO 和固硫产物 $CaSO_4$ 形成新的晶格结构,延缓 CaO 烧结和 $CaSO_4$ 的分解;Al_2O_3 可提高灰熔点,使固硫产物获得耐高温结构,从而减少 $CaSO_4$ 的分解,提高固硫率;CeO_2 可促进煤的燃烧,提高燃烧效率,进一步加快固硫反应进程。

从成分来看,天然贝壳含有丰富的碳酸钙,贝壳中 CaO 的含量与石灰石相当,其 Si、Al、Fe、Mg、K 的氧化物含量均低于石灰石,但 Na 的氧化物含量却高于普通石灰石,由于贝壳类物质含 MgO 较低(>1.5%),其最佳固硫温度区间较宽(850~1050℃),而石灰类含 MgO 较高(<3%);并且贝壳具有较大的微孔结构,表观活化能低,因此其最佳固硫温度区间较窄(850~950℃)。与石灰石相比,贝壳煅烧前后的空隙率大、比表面积大、气孔通畅、阻力小、产物层扩散阻力小,SO_2 气体很容易渗透到薄层的内部,延长了反应时间,从而提高了钙利用率。另外,贝壳中含有大量的碱金属(主要为 Na)化合物,它在煅烧和和固硫过程中能形成低熔点液相共熔物,使 CaO 空隙变得更多,孔径变得更大,由于贝壳微观结构上的特点,使贝壳具有更优良的固硫反应能力,在较高温、高浓度、长时间固硫反应时,用贝壳脱硫时优势更明显,其钙化率比石灰石提高 10%~30%。

b 钙剂固硫剂调质活化

采用在固硫剂中加入助剂来提高固硫率是一种较为经济可行的方法,国内对其进行了大量的研究，有些已经初步用于商业生产。采用某些助剂的溶液（如某些碱金属盐类等）对钙基固硫剂进行调制活化可以改善其微观结构，提高其反应活性，从而提高固硫率。

脱硫过程中可以采用碱金属化合物溶液进行调制。NaCl 溶液浸泡过的石灰石，在脱硫过程中可形成一种有着网络结构的 CaO，这种结构可以提高 CaO 的 $CaSO_4$ 的转化率，使固硫效率提高 8%；Na_2CO_3 的加入可以促使 CaO 晶格重排，不仅使孔的分布和尺寸有利于固硫，而且 Na_2CO_3 本身还有一定的固硫作用。

提高钙基固硫剂的高温固硫效率一直是一个研究的难点，其主要原因是固硫剂的高温烧结和固硫产物 $CaSO_4$ 的高温分解。国内外一些学者认为采用助剂的方式能改善固硫剂的微观结构，提高其抗烧结能力，同时在高温下形成复杂的具有高温热稳定性的含硫矿物，或者助剂与固硫产物形成低温共熔物从而包围并阻止 $CaSO_4$ 的分解，可以提高钙基固硫剂的高温固硫效率。在固硫剂中添加了铁、硅和锶等组分，在燃烧过程中生成新的 Ca-Fe-Si-O 体系，固硫效率明显提高，尤其在高温下固硫率较高。研究发现硫酸钙被高熔点硅酸盐矿物所包裹是高温下硫酸钙不易分解的重要原因，从而在高温下保持了较高的固硫率。碱金属化合物也可以促进固硫，原因在于：低熔点液相共熔物的形成使 CaO 孔隙变多，孔径变大，形成较为合适的孔径分布。

　　B　硅藻土脱硫

硅藻土属于生物成因的硅质沉积岩，主要由古代地质时期硅藻、海绵及放射虫的遗骸经长期的地质作用所形成，其主要化学成分为 SiO_2，硅藻土具有独特的微孔结构，比表面积大，堆密度小，孔体积大，因而其吸附能力强，但这并不表明硅藻土对任何物质都具有强吸附能力。发生在硅藻土孔隙内的吸附主要是物理吸附，既可以发生单分子吸附，也可以形成多分子层吸附，吸附的速率较快。硅藻土表面有大量不同种类的羟基，硅藻土中的羟基越多，则吸附性能越好。这些羟基在热处理条件下可以发生转化，改变硅藻土的吸附性能。并且这些羟基有一定的活性，可与其他物质发生反应或成键，改变硅藻土的吸附特性。硅羟基在水溶液中离解出氢离子，使其颗粒表现出一定的表面负电性。硅藻土的吸附性能与它的物理结构和化学结构密切相关，一般来说，比表面积越大，吸附量越大；孔径越大，吸附质在孔内的扩散速率越大，则越有利于达到吸附平衡。但在一定孔体积下，孔径增大会降低比表面积，从而减小吸附平衡量；孔径一定时，孔容越大，吸附量就越大。

提纯后的硅藻精土不同于硅藻原土，它具有整体均匀一致的微粒和比较干净的表面，从而使其比表面充分展露出来，使表面特性达到最大的展现。均匀一致是指具有一致均匀的大小、外形尺度、表面理化性能等，这是目前人造微粒所难以实现的。硅藻土表面带有负电性，所以对于带正电荷的胶体态污染物来说，它可通过电中和而使胶体脱稳。但对带负电的胶体颗粒只能起压缩双电层的作用，无法使其脱稳。所以向硅藻精土中加入适量的其他阳离子混凝剂，制成改性硅藻土混凝剂。当带正电荷的高分子物质或高聚合离子吸附了负电荷胶体粒子后，就产生了电中和作用，从而达到吸附作用。

因此，硅藻土在烟气脱硫应用中主要是借助于其丰富的微孔结构通过物理吸附来达到对二氧化硫的去除，硅藻土中羟基越多，吸附性能越好，在水分存在的条件下，硅羟基可通过化学反应的方式去除烟气中的二氧化硫。

　　C　吸收材料脱硫

用石灰石浆料、生石灰或双碱液吸收硫是比较早的烟气脱硫工艺，目前来说技术已经比较成熟。这种方法设备简单，操作容易，脱硫效率高。但脱硫后烟气温度较低，对于烟囱排烟扩散不利。使用不同的吸收剂可获得不同的副产物而加以利用，因此湿法是各国研究最多的方法。

　　a　石灰石或生石灰

　　以石灰石粉末或消石灰在水中形成石灰石粉浆液或石灰乳作为吸收剂，吸收 SO_2。在吸收塔内使吸收剂与尾气逆流接触，则 SO_2 被吸收生成亚硫酸钙而被除去。这种方法很早就在工业上应用。由于原料便宜、来源广泛、脱硫率在 90% 以上，投资和操作费用最低，生成的亚硫酸钙是塑料的良好添加剂，也可经空气氧化（用 Fe^{2+} 作催化剂）生成石膏，我国对脱硫石膏的应用主要集中在水泥、石膏板的生产行业中。与天然石膏相比，脱硫石膏的化学性质更稳定，但其最大的问题就是含水率较高，黏性较强，会引起运输困难化及设备堵塞积料等现象。因此，需要改善脱硫石膏的品质，保证脱硫石膏的含水率（质量分数）达到 10% 以下的指标。为保证脱硫石膏的品质，石灰石烟气脱硫过程中需要：（1）采用较高纯度的石灰石原料，减少原料中杂质的夹带；（2）提高石灰石的转化率；（3）对浆液进行强制氧化，保证 $CaSO_3 \cdot 2H_2O$ 或 $Ca(HSO_3)_2$ 完全转化为 $CaSO_4 \cdot 2H_2O$；（4）严格控制生成石膏的粒度大小及 F 离子和 Cr 离子的含量。

　　影响石灰石脱硫的主要因素：

　　（1）温度。SO_2 吸收的反应是放热反应，因此烟气温度越低，越利于 SO_2 溶解形成 HSO_3^-。从负荷变化情况上来看，在相同吸收塔入口 SO_2 浓度下，随锅炉负荷升高和排烟温度升高，脱硫效率下降。

　　（2）pH 值。高 pH 值浆液中有较多的 $CaCO_3$ 存在，对脱硫有益，但 pH>5.8 后脱硫率反而降低，Ca^{2+} 析出越来越困难；低 pH 值能促使石灰石溶解，但不利于脱硫，也易造成设备酸性腐蚀。因此，建议 pH 值控制在 5.5~5.8 之间。

　　（3）石灰石粒径。石灰石粉的细度是影响脱硫效率的一个重要因素，反应接触面积很大程度上决定了化学反应速度，石灰石粉的颗粒越细，质量比表面积就越大，单位质量的化学反应的接触面积也越大，脱硫效率及石灰石利用率较高。但石灰石的粒度越小，破碎的能耗越高。要研磨较细的石灰石粉，需要有较大的磨机，消耗较高的电能，增加投资，这需要权衡利弊，综合考虑。通常要求的石灰石粉通过 250 目筛或 325 目筛的过筛率达到 90%。

　　（4）钙硫比。钙硫比就是脱硫过程中使用石灰石中钙的物质的量的与脱除的 SO_2 中硫的物质的量的比值，钙硫比的理论值为 1，钙硫比越大，其需要消耗的石灰石就越多。试验表明，当 Ca/S = 1.02~1.05 时，脱硫效率最高，吸收剂具有最佳的利用率，当钙硫比低于 1.02 或高于 1.05 以后，吸收剂的利用率均明显下降，而且，当钙硫比大于 1.05 以后，脱硫率开始趋于稳定。

　　（5）飞灰含量。当烟气中飞灰含量过高时，将会对石灰石的溶解性产生负面影响，降低石灰石中 Ca^{2+} 的溶解速率。粉尘中的氟、铝等形成配合物，对石灰石颗粒形成包裹，不但会使石膏浆液中含有过多细小的石灰石颗粒，而且还会使浆液 pH 值下降，对于 SO_2 的吸收造成不利影响，导致脱硫效率的下降。另外飞灰中的一些重金属如 Hg、Mg、Cd、Zn 等会抑制 Ca^{2+} 和 SO_2 的反应，降低脱硫效率。

　　添加剂的使用是优化湿法烟气脱硫效率最简单、有效的措施，可以有效地提高 SO_2 的去除率。合理的脱硫添加剂必须具有减小石灰石浆液液滴表面张力促进 SO_2 吸收，缓冲气液交界面处液膜及石灰石颗粒表面液膜内的 pH 值变化，减轻系统结垢，无毒且对系统无腐蚀性等作用。脱硫添加剂主要可分为无机添加剂和有机添加剂两大类，无机盐添加剂主要集中在本身就具有一定脱硫能力的添加剂，如 NaCl、Na_2SO_4、$MgSO_4$、$MgCl$、$Mg(OH)_2$等，其中镁类添加剂的应用最多。在石灰石脱硫浆液系统中添加一定量的煅烧后的白云石，镁离子能积累到合适的浓度，滤饼可不洗除。有机物添加剂又被称为缓冲添加剂，多为有机酸，有机酸可促进 SO_2 溶解生成的 H^+ 离子在气-液两相与液-固两相间的传递，促进 SO_2 的吸收。

　　b　镁法脱硫

氧化镁法脱硫技术由于具有系统简单、不易结垢等优势，也得到了广泛的应用。在镁法烟气脱硫过程且已有工业应用业绩或是试验研究项目中，所使用的镁剂多种多样，包括合成法氢氧化镁、菱镁矿、水镁石和轻烧氧化镁等。

　　(1) 菱镁矿。用菱镁矿作为脱硫剂进行烟气脱硫的早期研究由波兰、捷克两国学者所完成。在用菱镁矿作为脱硫剂进行烟气处理的过程中，特别强调要对原矿进行精选，以制备含钙量低的料浆，用小于 3mm 的原矿代替煅烧矿可使过程更简单、更经济。用菱镁矿进行烟气脱硫，不仅可降低能耗、简化程序，由于原矿中含有 Fe^{2+}，还可以防止亚硫酸镁的氧化，对亚硫酸镁再生回收过程有利。用于烟气脱硫的菱镁矿选用准则有两点：一是原矿中 $MgCO_3$ 含量及其对 SO_2 的吸收能力，二是煅烧矿中 SiO_2、Fe_2O_3 和 Al_2O_3 的含量。

　　(2) 水镁石。水镁石主要成分为氢氧化镁，是迄今为止发现的含镁量最高的一种矿物。利用天然高镁矿物水镁石作为脱硫剂进行烟气脱硫，副产物以硫酸镁形式予以回收用做肥料。利用水镁石料浆进行烟气脱硫包括如下程序：水镁石原矿选取，原矿粗破碎、细粉碎，水镁石细粉与水混合调制成水镁石料浆，水镁石料浆与烟气中 SO_2 在脱硫反应器中接触，SO_2 被脱除。也可以将水镁石添加在锅炉燃料中，可以减少高矾和高硫燃料对锅炉的危害，降低二氧化硫和其他有害气体的排放。水镁石由于其晶体结构和热特性不同，对脱硫效果具有直接的影响。不是所有的水镁石都能满足脱硫要求的，故选择符合脱硫要求的水镁石原料至关重要。出于技术层面的考虑，选用产于中国的水镁石可满足脱硫作业的需要。到目前为止尚无水镁石在脱硫工程中应用的先例，但水镁石法不仅提高了脱硫作业的经济效益，而且具有较高的脱硫效率，其应用于工程项目的前景是乐观的。

6.2.2.2　烟气脱硝材料

脱硝技术的关键是脱硝催化剂，催化剂的活性和 N_2 选择性等性能直接影响整个选择性催化还原 (SCR) 系统的脱硝效果。在商用的催化剂 V_2O_5-WO_3/TiO_2 上，300℃ 时 NO 转化率达 90% 以上。缺点是高尘烟气中含有大量的粉尘和 SO_2 易导致催化剂堵塞和中毒，对催化剂的防磨损和防堵塞的性能要求高。低温 NH_3-SCR 技术是将 SCR 反应器布置于除尘脱硫之后，避免粉尘和 SO_2 的影响，而且便于和现有的锅炉系统相匹配，装置设备费用和运行费用较低；此外，由于 SCR 反应在低温进行，还原剂的直接氧化损耗也将降低。因此，相比而言，低温 NH_3-SCR 技术具有更好的经济实用性，高效且易于推广。但该技术的难点是烟气在经过除尘和脱硫之后，温度降至 150℃ 以下，催化剂的低温问题尤显突出。

脱硝的影响因素：

　　(1) 烟气温度。采用 V_2O_5/TiO_2 作催化剂时，烟气温度对脱硝效率有较大的影响，在

340~400℃内，随着烟气温度的升高，催化剂的反应活性增加，脱硝效率逐渐增加，400℃时脱硝效率达到最大值80%。烟温大于400℃时，随着烟温的升高，脱硝效率反而降低。

（2）NH_3/NO 摩尔比：理论上，1mol 的 NO 需要 1mol 的 NH_3 去脱除。根据化学反应平衡知识，NH_3 量不足会导致 NO_x 的脱除效率降低，但在工程实践中，NH_3 过量又会带来 NH_3 对环境的二次污染，一般在设计过程中，NH_3/NO 的值控制在 0.8~1.2 的范围内比较合适。

A 锰基催化剂

锰基催化剂具有良好的低温活性，是一种具有潜力的低温催化剂。中国锰矿资源较多，分布广泛，在全国 21 个省（区）均有产出；有探明储量的矿区 213 处，总保有储量矿石 5.66 亿吨，居世界第 3 位。目前国内外的低温 SCR 催化剂的研究主要集中在 MnO_x 催化剂上，因为锰氧化物的种类和相对应的 Mn 元素价态较多，在反应过程中可以相互转化，因而有利于催化还原反应的进行，而且有部分催化剂已显示出了非常好的低温活性。MnO_x 由于含有大量游离的 O，使其在催化过程中能够完成良好的催化循环。

目前文献中所报道的锰基催化剂分为三类：一类是负载型催化剂，例如 MnO_x/AlO_3、MnO_x/TiO_2、MnO_x/USY（超稳定 Y 型分子筛）和 MnO_x 活性炭等；另一类是非负载型锰基催化剂，即通过某种前驱体直接获得的含 Mn 的氧化物催化剂；此外，还有一类双金属氧化物的锰基催化剂也多次见诸报道，该类催化剂在锰氧化物中添加了另一种金属氧化物，利用两种金属的协同作用，取得了较好的低温 SCR 反应活性。

B 海泡石吸附剂

海泡石作为吸附剂用于去除有害气体中的氨气、甲醛、硫化物等污染物表现出较好的效果。海泡石作为载体复合 CuO 催化 CO 还原 NO_x，用于汽车尾气中 NO_x 净化。海泡石作为催化剂载体与等离子体协同作用对柴油机尾气炭黑颗粒物进行吸附净化。

海泡石是新型的天然矿物质吸附剂，一般呈致密的黏土或纤维集合体，其理论单元结构式为 $(Si_{12})(Mg_8)(O_{30})(OH)_4(OH)_2 \cdot 8H_2O$。整体结构是由块和沿纤维晶轴方向延伸的孔道交替形成，且每一个块都由两个四面体 SiO_2 薄片包裹着一个八面体 MgO 中心薄片构成。海泡石的这种特殊结构决定了它具有很高的比表面积和良好的化学和机械稳定性，使之与沸石、膨润土、蛭石等无机载体相比表现出更好的吸附性能、流变性能和催化性能。

海泡石矿物可以分三类吸附活性中心：硅氧四面体层中的氧原子由于带有许多弱电荷，与吸附物之间发生微弱的静电力作用而产生吸附作用；与边缘镁离子配位的水分子，能与吸附物之间形成氢键；因 Si—O—Si 键被破坏而在硅氧四面体的表面形成 Si—OH 基团，与被吸附物发生配合反应而产生吸附作用。这些活性中心为海泡石的物理吸附及化学吸附提供了有利条件，提高了海泡石的吸附能力。

Murathan 等人在研究不同参数对海泡石吸附 NO_2 气体的影响中指出，海泡石对 NO_2 的吸附能力随着床层高度、吸附剂颗粒尺寸、NO_2 气体浓度的增加而增加，而随 NO_2 气体流率的增加而降低。与其他材料（珍珠岩）相比，海泡石吸附性能更优。

C 分子筛

常用作吸附剂的分子筛有氢型丝光沸石、氢型皂沸石等。以氢型丝光沸石 $Na_2Al_2Si_{10}O_{24}$ ·

$7H_2O$ 为例，该物质对 NO_2 有较高的吸附能力，在有氧条件下，能够将 NO 氧化为 NO_2 加以吸附。利用分子筛作吸附剂来净化氮氧化物是吸附法中最有前途的一种方法。国外已有工业装置用于处理硝酸尾气，可将 NO_2 浓度由（$1500\sim3000$）$\times10^{-6}$ 降低到了 5×10^{-5}，回收的硝酸量可达工厂生产量的 2.5%。大部分分子筛具有优良的吸附性能、适宜的表面酸性和灵活性，在制备中通过改变分子筛表面或骨架中活性组分的种类与赋存状态，能使催化剂的活性温度发生相应的改变，使得活性温度可控，大大提高了催化剂的抗中毒能力。

6.2.2.3　烟气脱硫脱硝材料

烟气同时脱硫脱硝的技术和经济性有明显的优势，但目前仍处于试验研究或工业装置示范阶段，只有很少的装置投入商业化运行，因此，找寻及开发出适宜同时脱硫脱硝的介质材料，有助于推进其商业化运行。

A　稀土氧化物材料

稀土元素具有未充满电子的 4f 轨道和镧系收缩等特征，作为催化剂的活性组分或载体使用时表现出独特的性能，如 Ce 的 4f 轨道可以起到电子"储存器"的功能，有效地储存伴随氧空位形成所产生的自由电子，而这些高度局域化的表面电子可以很好地促进分子氧的吸附和活化，从而赋予催化剂良好的储/放氧能力及氧化性能。又如 La 在分子筛催化剂中的存在可以调节催化剂表面的酸性能，增强结构的稳定性，从而提高催化剂的性能。

基于 Ce 元素具有 Ce^{3+}/Ce^{4+} 的可变价特性，氧化铈具有良好的储/放氧性能，在贫氧或还原条件下，CeO_2 表面的一部分 Ce^{4+} 被还原成 Ce^{3+}，并产生氧空位，而在富氧或氧化条件下，Ce^{3+} 又被氧化为 Ce^{4+}，即 CeO_{2-x} 又转化成 CeO_2，从而实现氧的释放-存储这一循环过程。

稀土氧化物材料在烟气脱硫过程中显示出独特的吸收和催化性能，最早开发研究用于烟气脱硫过程的含稀土氧化物是 CeO_2/Al_2O_3。稀土氧化物催化还原脱除烟气中的 SO_2 所涉及的催化剂主要有钙钛矿型稀土复合氧化物、萤石型稀土复合氧化物，以及其他稀土氧化物。

含铈铝酸镁尖晶石，是脱除催化裂化烟道气中 SO_2 的最有效催化剂。这种催化剂系列在 SO_2 中抗硫中毒性强，对 CO 还原 NO_x 的反应具有明显的活性，可以有效地同时控制烟道气中 SO_2 和 NO_2 的排放量，但是要处理反应放出来的 H_2S。CeO_2 具有良好的氧化性能，可促使 SO_2 氧化成 SO_3，所具有的碱性可以吸附 SO 形成硫酸盐，然后经还原、克劳斯（Claus）反应可转化为单质硫。

a　钙钛矿型稀土复合氧化物

Happel 最早将钙钛矿型复合氧化物用于 CO 还原 SO_2 的反应，他指出 $LaTiO_3$ 对反应具有催化活性，并且可以抑制 COS 的生成。

钙钛矿型氧化物（以下简称 ABO_3）是一种含稀土元素（A 位）的复合氧化物，其中 B 位为过渡金属离子的结构，常具有较高的氧化和还原活性。氧化物活性主要取决于 B 位元素，活性顺序一般为 Co>Mn>Ni>Fe>Cr。稀土元素很少直接作为活性点起催化作用，大多数只是作为晶体稳定点阵的组成部分，间接地发挥作用。钙钛矿型氧化物是结构与钙钛石（$CaTiO_3$）相同的一大类化合物，其结构如图 6-3 所示。其中，B 位金属离子被八面体分布的氧所包围，A 位半径较大的金属离子处于这些八面体所构成的空穴中心。

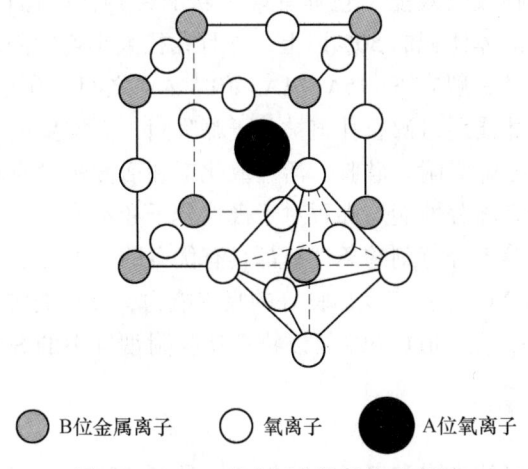

○ B位金属离子　○ 氧离子　● A位氧离子

图6-3　ABO_3复合氧化物结构示意图

日本用稀土进行煤的催化气化研究，用硝酸镧、硝酸铈、硝酸钐负载在原煤上，气化率比过去用硝酸钠明显提高。刘勇健等人采用稀土型（主要为镧和铈）脱硫剂对模拟烟道气进行脱硫实验，发现稀土型脱硫剂发生脱硫反应的温度区间较宽，为150~200℃，与实际烟道气温度（160℃）比较吻合，而且脱硫率可达90%左右，脱硫剂也可以再生重复使用，所以该稀土型脱硫剂适用于烟道气中SO_2的脱除。

b　萤石型稀土复合氧化物

萤石，化学式为CaF_2，Ca^{2+}离子常被稀土元素（RE）取代而具有荧光性能，且其发光效率高、发射波长范围广、理化性质稳定。在CO还原SO_2到元素硫方面，以萤石型CeO_2为载体的催化剂和Cu-Ce-O复合氧化物对反应都具有很高的活性和选择性。添加活性过渡金属于萤石型氧化物中可以明显降低反应的最高转化温度（SO_2的转化率超过90%时的反应温度），并提高催化剂耐H_2O和CO_2中毒的能力，并且无论是新鲜催化剂还是使用后的催化剂都存在着稳定的萤石型结构和铜微粒。

稀土氧化物作为吸收剂脱硫技术的优点是这种固体脱硫吸收剂可再生循环使用，烟气中的氧气对该法无不利影响，可以用于烟气中同时脱除SO_2和NO_x的工艺，实现脱硫脱氮一体化；其缺点是要设计一套过程来处理再生时释放出来的SO_2，能耗高，处理工艺繁多，处理设备占地面积大，造成烟气脱硫投资大，运行费用远比催化法高，如先把SO_2部分还原为H_2S，然后按Claus反应得到工业上有用的硫黄。由于CeO_2氧空位具有较好的NO吸附和解离能力，因此CeO_2也被用于NO_x还原反应过程中。V_2O_5-WO_3/TiO_2是目前电厂烟气脱硝广泛使用的催化剂，CeO_2/Al_2O用于同时脱除烟气中的SO_2和NO_2，脱氮脱硫效率都大于90%。

B　沸石

自然界已发现的沸石有80多种，较常见的有方沸石、菱沸石、钙沸石、片沸石、钠沸石、丝光沸石、辉沸石等，都以含钙、钠为主，含水量的多少随外界温度和湿度的变化而变化。所属晶系以单斜晶系和正交晶系（斜方晶系）为主。1945年，Barrer等人首次通过水热方法人工合成了沸石。自此，人工合成沸石便成为沸石矿物材料的研究热点之一。近年来，沸石矿物材料在国内外取得了诸多研究进展。

沸石分子筛具有选择吸附效能，它具有蜂窝状的结构，晶体内的晶穴和孔道互相沟通，孔穴的体积占沸石晶体体积的 50% 以上，并且孔径大小均匀固定，与通常分子的大小相当。分子筛空腔的直径一般在 6~15Å（1Å = 10^{-10}m）之间，孔径在 3~10Å 之间。只有那些直径比较小的分子才能通过沸石孔道被分子筛吸附，而构型庞大的分子由于不能进入沸石孔道，则不能被分子筛吸附。硅胶、活性氧化铝和活性炭没有均匀的孔径，孔径分布范围十分宽广，因而没有筛分性能。沸石对于极性分子和不饱和分子有很高的亲和力，在低分压、低浓度、高温等十分苛刻的条件下都具有优良的吸附性能。对具有极性的气体分子（SO_2、H_2S、NH_3 和 NO 等）表现出良好的吸附能力，高硅类沸石在热和酸性环境中比活性炭（焦）稳定性好，在 350℃ 下主要以物理法吸附烟气中的 SO_2；当温度高于 500℃，化学吸附起主要作用。

C　凹凸棒石

凹凸棒土表现出良好的吸附和离子交换性能，具有独特的物理、化学性质，可以很好地净化废气中的有害气体，加热或以化学剂处理即可使凹凸棒土重生循环使用。

凹凸棒土不仅具有良好的吸附性能，而且富含表面活性中心，凹凸棒石的吸附性与比表面积、表面物理化学结构以及离子状态有关，其中比表面积和孔结构影响其物理吸附能力，而基于其独特的表面物理化学结构和表面电荷不平衡形成的吸附中心影响其化学吸附效果。吸附过程中是物理吸附还是化学吸附起主要作用，视具体情况而定。与此同时，凹凸棒石的晶体结构也会制约其吸附性质。其晶体结构孔道对很多污染物是无效的，只有直径小于凹凸棒石孔道直径的吸附质的分子或离子才能进入其晶体的内部孔道，被孔道内表面吸附，而较大的分子则不能进入其内部孔道，只能被外表面吸附，但外表面积相对较小，吸附能力有限，因此将凹凸棒石用作吸附剂去除污染物时必须考虑到吸附质的分子或离子直径。再则，凹凸棒石的吸附性质还具有较强的选择性，对极性分子表现出较强的吸附能力，因此研究和使用凹凸棒石作为吸附剂时还需考虑介质中各组分对吸附性能的影响。在对工业尾气中有害气体如 NO 和 SO_2 吸附的同时，还有催化及助催化作用。通过添加其他活性组分改性的凹凸棒土热稳定性及吸附性能更好，在废气净化处理时能达到较高的去除率。

D　蒙脱石

蒙脱石层间化合物作为一类新型的功能材料，在催化剂和催化剂载体，择形吸附剂以及纳米级复合材料等领域显示了广阔的应用前景，也有研究利用蒙脱石矿物脱硫脱硝。蒙脱石经无机、有机柱撑后形成的有机-无机柱撑蒙脱石层间距大，吸附能力强，热稳定性高，有较高的比表面积，具有一定的表面酸性并且在较高的碱性条件下仍能保持层状。复合氧化物脱硫剂含有 Zn、C、Mn 的氧化物，这些过渡金属氧化物和有机物中的硫生成 Zn、Cu、Mn 的硫化物达到脱硫目的。无机-有机柱撑蒙脱石具有较大的比表面积和层间距，适用于负载复合氧化物脱硫剂使有机硫与催化剂充分接触，使得脱硫效果显著增强。

国外利用蒙脱石的吸附性能制成汽车尾气排气管过滤器来吸附汽车尾气。还有研究表明，Cu-Al 柱撑蒙脱石、Cu-Fe-Al 柱撑蒙脱石、V-T 柱撑蒙脱石等是 NO 气体的优良选择性还原催化剂，其在 250~450℃ 可使 NO 与 NH_3 的还原反应转化率达 90%~100%，显示了作为环境催化剂的良好潜力。

6.2.3 VOCs 的治理

挥发性有机物 VOCs 是大气中气态的有机物，世界卫生组织将其定义为：沸点为 50~260℃ 的一系列易挥发性化合物，其组分十分复杂，包括许多种不同的有机物质。室外 VOCs 主要来自燃料燃烧和交通运输；室内主要来自燃煤和天然气等燃烧产物、吸烟、采暖和烹调等的烟雾，建筑和装饰材料、家具、家用电器、清洁剂和人体本身的排放等。VOCs 是光化学烟雾生成的主控因子，并且 VOCs 转化及其对二次气溶胶生成的贡献是认识大气 $PM_{2.5}$ 浓度、化学组成和变化规律的核心科学问题。VOCs 转化生成的二次有机气溶胶（secondary organic aerosol，SOA）在细颗粒有机物质量浓度中占 20%~50%。虽然对于二次有机气溶胶的前体物还没有确切的结论，但普遍认为高碳的 VOCs 对气溶胶的生成作用较大，芳香烃类化合物是生成二次气溶胶的主要物种。

6.2.3.1 催化剂处理 VOCs

燃烧法（直接燃烧、热力燃烧和催化燃烧）是挥发性有机化合物最常用的净化技术，其中直接燃烧和热力燃烧所需操作温度高，燃烧反应中往往需要较多的辅助燃料，同时易产生燃烧副产物，在实际应用中受到一定的限制。催化氧化法始于 20 世纪 40 年代，主要用于工业恶臭废气处理和装置的能量回收。由于催化氧化技术具有高效、节能、环保、产物易于控制等优点，目前已成为净化可燃性含碳氢化合物和恶臭气体的有效手段，催化氧化性有机污染物废气净化。催化氧化技术是典型的气-固相催化过程，反应中挥发性有机废气在催化剂的作用下发生完全氧化反应。催化剂的作用是降低反应的活化能，同时使反应物分子富集于催化剂表面，提高反应速率，借助催化剂可以使有机废气在较低的起燃温度下发生无火焰燃烧，并氧化为 CO_2 和 H_2O，同时放出大量的热。催化氧化法的净化效率通常在 95% 以上。

催化剂的选择对于催化氧化反应来说至关重要，催化剂通常由载体、活性组分和助催化剂三部分组成。载体除了可分散活性组分，也具有调节催化性能的作用，如载体表面的酸性中心具有活化 VOCs 的作用，合适的载体是保证催化剂性能的前提。VOCs 催化氧化属于强放热反应，反应中催化剂处于较高的温度条件下，理想的催化剂载体应具备良好的热稳定性、足够的机械强度、较小的气流阻力、足够的比表面积和发达的孔隙结构、适当的导热和热膨胀系数。常用的用于催化燃烧 VOCs 的催化剂的活性成分可分为贵金属、金属氧化物、复合金属氧化物催化剂三大类。

A 贵金属催化剂

催化燃烧中常见的贵金属催化剂是以 Pd、Pt、Au、Ru 等为活性组分，以过渡金属氧化物、分子筛、改性柱撑黏土等为载体。贵金属催化剂具有高活性和低起燃温度的特点，其对 VOCs 的氧化性能受到诸多因素的影响，如催化剂的预处理条件、活性相第二组分的引入、载体性质、助剂成分、活性相分散度、反应物分子结构等。相比其他贵金属而言，Pd 和 Pt 具有稳定性好等优点，在挥发性有机污染物催化氧化中被广泛应用。Pd 和 Pt 对不同反应物的氧化活性呈现出一定的差异，Pd 基催化剂对烯烃的氧化性能一般优于 Pt 基催化剂，而对 C_3 以上的烷烃则表现出相反的规律。

a Pt 基催化剂

Pt 基催化剂载体一般选择 γ-Al_2O_3、TiO_2、ZrO_2、沸石分子筛等，相对于 Pd 来说，Pt

对 VOCs 的催化氧化具有较高的活性，并且在处理含氯 VOCs 时有更高的 CO_2 选择性。

对于 Pt 催化剂来说，随着 Pt 颗粒尺寸的减小，Pt 的分散度提升，Pt^0 的比例则下降，因而采用合适的方法，精确控制组分颗粒的尺寸，是改善催化性能的有效途径。Chen 等研究了一系列 Pt 颗粒尺寸（1.3~2.3nm）的 Pt/ZSM-5 对甲苯的催化燃烧性能，结果显示，直径为 1.9nm 的 Pt 颗粒因其较高分散度和高比例 Pt^0 表现出了最佳的活性。其他类型 Al_2O_3 载体如 Al_2O_3 凝胶、Al_2O_3 薄膜等也得到了一定的关注。研究者采用"溶胶-凝胶法"和"冷冻干燥技术"制得了具有大比表面积和发达孔结构的 Al_2O_3 冷冻凝胶，发现该载体能够稳定 Pt 纳米粒子，使催化剂具有很高的热稳定性。

炭和分子筛也可作为 Pt 活性相载体应用到 VOCs 催化燃烧反应中。炭负载 Pt 催化剂较 Al_2O_3 有更高的活性，能够在温度较 Pt/γ-Al_2O_3 催化剂低 130~150℃ 的条件下实现苯、甲苯和二甲苯的氧化，但由于 VOCs 氧化属于放热反应，温度过高（>250℃）可能引起炭的自燃。介孔-大孔复合石墨碳材料的出现很好地弥补了以上不足，研究发现该类材料具有良好的热稳定性和有机废气电热脱附性能。

分子筛载体主要包括微孔沸石（ZSM-5、Beta、USY 等）、介孔分子筛（KIT-6、MCM-41、SBA-15 等）、大孔分子筛及多级孔复合分子筛，由于该类材料具有比较面积大、孔隙结构发达等优点，被广泛应用于 VOCs 催化燃烧研究中。微孔沸石分子筛具有良好的水热稳定性和可调的酸性，其负载 Pt 催化剂在 VOCs 催化燃烧（尤其是含氯有机物）中表现出较高的活性，但在催化氧化反应过程中催化剂容易因为表面积碳而逐渐失活。介孔和大孔分子筛具有较微孔分子筛更大的孔径和更高的表面疏水性，有利于反应物分子的吸附和产物分子（H_2O 等）的脱附扩散。

b　Pd 基催化剂

与负载型 Pt 催化剂相比，Pd 基催化剂具有优异的催化活性和水热稳定性，负载型 Pd 催化剂得到深入的研究，相关催化剂也被广泛应用于工业 VOCs 催化燃烧。Pd 型催化剂的常用载体包括分子筛、硅凝胶、改性柱撑黏土、ZrO_2、γ-A_2O_3、TiO_2、CeO_2、孔氧化物、钙钛矿、水滑石衍生氧化物等。不同载体在 Pd 活性相的分散、催化剂表面 Pd 粒子的氧化还原性能、催化氧化反应中反应物/产物的吸脱附中起着不同的作用。

分子筛具有较大的比表面积、可调的表面酸性、良好的传热传质性能，在 VOCs 催化氧化中受到了广泛关注。由于分子筛表面高度分散的金属 Pd 粒子在高温焙烧和反应中容易发生团聚和烧结，因此如何在确保纳米 Pd 粒子高活性的前提下提高其稳定性和抗烧结能力也是目前的研究热点之一。由于介孔分子筛拥有规整的孔道结构，研究发现可以通过嫁接法、亲疏两相溶液渗透等途径将纳米 Pd 粒子引入到分子筛的孔道内部，利用孔道的局限作用，能够有效防止 Pd 粒子的团聚同时还增大了反应物分子与活性相的接触概率，提高了反应速率。

相比惰性的氧化硅载体，过渡金属氧化物拥有可变的化合价态、丰富的晶格活性氧和一定的表面酸碱性，该类氧化物在作为载体的同时，还可能与贵金属活性相发生相互作用，从而改变反应的进程。氧化物载体能够改变 Pd 的氧化还原速率，而这对催化剂的活性起着关键性的作用。通过控制不同载体的酸碱性和载体与 Pd 活性相间的电子相互作用能够调控 Pd 基催化剂的催化活性。催化剂的催化活性主要依赖于 PdO 中 Pd—O 键的强弱，Pd^0 和 Pd^{2+} 间的转化速率与整个催化氧化进程成正比。由于载体效应，不同金属氧化物载体负载的 Pd 催化剂一般具有不同的催化氧化性能。研究人员系统地研究了 Al_2O_3、SiO_2、SnO_2、ZrO_2、Nb_2O_5、MgO 和 WO_3 负载 Pd 催化剂对甲苯的氧化性能，发现 Pd/ZrO_2 具有最高的氧化活性，他们认为高温烧结过程能够降低 ZrO_2 载体表面的酸性，从而导致 O 原子与 Pd 原子之间的亲和力降低，致使 Pd^{2+} 更容易被还原为 Pd^0，加速了甲苯氧化反应的进行。

c Au 基催化剂

金在催化反应中曾经被认为是惰性粒子，随着纳米材料的发展，人们逐渐发现当金的颗粒尺寸低于 3nm 时，它在很多化学反应中都会表现出很好的催化活性。有研究表明纳米金粒子能负载在很多基体上，如 TiO_2、Al_2O_3、Fe_2O_3 和 CeO_2 等，都在 CO 氧化反应中表现出良好的催化活性，但是这种性质在 SiO_2 基体上却表现得不明显。纳米金粒子能在很多反应中表现很高的催化活性，特别是在温度低于 200℃ 时。同时，金纳米粒子负载在多种基体材料上（如活性炭和沸石能）在环境保护中有广泛应用，特别是在常温、潮湿的环境下不需要加热即可有效清理污染的空气。Au 催化剂也较多地用于氧化反应、氧化分解、CO_x/NO_x 催化反应、选择性氧化、选择性加氢、氢氯化反应等。

B 金属氧化物催化剂

由于贵金属催化剂价格昂贵，使用成本高，在工业大规模应用中受到一定的限制。近年来研究者们把目光转向了过渡金属氧化物催化剂，研究表明：如果助剂、载体选择得当，过渡金属催化剂也能表现出很好的催化活性，且稳定性高、价格便宜。近年来，探索用过渡金属氧化物材料催化燃烧 VOCs 的研究一直是环境催化领域的研究热点，其中 Cu、Mn、Cr、V、Ce、Zr 等金属氧化物对 VOC 的催化燃烧都具有很好的活性，一些催化剂的活性甚至超过了贵金属催化剂。

单一过渡金属氧化物中研究较多的为 CoO_x、CuO_x、CrO_x，MnO_x 等，其他过渡金属氧化物如 ZrO_x、VO_x、FeO_x、TiO_x、NiO_x、UO_x 等也在 VOCs 的催化氧化中得到了一定的研究。

拥有较大比表面积和孔体积的氧化钴（尤其是粒径在 $1\sim30nm$ 的 Co_3O_4 纳米晶）具有较高的体相氧迁移性能和表面活性氧数量，在 VOCs 氧化中表现出较好的氧化活性。氧化钴纳米晶的丙烷氧化活性要远高于 5%Pd/Al_2O_3 催化剂，且具有良好的稳定性。氧化钴纳米晶在含氯 VOCs 的氧化过程中同样表现出非常优异的性能，通过沉淀分解途径得到的氧化钴晶粒（平均粒径 $\approx9nm$）能够在 310℃ 实现二氯乙烷的完全氧化（产物为 CO_2、HCl 和 Cl_2），显示了比 Pd/Pt 负载型催化剂、质子化沸石分子筛催化剂、Ce/Zr 和 Mn/Zr 更加优越的性能。同时催化剂表面的 Lewis 酸位在反应中能够充当含氯化合物的吸附位而进一步提高反应速率。稀土元素 Ce 具有良好的氧化还原性能和储放氧能力，Co_3O_4-CeO_2 中 Co 和 Ce 原子之间的结合能促进活性氧的形成和加速活性氧的传递。

Cu 基催化剂在芳香族 VOCs 的氧化中具有优良的性能。Kim 等考察了 Al_2O_3 负载的 Cu、Mn、Fe、V、Mo、Co、Ni 和 Zn 氧化物催化氧化苯和甲苯的性能，结果表明，金属负载量（质量分数）为 15% 的催化剂的活性顺序由高到低为 Cu>Mn>Fe>V>Mo>Co>Ni>Zn。失活 Cu 基催化剂的再生问题亦引起了研究者的关注。反应后 Cu 基催化剂的再生性能受不同条件影响，如再生气氛（空气、氢气和酸洗）和再生温度，氢气前处理能显著提高催化剂的活性，且处理温度越高活性越好。

有关 Mn 基复合氧化物催化燃烧 VOCs 的报道也很活跃，如 $\gamma\text{-}MnO_2$ 具有很好的处理正己烷、三氯乙烯等 VOCs 的潜力，还有在锰基氧化物上催化燃烧 VOCs 反应动力学、氧化机理和反应途径的研究。

C　复合金属氧化物催化剂

一般认为，单一金属氧化物催化剂活性不如复合金属氧化物催化剂，原因是起燃温度太高，催化燃烧性能不够理想。复合氧化物往往表现出与单一金属氧化物截然不同的催化行为，复合氧化物催化剂中金属之间能够形成氧负离子，使一般有机物能够更容易接近，提高催化活性。常见的复合氧化物有 $CuMnO_x$、$CuCrO_x$、$CuVO_x$、$FeTiO_x$、$FeCrO_x$ 等。复合氧化物的催化性能受催化剂活性相类型与相对含量、载体性质和制备方法等因素的影响。

Zimowska 等采用共沉淀法制备了 Cu-Mn 复合物催化剂，分析表明，该催化剂由表面覆盖富含氧化锰的 CuO 微晶组成。随制备过程中 pH 值增大，Mn 的相对含量增加，相应地甲苯催化燃烧活性也提高。Kim 等研究了不同价态 Mn 氧化物催化甲苯完全氧化反应的活性，结果表明，3 种价态 Mn 氧化物的催化活性顺序为 $Mn_3O_4 > Mn_2O_3 > MnO_2$；向 Mn_3O_4 中掺入碱金属 K、Ca、Mg 后，催化剂活性进一步提高。

a　钙钛矿型催化剂

钙钛矿型氧化物（传统钙钛矿、负载型钙钛矿和多孔钙钛矿）ABO_3（A = La、Nd、Gd、Y、Eu、Sr、Ce 等；B = Co、Mn、Fe、Cr、Ni 等）在 VOCs 催化氧化中受到了广泛关注，其中 A 位主要为 La、Eu 和 Sr，B 位主要为 Co、Mn 和 Fe。A 位和 B 位离子可被其他化合价态和离子结构等相似的金属离子部分取代，如部分 B 可以被 B′（通式为 $AB_yB'_{1-y}O_3$）替代，形成多种替代结构缺陷和更多的氧空位，以提升催化剂稳定性和氧化还原能力。

钙钛矿的比表面积小、强度低，一种改进钙钛矿型催化剂的方法就是将活性物质负载在大比表面的活性载体上，有人将钙钛矿型 $LaCoO_3$ 高度分散在 SBA-15 的孔道壁上，这种催化剂表现出优异的处理低浓度苯和甲苯的催化燃烧活性，降低了点火温度并且增加了反应速率。

钙钛矿材料的结构掺杂也是提高其催化燃烧活性的一种有效方法。卢晗锋等制备了 0.5%（质量分数）金掺杂的 Au-LSM 和 Au/LSM 钙钛矿催化剂，Au 掺杂并未改变 $La_{0.8}Sr_{0.2}MnO_3$ 催化剂的结构，但明显增强了催化剂表面氧的活动性，提高了其低温催化燃烧甲苯的活性。

b　尖晶石型催化剂

尖晶石型复合氧化物，结构通式为 AB_2O_4，属面心立方结构，结构中 A 原子与氧的关系为正四面体，B 原子和氧原子的关系是 B 在正八面体的中心、上下、前后、左右共有 6 个氧原子与其配位。其中的 A、B 离子被半径相近的其他金属离子所取代可形成混合尖晶石。主要的尖晶石型催化燃烧体系是以 Cu、Cr、Mn、Co、Fe 为主要活性组分的催化剂，故尖晶石类化学性质稳定，有良好的热稳定性。众多过渡金属阳离子可以填充到这种结构中，如 Zn^{2+}、Ca^{2+}、Ga^{2+}、In^{3+}、Fe^{2+}/Fe^{3+}、Mn^{2+}/Mn^{3+}、Cu^{2+}、Co^{2+}、Ti^{3+}、Cr^{3+} 等，金属阳离子的分布对尖晶石型复合氧化物材料的性能有重大的影响。尖晶石拥有阳离子空位、表面能大的棱/角缺陷、热稳定性高等独特的结构和表面属性，作为催化剂或载体在催化领域中得到了广泛应用。

c 水滑石衍生复合氧化物

水滑石类阴离子黏土主要有水滑石（hydrotalcite，HT）和类水滑石化合物（hydrotalcite like comound，Hylc），其主体一般由两种金属的氢氧化物构成，又称为层状双金属氢氧化物（layered double hydroxide，LD）。LDHs 的通式为 $\left[M_{1-x}^{2+}M_x^{3+}(OH)_2\right]^{x+}(A^{n-})_{x/n}\cdot mH_2O$，其中 M^{2+} 和 M^{3+} 分别为离子半径与 Mg^{2+} 接近的二价和三价金属阳离子，A 为层间阴离子（主要包括无机或有机阴离子、配合物阴离子、同多或杂多阴离子等）。将不同金属取代的 LDHs 前驱体材料在不同温度下焙烧后就可得到较大比表面积和金属离子分布均匀的水滑石衍生复合氧化物催化材料，通过调变 M 和 M 阳离子的种类和相对含量可以制备具有不同性能和结构的复合氧化物催化剂。

在 VOCs 催化氧化中，$Cu_xMg_{3-x}AlO$ 和 $Co_xMg_{3-x}AlO$ 是两种常见的催化剂，其他一元和二元金属取代型氧化物也有所研究。不同金属取代的 MgAlO 催化剂具有不同的活性和选择性。

6.2.3.2 吸附剂处理 VOCs

吸附法在治理工业有机废气污染方面也是常用的方法之一。该法主要是利用吸附体具有密集的细孔结构，内表面积大，对有机废气具有特殊的吸附性能，达到净化废气的目的。作为吸附体材料应具有吸附性能好，化学性质稳定，耐酸碱、耐水、耐高温高压不易破碎和对空气阻力小等特性。常用的吸附体有活性炭、坡缕石、人工沸石等。

坡缕石是一种性能良好的吸附剂，坡缕石的吸附作用主要有物理吸附和化学吸附，大的表面积和表面物理化学结构及离子状态是影响坡缕石吸附作用的主要因素。其中物理吸附的实质是通过范德华力将吸附质分子吸附在坡缕石内外表面。坡缕石内部存在着大量的沸石孔道，使坡缕石具有巨大的内比表面积，同时单个坡缕石晶体呈细小针、棒状，聚集时呈毡状无规则沉淀，干燥后中间呈大小不均的次生孔隙，因而坡缕石就拥有了很大的比表面积。坡缕石的吸附作用主要是化学吸附。而天然坡缕石黏土由于含有杂质，在对坡缕石进行开发利用时一般会对其进行提纯和改性。经过提纯和改性处理后，坡缕石的吸附性和催化性都得到了提高，被广泛用作吸附剂。国内在其吸附净化 VOCs 以及吸附后加热再生性能方面的研究目前还比较少。坡缕石的吸附性能比较差，但其平均孔道直径较大，分子在孔道内的扩散阻力较小，因此具有较好的吸附再生能力。吸附质特性对坡缕石吸附性能的影响关系还不太明确，坡缕石吸附 VOCs 时的有效吸附孔径分布范围仍需要进一步研究。

6.2.4 室内空气环境净化

室内空气质量对人类身体健康的影响日益成为全世界普遍关心的问题。室内空气污染是指在封闭空间内的空气中存在对人体健康有危害的物质，并且浓度已经超过国家标准，达到可以伤害到人体健康的程度。室内空气污染物主要来源于室内装修材料和建筑材料、室内用品、人类活动、人体自身的新陈代谢、生物性污染源和室外来源等。

室内空气污染物按照结构可分为：挥发性有机化合物（包括源于建筑材料的甲醛、苯、甲苯、氯仿等，厨房油烟及香烟烟雾等有机蒸气）、可吸入固体颗粒物（主要是悬浮的粉尘微粒，包括灰尘、烟尘、毛发、皮屑等）、有害无机小分子（包括 CO、NO_x、SO_2 等）、悬浮微生物（包括霉菌、细菌、病毒等）。

为保证室内空气质量、保护人们的身体健康，空气净化技术被广泛用于控制和消除空气中的污染物。目前，传统用于室内甲醛净化的方法主要有吸附技术、光催化技术、低温等离子体技术以及催化氧化技术。

6.2.4.1   吸附材料

目前用吸附剂对有害及恶臭气体进行吸附脱除，是净化室内空气的主要方法，吸附剂主要包括膨润土、硅藻土等，其中活性炭是最常用的吸附剂。

膨润土为一种性能十分优良、经济价值较高、应用范围较广的黏土资源，有着"万能黏土矿物"的美誉。因其特有的成分以及结构特征而具有良好的吸附、过滤、分离、离子交换、催化等优异的物理性能和化学性能。相比活性炭等常用吸附剂，膨润土及改性膨润土用作室内甲醛污染物吸附剂，具有以下优点：（1）原料储量丰富，价廉易得；（2）吸附剂制备工艺简单，吸附性能良好，研制周期短，使用成本低，可有效去除空气中的无机和有机的污染物；（3）具有较高的化学和生物稳定性，不存在因自身而引起的附加反应；（4）容易再生。在室内空气污染中，硅藻土具有十分可观的发展前景。硅藻土不但对甲醛具有吸附作用，并且明显增强产品的强度和刚性，增大沉降体积，并提高产品保温、耐磨、耐热、抗老化等性能的功能。但是硅藻土对甲醛的吸附效率低，我国硅藻土矿虽资源丰富，但质量普遍不高，使其在许多方面的应用受到限制。因此，硅藻土的选矿提纯是提高硅藻土应用性能的重要手段之一。

6.2.4.2   热催化氧化材料

目前，正在研究的热催化氧化采用的催化剂有 Pt、Au、Pd、Ag 等贵金属催化剂，Cu、Mn、Co 等非贵金属催化剂和 MnO_x、Co_3O_4 等金属氧化物等，在一定温度下进行室内空气污染物的热催化氧化都取得了较好的效果。热催化氧化技术可以将甲醛完全分解为对人体无害的 H_2O 和 CO_2，污染物消除率高，造价低，稳定性好，不会造成二次污染。

室内空气污染物的浓度一般比较低，所以对于传统催化法而言，其运行费用比较高，因而应用范围受到了限制。目前应用得比较好的有等离子体催化技术和光催化技术。

6.2.4.3   光催化材料

光催化氧化技术是在光催化剂的作用下，将有毒有害的有机污染物矿化为无毒无害的无机小分子物质的一种高级氧化技术。光催化净化的原理是基于光催化剂在紫外线照射下受激产生高能电荷-电子-空穴；空穴分解催化剂表面吸附的水产生氢氧自由基，电子使其周围的氧还原成活性离子氧，从而具备极强的氧化-还原作用，将吸附在催化剂表面的污染物氧化或还原成无害物（如 CO_2、H_2O、H_2、N_2）从而达到净化空气的目的。

光氧化催化技术能把空气中游离的有害物质如氯代物、醛类、酮类以及芳香族化合物及微生物分解成无害的 CO_2 和 H_2O，从而达到空气净化、除臭、杀菌、防霉、防污以及抗紫外线等目的。光催化剂属半导体材料，包括 TiO_2、SnO_2、ZnO、WO_3 等。其中，TiO_2 因具有较强的氧化还原能力、较高的化学稳定性及无毒的特性，是当今最佳的光催化剂。纳米 TiO_2 光催化技术可以很好地降解室内 NH_3、甲醛和甲苯等主要污染物，降解效率大于90%。

A 光催化材料的载体

纳米材料光催化是目前最具发展前景的室内空气净化技术，但是它不能净化空气中的悬浮物及细微颗粒物；同时催化剂微孔易被灰尘和颗粒物堵塞，而使其失活。在使用 TiO_2 光催化剂降解甲醛时，由于催化剂在宏观上为粉末状固体，使用时存在着局限性，如操作过程困难、催化剂随气流吹离反应装置、引起粉尘污染和活性下降等。因此在制备高催化活性、小粒径纳米 TiO_2 光催化剂的同时，又必须考虑催化剂的使用和回收问题，在应用中必须先将催化剂固定化，便于回收和重复利用。负载是一种重要的固定方法，在反应时经常具有协同作用。目前，在光催化剂制备中常用的载体主要包括玻璃类、陶瓷类、吸附剂类以及天然矿物类等。

（1）玻璃类。由于这类原料廉价易得，并且具有良好的光透过性，而且便于设计成各种形状的光反应器，所以选用玻璃类作为载体的研究报道很多。玻璃类载体的形式包括玻璃纤维网或布、玻璃片、玻璃螺旋管、空心玻璃微球、玻璃筒等。但是这类载体的局限性在于，由于玻璃表面十分光滑，对 TiO_2 的附着性能相对较差，使得在其表面进行 TiO_2 的附着十分困难，因此，需要非常先进的工艺才能利用这类载体生产附着牢固、均一，透光性好，光催化活性高的 TiO_2。

（2）陶瓷类。陶瓷类对超细颗粒的 TiO_2 具有良好的附着性，这是因为陶瓷是一种多孔性物质，并且具有耐酸碱性和耐高温性的优点，所以也常被选作 TiO_2 光催化材料的载体。陶瓷类载体的形式包括 Al_2O_3 陶瓷片、蜂窝状陶瓷柱、硅铝陶瓷空心微球、陶瓷纸等。

（3）吸附剂类。这类载体的特点是吸附剂类可以将反应中的有机物吸附到 TiO_2 颗粒周围，从而相对增加反应界面的浓度并且避免中间产物挥发或游离，因此加快催化反应速度。或者这类载体本身可以参与光催化反应过程，因而显著提高 TiO_2 光催化能力。活性炭（AC）是一种良好的吸附材料，也是 TiO_2 理想的载体。活性炭的吸附性能和 TiO_2 光催化降解具有协同作用，载体活性炭的饱和吸附量为 60mg（甲醛）/g（活性炭）左右。

（4）天然矿物类。天然矿物类物质本身具有一定的吸附性和催化活性，且耐高温，耐酸碱，常被用作催化剂的载体。作为基材的非金属矿物类，常见的有层状硅酸盐类矿物，如高岭石、蒙脱石、海泡石、累托石、云母、凹凸棒石、轻石等；氧化物类矿物，如石英等；架状硅酸盐，如沸石等以及硅藻土类矿物。

B 光催化材料的改性

由于太阳光中的紫外光（400nm 以下）不到 5%，波长为 400~750nm 的可见光则占到了 43%，而 TiO_2 的激发波长短，太阳光的利用率很低，亟须拓宽 TiO_2 光催化剂的光谱响应范围，提高其对光的吸收能力。另外，TiO_2 光催化剂的活性由光生电子和空穴的数量决定，电子和空穴易复合转变为热能，因此必须抑制电子和空穴的复合，从而提高 TiO_2 的光催化活性。目前，对 TiO_2 的改性研究主要有贵金属沉积、半导体复合、离子掺杂等。贵金属沉积是通过一些方法沉积一些贵金属在 TiO_2 表面，如 Ag、Au、Pt、Ru、Nb 等，以改善其光催化活性。半导体复合是将两种不同禁带宽度的半导体复合，能提高光生电子和空穴的分离率，抑制电子和空穴的复合，从而提高催化效率。金属离子掺杂是将一定量的杂质金属离子（主要是过渡金属和一些稀土金属）引入到 TiO_2 的晶格中，从而引入缺陷位置或改变结晶度，形成光生电子吸附中心，影响电子与空穴的复合，提高光催化活性。金属离子掺杂光催化剂制备工艺多样，成本相对低廉，材料组成易于控制，是目前研究最广泛的改性方式。

光催化氧化技术还存在一些问题，如对室内有机物的降解速率比较慢；传统的 TiO_2 光催化材料由于其较宽的禁带宽度，仅能吸收紫外光，不能有效利用太阳能；主要是以单一污染物为去除的目标污染物；纳米光催化剂虽然效果显著，但回收困难等，在实际环境处理中推广应用有一定的难度。

针对催化剂对于许多难降解物质的降解率相对较低，产生中间副产物的问题，采用等离子体与催化剂结合的技术，等离子体可将中间副产物氧化降解为 CO_2，提高降解率。近年来，大部分研究将等离子体和光催化技术联合处理室内污染气体。低温等离子体-光催化联合技术处理空气污染物的原理如下：在等离子产生过程中，待处理的污染物受高能电子轰击可以直接被分解成单质或转化为无害物质。另外，高能电子的轰击使污染物电离、离解和激发，产生大量等离子体。等离子体中的离子、电子、激发态原子、分子及自由基都是极活泼的反应性物种，可以加速难以进行或速率很慢的反应，再进一步与污染物分子以及离子反应，从而使污染物得到降解，尤其有利于难降解污染物的处理；另外，由于活性离子和自由基气体放电时一些高能激发粒子向下跃迁产生紫外光线，当光子或电子的能量大于半导体禁带宽度时，激发半导体内的电子从价带跃迁至导带，形成具有较强活性的电子空穴对，并进一步诱导一系列氧化还原反应的进行。光生空穴具有很强的捕获电子能力，可与催化剂表面吸附的 OH 和 H_2O 反应，生成羟基自由基，从而进一步氧化污染物。光催化剂可以选择性地与等离子体产生的中间副产物反应，得到理想的降解物质（如 CO_2 和 H_2O）。因此，低温等离子体与光催化剂协同作用时比单一使用等离子体或光催化剂具有更好的去除效果，可以更有效地减少中间产物的生成，进一步降低反应能耗。

表面等离子体光催化材料是基于贵金属纳米颗粒的表面等离子体共振效应的金属-半导体复合光催化材料。贵金属纳米颗粒不仅能通过表面等离子体共振效应增强对入射光的吸收范围，而且可有效抑制光生电子-空穴的复合，大幅提高光催化材料的能量转化效率。Ag 和 Au 是目前在表面等离子体光催化材料体系中研究和使用最多的贵金属，相对于 Ag 纳米颗粒，Au 纳米颗粒稳定性好，一般不需要保护层。贵金属资源稀少，价格昂贵。目前，虽然表面等离子体光催化材料已经取得了较大进展，然而研究过于集中在贵金属，制约了该领域的进一步发展。因此，开发具有表面等离子体共振效应的非贵金属材料具有重要的研究应用价值。

6.2.5   工程案例

6.2.5.1   固硫剂的工业试验及改进

DCL 是以石灰石为基体的固硫剂，供煤粉锅炉"炉内喷钙"脱硫使用，在高温区使燃煤产生的 SO_2 转变为稳定的 $CaSO_4$ 固体而脱硫。DCL 型燃煤固硫剂脱硫于 1999 年在鞍钢第一发电厂 130t/h 锅炉进行工业试验运行并取得成功，当燃煤含硫 1%左右，Ca/S 在 2.0~2.5 时，脱硫率可达 59%~66%，锅炉热效率降低值可控制在 1%以内。

在此基础上，广州粤首实业有限公司进一步开发了新型固硫剂，命名为 AG-2。AG-2 是在 DCL 固硫剂的基础上添加催化剂，降低了反应的活化能，提高固硫效率。2001 年在广州石油化工总厂 220t/h 燃煤锅炉上建立了 DCL 和 AG-2 的示范工程。在煤含量为 0.8%

左右，Ca/S 在 2.0~2.5 时，DCL 脱硫率在 58%~61%，AG-2 脱硫率在 61%~70%。

6.2.5.2　光催化降解喷漆废气

济南特种汽车公司针对喷漆房废气排放不达标问题，将喷漆房的喷漆管道合二为一，加入光解式废气净化装置，处理收集后废气量 230000m³/h，先采用 UV 电磁辐射等对 VOCs 进行辐射和破坏，打断废气的分子链，再以纳米级二氧化钛 P25 作为催化剂，采用 27 种催化剂涂层以增强-C 波段激光的能力，对 VOCs、苯、甲苯、二甲苯等有机废气进行氧化反应，使其降解转化成低分子化合物、水和二氧化碳。此装置运行成本低，出气可达到国家二级排放标准。

6.2.5.3　稀土脱硝催化剂

2018 年，山东天璨环保科技有限公司作为第一起草单位主持编制的我国首个稀土脱硝催化剂国家标准《稀土型选择性催化还原（SCR）脱硝催化剂》获批，将于 5 月 1 日实施。该公司研发的新型高效、无害、稀土基脱硝催化剂应用于中国石化扬子石油化工有限公司，在进口 NO_x 浓度（标准状态）小于 270mg/m³ 的情况下，通过催化剂后的烟气中 NO_x 浓度降低至 90mg/m³ 以下，达到 100mg/m³ 最新国家环保排放标准，氨逃逸低于 3×10^{-6}mg/m³。

6.3　环境矿物材料处理大气中污染物的机理

矿物材料具有独特的晶体结构，对大气中的有毒有害物质具有吸附和固定作用，针对矿物材料去除污染物机理的研究具有实用意义，以便于开发出一些改进的矿物材料，提高其吸附效率。环境矿物材料对大气中有毒有害物质去除的主要机制包括吸附、过滤和催化。

6.3.1　吸附机理

利用多孔性固体物质处理气体混合物时，气体中的某一组分或某些组分可被吸引到矿物材料表面并浓缩，此现象称为吸附。被吸附的气体组分成为吸附质，矿物材料成为吸附剂。矿物表面吸附作用受矿物表面物理和化学特征控制，比表面积大的表面和极性表面往往具有很强的吸附作用。在物理吸附中，吸附分子（吸附质）与吸附媒体表面层的电子轨道不重叠；但是在化学吸附中，它们电子轨道的重叠非常重要。也就是说，在物理吸附中，很大程度上是通过吸附质分子与吸附剂表面原子间的微弱的相互作用而在表面附近形成分子层，而化学吸附是源自吸附分子的分子轨道与吸附媒体表面的电子轨道特殊的相互作用。

矿物材料物理吸附主要依靠分子间力，天然矿物表面化学性质取决于其化学成分、原子结构和微观形貌。实际上，矿物材料的吸附过程中物理吸附起的作用十分有限，主要依靠化学吸附。自然界中环境矿物表面通常与环境界面的大气之间接触，矿物界面对大气中有毒有害物质进行表面吸附作用。一般矿物表面的化学成分很少能代表其整体性，矿物表面一旦暴露在空气中很容易发生氧化甚至碳化与氮化作用。矿物表面微形貌特征在很大程度上影响着其表面活性强度，有利于化学吸附的条件是由表面-吸附质成键作用的增强和表面内与被吸附分子中成键作用的减弱之间的平衡来决定。

6.3.2　过滤机理

大多数矿物材料对气体的过滤机制包括重力效应、扩散效应、惯性效应和筛滤效应。重力效应是颗粒在重力作用下发生沉降，大颗粒的粉尘随气体通过材料会沉降在通道内；扩散效应是气流中粒子因布朗运动而偏离气流运动方向，与孔道接触而被捕获收集；惯性效应是粉尘粒子随气流经过矿物材料的微孔孔道时，由于惯性做直线运动，与曲折的孔道壁相碰撞而被捕获；筛滤效应是一部分颗粒粒径大于孔道孔径时不能通过孔径，被截留在表面收集。矿物孔道效应包括孔道分子筛、离子筛效应与孔道内离子交换效应等。每一种多孔非金属矿物材料都对应着一定的孔径域，随着孔径由大变小，材料的吸附性能、离子交换性能及催化性能等逐渐增强。矿物材料孔结构重组效应有利于矿物与空气中的氧、碳或氮等迅速发生氧化、碳化或氮化。

6.3.3　催化机理

催化是通过催化剂改变反应物的活化能，改变反应物的化学反应速率，反应前后催化剂的量和质均不发生改变的反应。催化作用是指催化剂对化学反应所产生的效应。反应物要想发生化学反应，必须使其化学键发生改变。改变或者断裂化学键需要一定的能量支持，这个能使化学键发生改变所需要的最低能量阈值称为活化能，而催化剂通过降低化学反应物的活化能而使化学反应更易进行，且大大提高反应速率。

能带模型认为，催化活性常与 d 带轨道的填充情况密切相关。热催化的催化剂通常为贵金属和过渡金属氧化物。金属中原子间的相互结合能来源于荷正电的离子和价电子之间的经典作用，原子中内核层的电子是定域的，原子中不同能级的价电子组成能带。对于过渡金属，s 带和 d 带之间有交叠，因而影响 d 电子的填充程度，d 能带未被电子填充满，出现了空穴情况，即 "d 带空穴"。从催化反应的角度看，d 带空穴的存在，使之有从外界接受电子和吸附物种并与之成键的能力。d 带空穴越多，未成对电子数越多，过渡金属的未成对电子可与被吸附分子形成吸附键，按能带理论，这是催化活性的根源。

其中光催化是处理 VOCs 及室内污染气体的有效手段。光催化是以 N 型半导体的能带理论为基础，以 N 型半导体作敏化剂的一种光敏氧化法。半导体的能带结构通常是由一个充满电子的低能价带和一个空的高能导带构成，价带和导带之间存在一个区域为禁带，区域的大小通常称为禁带宽度（E），当用能量等于或大于禁带宽度（也称带隙，E_2）的光照射半导体时，价带上的电子（e^-）就会被激发跃迁至导带，同时在价带上产生相应的空穴（h^+），这些电荷载体会扩散在光触媒表面，并发生反应。表面活性点的存在如 TiO_{2-x} 表面形成的不饱和键以及本身固有的氧空穴，有利于吸收环境中的污染物进而发生氧化还原反应。

空穴有很强的氧化性，可夺取半导体表面被吸附的物质或溶剂中的电子、OH^-，形成羟基自由基，羟基自由基具有强氧化性，可使原本不吸收光的物质被活化氧化。表达式如下：

$$h^+ + H_2O \longrightarrow \cdot OH + H^+$$

$$h^+ + OH^- \longrightarrow \cdot OH$$

光生电子（e^-）有很好的还原性，电子受体通过接受光生电子而被还原。电子与表面

吸附的氧分子反应可表示为

$$O_2 + e^- \longrightarrow \cdot O^{2-}$$
$$\cdot O^{2-} + H_2O \longrightarrow \cdot OH + OH^-$$
$$2 \cdot OOH \longrightarrow O_2 + H_2O_2$$
$$\cdot OOH + H_2O + e^- \longrightarrow H_2O_2 + OH^-$$
$$H_2O_2 + e^- \longrightarrow \cdot OH + OH^-$$

　　迁移到表面的光生电子和空穴能参与光催化反应，但如果没有适当的电子和空穴俘获剂，储备的光能在很短时间内就会通过光致电子和空穴的复合，以热的形式释放，或释放出光子，发射荧光而被消耗；当有适当的俘获剂或表面空位来俘获电子或空穴时，复合受到抑制，光致电子和空穴参与还原反应。对半导体表面改性添加贵金属，或和其他的半导体复合有利于降低电子和空穴的复合速率，有利于增加光催化过程的量子产率。

思 考 题

6-1　大气污染因子有哪些？简述其检测方法。

6-2　气态污染物的控制技术有哪些？并说明其原理。

6-3　有哪些典型的高温过滤材料？并对比其优缺点。

6-4　简述用于烟气脱硫脱硝的矿物材料。

6-5　催化燃烧 VOCs 的环境材料有哪些？并列举它们各自的优缺点。

6-6　有哪些用于净化 VOCs 的贵金属材料？阐述它们之间的区别。

6-7　简述光催化的机理，并列举可进行光催化的材料。

6-8　列举可以吸附甲醛的矿物材料，说明其优缺点。

6-9　简述矿物材料处理大气污染物质的机理。

6-10　阐述矿物材料在治理大气污染方面的前景。

参 考 文 献

[1] 熊振湖，费学宁，池勇志，等．大气污染防治技术及工程应用 [M]．北京：机械工业出版社，2003．

[2] 佟伟钢．工业大气污染治理技术发展分析 [J]．科技创新导报，2013 (25)：19+21．

[3] 黄占斌，马妍，贾建丽，等．环境材料学 [M]．北京：冶金工业出版社，2017．

[4] 周翔，隋贤栋，黄肖容．高温气体过滤除尘材料的研究进展 [J]．材料开发与应用，2008，23 (6)：99~102．

[5] 侯力强，卢文静，卓磊，等．金属纤维毡在高温除尘方面的应用 [J]．山东化工，2015，44 (22)：176~177+179．

[6] 张健，汤慧萍，奚正平，等．高温气体净化用金属多孔材料的发展现状 [J]．稀有金属材料与工程，2006，35 (z1)：438~441．

[7] 朱小龙，苏雪筠．多孔陶瓷材料 [J]．中国陶瓷，2000，36 (4)：36~39．

[8] 鞠银燕，宋士华，陈晓峰．多孔陶瓷的制备、应用及其研究进展 [J]．硅酸盐通报，2007，26 (5)：969~974+1035．

[9] 姜坪，刘梅红．空气过滤材料的发展与应用 [J]．现代纺织技术，2002，10 (4)：52~55.

[10] 张蕾．烟气脱硫脱硝技术及催化剂的研究进展 [M]．江苏：中国矿业大学出版社，2016.

[11] 谢新媛．煤燃烧过程固硫剂的研究进展 [J]．化工进展，2004，23 (10)：1062~1066.

[12] 汪碧容．燃煤固硫剂及其助剂的研制开发进展 [J]．广东化工，2005，32 (12)：46~47+50.

[13] 杨剑锋，刘豪，谢骏林，等．煤洁净燃烧高效钙基复合固硫剂的研究进展 [J]．煤炭转化，2003，26 (4)：10~15.

[14] 闫旭东，郝志强，刘守军，等．钠基固硫剂在低阶煤中的固硫机理研究 [J]．高校化学工程学报，2018，32 (1)：237~242.

[15] 詹望成，郭耘，郭杨龙，等．稀土催化材料的制备、结构及催化性能 [J]．中国科学：化学，2012，42 (9)：1289~1307.

[16] 周国江，邬丽群．稀土钙钛矿型燃煤催化剂的催化机理研究 [J]．洁净煤技术，2007，48 (2)：62~65.

[17] 刘涛，吴微微，吴星艳，等．萤石掺杂稀土发光材料的合成与应用 [J]．科技创新导报，2011 (22)：58~59.

[18] 江霞，蒋文举，朱晓帆，等．改性活性炭脱硫剂的研究进展 [J]．环境污染治理技术与设备，2003，4 (11)：12~15.

[19] 鲁旖，仇丹，章凯丽．海泡石吸附剂的应用研究进展 [J]．宁波工程学院学报，2016，28 (1)：17~22.

[20] 陈建军．锰基催化剂研制及其低温选择性催化还原NO$_x$机理研究 [D]．北京：清华大学，2007.

[21] 黎维彬，龚浩．催化燃烧去除VOCs污染物的最新进展 [J]．物理化学学报，2010，26 (4)：885~894.

[22] 左满宏，吕宏安．催化燃烧与催化剂材料在VOCs治理方面研究进展 [J]．天津化工，2007，21 (4)：8~10.

[23] 卢雯婷，陈敬超，冯晶，等．贵金属催化剂的应用研究进展 [J]．稀有金属材料与工程，2012，41 (1)：184~188.

[24] 曹媛媛，郭婷，耿春梅，等．室内空气污染新状况及污染控制技术 [J]．环境科学与技术，2013，36 (S2)：229~231+235.

[25] 章骅，周述琼，但德忠．室内污染控制技术研究进展 [J]．中国测试技术，2005，31 (6)：130~135.

[26] 刘玥，赵来群，郑慧凡．光催化氧化技术在室内空气污染治理中的应用研究进展 [J]．河南化工，2017，34 (9)：7~9.

[27] 陈昌兵，陈勇，刘欣伟，等．用于室内甲醛降解的TiO$_2$光催化材料研究进展 [J]．自动化与仪器仪表，2016 (4)：9~11.

[28] 梅敏花，郭婷，王方园，等．等离子体技术净化室内空气的潜能及环境风险研究进展 [J]．环境与健康杂志，2014，31 (3)：280~282.

[29] 李茸，刘祥萱，王煊军．纳米金属催化机理 [J]．化学推进剂与高分子材料，2007，5 (6)：9~13.

[30] 严向玉，李霞章，鲁光辉，等．钙钛矿-凹凸棒石纳米复合材料光选择性催化氨还原脱硝 [J]．硅酸盐学报，2017，45 (5)：743~748.

[31] 常可可，马志斌，杨凤玲，等．钙基固硫剂在煤泥燃烧中的变化及固硫效果研究 [J]．洁净煤技术，2016，22 (5)：59~63+69.

[32] 李维亮，吕相南，张华，等．高温烟气过滤用多孔陶瓷材料的研制 [J]．硅酸盐通报，2017，36 (5)：1562~1566.

[33] 陈维婧，虞萍，谈昕，等．硅藻土改性及其对甲醛吸附性能研究 [J]．黑龙江造纸，2015，43 (2)：8~11.

[34] 吕丽娜.基于石灰石石膏湿法烟气脱硫技术的脱硫添加剂研究 [D].上海:华东理工大学,2016.

[35] 喻成龙,黄碧纯,杨颖欣.分子筛应用于低温 NH_3-SCR 脱硝催化剂的研究进展 [J].华南理工大学学报(自然科学版),2015,43(3):143~150.

[36] 王浩伟,张亦杰.环境控制工程材料 [M].上海:上海交通大学出版社,2017.

[37] 陈永峰,陈红,郑国香,等.现代环境工程材料 [M].北京:机械工业出版,2012.

[38] 左铁镛,聂祚仁.环境材料基础 [M].北京:科学出版社,2003.

[39] 宋垠先,谢巧勤,陈天虎,等.天然锰氧化物矿物氧化废水中苯酚的动力学研究 [J].矿物岩石地球化学通报,2006,25(4):324~329.

[40] 郭如新.中国镁质资源概况与镁法烟气脱硫 [J].硫磷设计与粉体工程,2009(6):24~29+6.

[41] 闫奔.用坡缕石吸附挥发性有机物的应用研究 [D].南京:东南大学,2017.

[42] 景晓燕,郭慧明,张璐璐,等.有机-无机柱撑蒙脱石的制备与脱硫性能 [J].矿物学报,2007,27(2):127~130.

[43] 谭健华,陈树沛.膨润土在室内甲醛污染防治应用中的可行性讨论 [J].绿色科技,2011(2):76~77.

[44] 张骞,周莹,张钊,等.表面等离子体光催化材料 [J].化学进展,2013,25(12):2020~2027.

[45] 梁文俊,马琳,李坚.低温等离子体-光催化联合技术处理空气污染物的研究进展 [J].工业催化,2011,19(12):1~6.

[46] 高如琴,黄豆豆,程萌,等.电气石/硅藻土基内墙砖的制备及室内甲醛净化 [J].硅酸盐通报,2012,31(6):1449~1452+1456.

[47] Falamaki C,Naimi M,Aghaie A. Dual behavior of $CaCO_3$ as a porosifier and sintering aid in the manufacture of alumina membrane/catalyst supports [J].Journal of the European Ceramic Society,2004,24(10/11):3195~3201.

[48] 姚秀敏,谭寿洪,江东亮.孔径可控的多孔羟基磷灰石的制备工艺研究 [J].功能材料与器件学报,2001,7(2):152~156.

[49] Eva Gregorová,Willi Pabst. Porous ceramics prepared using poppy seed as a pore-forming agent [J].Ceramics International,2007,33(7):1385~1388.

[50] Murathan A,Bi? Er A,Alicilar A,et al. Effects of various parameters on removal of NO_2 gases in fixed beds by adsorption on sepiolite [J].Water Air and Soil Pollution,2001,132(3/4):365~372.

[51] 刘勇健,江传力,黄汝彬,等.稀土型烟道气脱硫剂脱硫作用的研究 [J].中国矿业大学学报,2001,30(6):582~584.

[52] Kim S C. The catalytic oxidation of aromatic hydrocarbons over supported metal oxide [J].Journal of Hazardous Materials,2002,91(1-3):285~299.

[53] 卢晗锋,黄海凤,刘华彦,等.Au 改性 $La_{0.8}Sr_{0.2}MnO_3$ 催化剂的催化燃烧性能 [J].化工学报,2008,59(4):892~897.

[54] Zimowska M,Michalik-Zym A,Janik R,et al. Catalytic combustion of toluene over mixed Cu – Mn oxides [J].Catalysis Today,2007,119(1/2/3/4):321~326.

[55] Chen C,Chen F,Zhang L,et al. Importance of platinum particle size for complete oxidation of toluene over Pt/ZSM-5 catalysts [J].Chemical Communications,2015,51(27):5936~5938.

[56] Kim Sang Chai,Shim Wang Geun. Catalytic combustion of VOCs over a series of manganese oxide catalysts [J].Applied Catalysis B:Environmental,2010,98(3/4):180~185.

7 环境矿物材料在固体废物处理处置中的应用

本章要点：

    本章主要介绍了固体废物的特点和常用处理处置方法，以及环境矿物材料在城市生活垃圾、垃圾填埋场渗滤液及其他固体废物处理（如尾矿基质改良、污泥治理、农业固体废物堆肥、金属废渣固化）中的应用。

7.1　固体废物特点和处理处置

7.1.1　固体废物的特点和分类

7.1.1.1　固体废物的特点
固体废物具有以下特征：

（1）固体废弃物兼有废物和资源的双重性。固体废物是在错误时间放在错误地点的资源，具有鲜明的时间和空间特征。固体废物一般具有某些工业原材料所具有的物理化学特性，比废水、废气易收集、运输、加工处理，可以回收利用。

（2）固体废弃物是富集多种污染成分的终态，污染环境的源头。固体废物往往是许多污染成分的终极状态。例如一些有害气体或飘尘，通过治理，最终富集成废渣、有害溶质和悬浮物；一些含重金属的可燃固体废物，通过焚烧处理，有害金属浓集于灰烬中。但是这些"终态"物质中的有害成分在长期的自然因素作用下，又会转入大气、水体和土壤，成为大气、水体和土壤环境的污染"源头"。

（3）固体废物中的有害物质停滞性大、扩散性小，污染不易被及时发现。

（4）固体废弃物的危害具有潜在性、长期性和灾难性。固体废弃物中污染成分的迁移转化，如浸出液在土壤中的迁移，是一个比较缓慢的过程，其危害可能在数年甚至数十年后才发现。从某种意义上说，固体废物，特别是危险废物对环境造成的危害可能要比水、气造成的危害严重得多。因此，固体废弃物要求全过程管理。

7.1.1.2　固体废物的分类
固体废物的种类繁多，性质复杂，为了便于管理和对不同的废物实施相应的处理处置方法，需要对固体废物进行分类。

按固体废物的化学特性，可分为无机废物和有机废物两大类。有机废物又可分为快速降解有机物、缓慢降解有机物和不可降解有机物。例如，食品废物、纸类等属于快速降解有机物，皮革、橡胶和木头等属于慢速降解有机物，而聚乙烯薄膜和聚苯乙烯泡沫塑料餐盒等为不可降解有机物。

按固体废物的物理形态可分为固体（块状、粒状、粉状）的和泥状（污泥）的废物。有些废物的使用价值与其形状有很大关系。例如，发电厂燃煤产生的粉煤灰作为脱硫剂原料，颗粒大小、空隙率、孔径大小及比表面积等都是重要参数。

按固体废物的危害性，可分为有害废物（指腐蚀、腐败、剧毒、传染、自燃、锋刺、爆炸、放射性等废物）和一般废物。

按来源不同，可分为矿业固体废物、工业固体废物、城市固体废物、农业固体废物、放射性固体废物和有害固体废物。

A　矿业固体废物

矿业固体废物主要是矿业开采和矿石洗选过程中产生的废物，包括煤矸石、废石和尾矿。煤矸石是在成煤过程中与煤层伴生的一种含碳量低、比较坚硬的黑色岩石，是在采煤和洗煤过程中排放出来的固体废物；沸石是指各种金属、非金属矿山开采过程中从主矿上剥离下来的各种围岩；尾矿是在选矿过程中提取精矿以后剩下的尾渣。

B　工业固体废物

工业固体废物是指工业生产过程和工业加工过程中产生的废渣、粉尘、碎屑、污泥等，主要有以下几种。

（1）冶金固体废物。冶金固体废物主要是指各种金属冶炼过程中排出的残渣，如高炉渣、钢渣、铁合金渣、铜渣、锌渣、铅渣、铬渣、镉渣、汞渣、赤泥等。在铬盐生产中，铬铁矿等经过煅烧、用水浸出铬酸钠后剩下的残渣统称为铬渣。由于其含有大量水溶性六价铬，具有很大毒性，属于有毒固体废物，对环境污染严重。

（2）燃料灰渣。燃料灰渣是指煤炭开采、加工、利用过程中排出的煤矸石、燃煤电厂产生的粉煤灰、炉渣、烟道灰、页岩灰等。

（3）化学工业固体废物。化学工业固体废物是指化学工业生产过程中产生的种类繁多的工艺废渣，如硫铁矿烧渣、煤造气炉渣、油造气炭黑、黄磷炉渣、磷泥、磷石膏、烧碱盐泥、纯碱盐泥、化学矿山尾矿渣、蒸馏釜残渣、废母液、废催化剂等。

（4）石油工业固体废物。石油工业固体废物是指炼油和油品精制过程中排出的固体废物，如碱渣、酸渣以及炼油厂污水处理过程中排出的浮渣、含油污泥等。

（5）粮食、食品工业固体废物。粮食、食品工业固体废物是指粮食、食品加工过程中排出的谷屑、下脚料、渣滓等。

（6）其他。此外，尚有机械和木材加工工业产生的碎屑、边角下料、刨花以及纺织、印染工业产生的泥渣和边料等。

C　城市固体废物

城市固体废物是指城市居民生活、商业活动、市政建设与维护、机关办公等过程产生的固体废物，一般分为以下几种。

（1）生活垃圾。城市是产生生活垃圾最为集中的地方，城市生活垃圾是指在城市日常生活中或者为城市日常生活提供服务的活动中产生的固体废物，以及法律、行政法规规定视为城市生活垃圾的固体废物。主要包括厨房废物、废纸、织物、家具、玻璃陶瓷碎片、废电器制品、废塑料制品、煤灰渣、废交通工具等，近十几年废家电等电子垃圾在生活垃圾中所处的地位越来越重要。

废弃电池、废旧手机及手机充电器、废旧电子线路板、废弃电脑及家电等都是电子垃圾。电子垃圾的危害越来越大。一台电脑含有 700 多种化学材料，其中大部分是对人体有害的；一个纽扣电池泄漏后可以污染 60 万升水，相当于 1 个人一生的饮用量。由于科技发展的加快和居民生活水平的提高，大多数居民的家电和电子产品都在使用期内进行更新换代，这也缩短了电子垃圾产品的周期，增加了电子垃圾的数量。据统计，仅河北省每年产生电子废弃物就达 20 万吨，数量庞大。如果处理不当，既浪费资源，又严重污染环境。

(2) 城建渣土。城建渣土是城市固体废物的重要组成部分，它与生活垃圾、工业废物有极大的区别，它是指施工单位或个人从事建筑工程、装饰工程、修缮和养护工程过程中所产生的建筑垃圾和工程渣土。近年来随着我国城市建设的飞速发展和城市居民住宅面积的提高，我国建筑渣土的产生量大幅度增加，主要包括废砖瓦、碎石、渣土、混凝土碎块等。

(3) 商业固体废物。商业活动产生的各种固体废物包括废纸、各种废旧的包装材料（袋、箱、瓶、罐和包装填充物等）、丢弃的小型工具废品、一次性用品残余等。

D 农业固体废物

农业固体废物是指农业生产、畜禽饲料、农副产品加工以及农村居民生活活动排出的废物，如植物秸秆、腐烂的蔬菜和水果、果树枝、糠秕、落叶等植物废料以及人和畜禽粪便、农药、农用塑料薄膜等。

E 放射性固体废物

放射性固体废物包括核燃料的生产和加工，同位素的应用，核电站、核研究机构、医疗单位、放射性废物处理设施产生的废物，如从含铀矿石提取铀的过程中产生的废矿渣、受人工或天然放射性物质污染的废旧设备、器物、防护用品等，放射性废液经过浓缩、固化处理形成的固体废物等。

这些含有放射性物质的固体废物会通过外照射或其他途径进入人体，产生内照射而危害人体健康。随着世界各国大力发展核电能源技术，放射性固体废物迅速增加，控制和防治环境中放射性固体废物的污染已成为环境保护的一项重要内容。

F 有害固体废物

有害固体废物国际上称之为危险固体废物。这类废物泛指放射性废物以外，具有毒性、易燃性、反应性、腐蚀性、爆炸性、传染性而可能对人类的生活环境和健康产生危害的废物。基于环境保护的需要，许多国家将这部分废物单独列出加以管理。1983 年，联合国环境规划署已经将有害废物污染控制问题列为全球重大的环境问题之一。

美国环保局在《资源保护和回收法》中对危险废物定义如下："危险废物是固体废物，由于不适当的处理、贮存、运输、处置或其他管理因素等原因，它能引起或明显地影响各种疾病和死亡，或对人体健康及环境造成显著的威胁。"我国《固废法》中规定："危险废物是指列入国家危险废物名录或者根据国家规定的危险废物鉴别标准和鉴别方法认定的具有危险特性的废物。"

目前根据我国《固废法》，主要将固体废物分为城市生活垃圾、一般工业固体废物和危险废物；美国固体废物的分类大致同于我国；日本通常将固体废物分为产业固体废物和一般固体废物，其中前者包括有害固体废物。

7.1.2　固体废物处理处置技术

固体废物处理指通过物理、化学、生物等不同方法，使固体废物转化为适于运输、储存、资源化利用以及最终处置的一种过程。固体废物的物理处理包括破碎、分选、沉淀、过滤、离心等处理方式，其化学处理包括焚烧、焙烧、浸出等处理方式，生物处理包括好氧和厌氧分解等处理方式。

固体废物处置是指最终处置或安全处置，解决固体废物的归宿问题，如堆置、填埋、海洋投弃等。

7.1.2.1　固体废物处理方法

固体废物处理方法有物理处理、化学处理、生物处理、热处理、固化处理。

A　物理处理

物理处理是通过浓缩或相变化改变固体废物的结构，使之成为便于运输、贮存、利用或处置的形态。物理处理方法包括压实、破碎、分选、增稠、吸附、萃取等。物理处理也往往是回收固体废物中有价值物质的重要手段。

B　化学处理

化学处理是采用化学方法破坏固体废物中的有害成分从而达到无害化，或将其转变成为适于进一步处理、处置的形态。由于化学反应条件复杂，影响因素较多，故化学处理方法通常只用在所含成分单一或所含几种化学成分特性相似的废物处理方面。对于混合废物，化学处理可能达不到预期的目的。化学处理方法包括氧化、还原、中和、化学沉淀和化学溶出等，有些有害固体废物经过化学处理，还可能产生富含毒性成分的残渣，还须对残渣进行无害化处理或安全处置。

C　生物处理

生物处理是利用微生物分解固体废物中可降解的有机物，从而达到无害化或综合利用。固体废物经过生物处理，在容积、形态、组成等方面均发生重大变化，因而便于运输、贮存、利用和处置。生物处理方法包括好氧处理、厌氧处理和兼性厌氧处理。与化学处理方法相比，生物处理在经济上一般比较便宜，应用也相当普遍，但处理过程所需时间较长，处理效率有时不够稳定。

D　热处理

热处理是通过高温破坏和改变固体废物组成和结构，同时达到减量化、无害化和资源化的目的。热处理方法包括焚化、热解、湿式氧化以及焙烧、烧结。焚烧法是利用燃烧使固体废物中的可燃性物质发生氧化反应达到减容并利用其热能的目的。通过焚烧法可以消灭细菌和病毒，占地面积小，还可利用其热能发电等。目前日本等发达国家的城市生活垃圾多采用焚烧法来处理。热解处理是指将固体废物中的有机物在高温下裂解，可获取轻质燃料，如塑料、废橡胶的热解等。

E　固化处理

固化处理是采用一种惰性的固化基材将废物固定或包裹起来以降低其对环境的危害，因而能较安全地运输和处置的一种处理过程。固化处理的对象主要是有害废物和放射性废物，由于处理过程需加入较多的固化基材，因而固化体的容积远比原废物的容积大。

在固体无害化处理中，在经过分类、粉碎、压实和凝固等技术之后，实施填埋焚烧和堆肥等技术，实现资源回收利用，减少固废造成的环境破坏。对于一般固体废物，首先考虑综合利用，对于危险废物，直接可以使用安全填埋方法或者焚烧技术进行处置，或者委托有资质的危废处置单位进行处置。目前，我国固体废物的处理主要采用三种技术：焚烧技术、堆肥技术和热解技术。

a　焚烧技术

焚烧是一种热化学处理方法，它是将垃圾中的可燃组分和空气中的氧进行燃烧反应，最终将其变为无机残渣的过程。固体废物焚烧是包括蒸发、挥发、分解、烧结、熔融和氧化还原等一系列复杂的物理变化和化学变化，以及相应的传质和传热的综合过程。通常可将焚烧过程划分为干燥、热分解和燃烧三个阶段。焚烧过程实际是干燥脱水、热化学分解、氧化还原反应的综合作用过程。焚烧法不仅可以处理固体废物，还可以处理液体废物和气体废物；不但可以处理城市垃圾和一般工业废物，而且可以用于处理危险废物。

目前垃圾焚烧技术主要有三大类：层状燃烧技术、流化床式燃烧技术和回转窑式燃烧技术。层状燃烧技术发展较为成熟，其技术的关键在于炉排，炉拱形设计主要考虑热辐射的预热干燥和促进燃尽。流化床式燃烧技术适合发热值不高但水分含量高的燃料，其炉内蓄热量大，可不用助燃。回转窑式燃烧有一个旋转缓慢的回转窑，大部分用来处理医院垃圾和化工废料。停留时间、燃烧温度、湍流度以及过剩空气系数是焚烧炉设计和运行的重要工艺参数。

一方面，焚烧法具有处理速度快、减容性好、占地面积小、处理效率高、环境污染少的优点，而且还可以通过回收热来产生蒸汽和发电，存在一定经济效益；另一方面，城市生活垃圾焚烧过程中不可避免产生粉尘、酸性气体、重金属、二噁英等有害物质，已引起人们高度重视。

b　堆肥技术

堆肥是一种利用垃圾或土壤中存在的细菌、酵母菌、真菌和放线菌等微生物，人为地将垃圾中的可生物降解的有机物向稳定的腐殖质生化转化的微生物学过程。堆肥化的产物称为堆肥，它是一类腐殖质含量很高的疏松物质，故也称为"腐殖土"。

由于城市固体废物和农业废物数量巨大，可生物转换利用的成分多，在当前世界上普遍存在的自然资源短缺及能源紧张的情况下，堆肥化回收和利用技术的开发具有深远的意义。堆肥的主要原料为：（1）城市生活垃圾；（2）纸浆厂、食品厂等排水处理设施排出的污泥；（3）下水污泥；（4）粪便消化污泥、家禽粪尿；（5）树皮、锯末、糖壳、秸秆等。

根据微生物的需氧性，堆肥处理工艺一般可分为好氧堆肥和厌氧堆肥。在一些堆肥工艺中，常常又将两者结合起来，形成好氧与厌氧结合的堆肥工艺。

好氧堆肥具有对有机物分解速度快、降解彻底、堆肥周期短的特点。一般一次发酵在 4~12d，二次发酵在 10~30d 便可完成。好氧堆肥温度高，可以杀灭病原体、虫卵和固体废物中的植物种子，使堆肥化达到无害化。此外，好氧堆肥的环境条件好，不会产生臭气。目前采用的堆肥工艺一般均为好氧堆肥。当然，由于好氧堆肥必须维持一定的氧浓度，因此运转费用较高。

厌氧堆肥的特点是工艺简单。通过堆肥自然发酵分解有机物，不必由外界提供能量，因此运行费用低，对所产生的甲烷气体还可利用。但是，在厌氧堆肥过程中，有机物分解缓慢，堆肥周期一般为4~6个月，易产生恶臭，占地面积大，因此厌氧堆肥一直没有大面积推广应用，通常所说的堆肥一般指好氧堆肥。

c 热解技术

热解是将有机物在无氧或缺氧的状态下加热，并由此产生热作用引起化学分解使之成为气态、液态或固态可燃物质的化学分解反应。

热解是一种传统的生产工艺，大量应用于木材、煤炭、重油、油母页岩等燃料的加工处理，有非常悠久的历史。20世纪70年代初期，热解被应用于城市固体废物，固体废物经过热解处理后不但可以得到便于储存和运输的燃料和化学产品，而且在高温条件下所得到的炭渣还会与物料中某些无机物与重金属成分构成硬而脆的惰性固态产物，使其后续的填埋处置作业可以更为安全和便利地进行。随着现代工业的发展，热解处理已经成为具有良好发展前景的固体废物处理方法之一，它可以处理城市垃圾、污泥、废塑料、废橡胶等工业以及农林废物、人畜粪便等在内的具有一定能量的有机固体废物。

热解过程是很复杂的，它与诸多因素有关，例如固体废物种类、固体废物颗粒尺寸、加热速率、终温、压力、加热时间、热解气氛等。随着人们生活水平的不断提高，固体废物中的有机组分比例不断提高，尤其是废塑料成分不断增加，对于这些有机物，可以采用焚烧的方法回收热能，也可以采用热解的方式获得油品和燃料气。

废物热解与其他方法如焚烧相比具有以下一些优点：

（1）热解可将固体废物的有机物转化为以燃料气、燃料油和炭黑为主的贮存性能源。

（2）热解产生的NO_2、SO_2等较少，生成的气体或油能在低空气比下燃烧，排气量也少，对大气污染较小。

（3）热解时废物中的S、金属等有害成分大部分被固定在炭黑中。

（4）因为热解为还原气氛，Cr^{3+}等不会被转化为Cr^{5+}。

（5）热分解残渣中无腐败性的有机物，能防止填埋场的公害，排出物致密，废物被大大减容，而且灰渣熔融能防止金属类物质溶出。

（6）能处理不适合焚烧和填埋的难处理物。

7.1.2.2 固体废物处置方法

固体废物处置是指最终处置或安全处置，是固体废物污染控制的末端环节，是解决固体废物的归宿问题。一些固体废物经过处理和利用，由于技术原因或其他原因，总还会有部分残渣很难或没有办法再加以利用，这些残渣往往又富集了大量有毒有害成分，将长期地保留在环境中，是一种潜在的污染源。为了控制其对环境的污染，必须进行最终处置，使之最大限度地与生物圈隔离，故又称安全处置。

固体废物处置的方法主要包括海洋处置和陆地处置两大类。海洋处置方法包括海洋倾倒和远洋焚烧，陆地处置包括农用、土地填埋和深井灌注。

A 海洋处置

海洋处置主要分海洋倾倒与远洋焚烧两种方法。近年来，随着人们对保护环境生态重要性认识的加深和总体环境意识的提高，海洋处置已受到越来越多的限制。

海洋倾倒是将固体废弃物直接投入海洋的一种处置方法。它的根据是海洋是一个庞大的废弃物接受体，对污染物质能有极大的稀释能力。进行海洋倾倒时，首先要根据有关法律规定，选择处置场地，然后再根据处置区的海洋学特性、海洋保护水质标准、处置废弃物的种类及倾倒方式进行技术可行性研究和经济分析，最后按照设计的倾倒方案进行投弃。

远洋焚烧是利用焚烧船将固体废弃物进行船上焚烧的处置方法。废物焚烧后产生的废气通过净化装置与冷凝器，冷凝液排入海中，气体排入大气，残渣倾入海洋。这种技术适于处置易燃性废物，如含氯的有机废弃物。

B　陆地处置

陆地处置包括农用、土地填埋以及深井灌注等几种方法。其中土地填埋法是一种最常用的方法。

a　农用

农用是利用表层土壤的离子交换、吸附、微生物降解以及渗滤水浸出、降解产物的挥发等综合作用机制处置固体废物的一种方法。该技术具有工艺简单、费用适宜、设备易于维护、对环境影响很小、能够改善土壤结构、增长肥效等优点，主要用于处置含盐量低、不含毒物、可生物降解的固体废物。

如污泥和粉煤灰施用于农田作为一种处理方法已引起重视。生产实践和科学研究工作证明，施污泥、粉煤灰于农田可以肥田，起到改良土壤和增产的作用。

b　土地填埋处置

填埋作为固体废物的最终处置方式，主要是利用屏障隔离方式，通过自然条件（土或者深层的岩石层）及人工方式（设置隔离层），将固体废物与自然环境有效隔离，避免固体废物中的有毒有害物质对周围环境造成危害。

按填埋对象和填埋场的主要功能分类，填埋可分为：

（1）惰性填埋。情性填埋是将已稳定的或腐熟化的固体废物填埋，表面覆以土壤。在这种情况下，垃圾填埋场主要功能是贮存。

（2）卫生填埋。卫生填埋是采用防渗、摊铺、压实、覆盖，对城市生活垃圾进行处理和对填埋气体、垃圾渗滤液、蝇虫等进行治理的方法，其主要对象是城市生活垃圾和一般工业固体废物。在这种情况下，垃圾填埋场主要发挥其贮存功能、阻断功能、处理功能和土地利用功能。

（3）安全填埋。安全填埋是将危险废物填埋于抗压及双层复合防渗系统所构筑的空间内，并设有污染物渗漏检测系统及地下水监测装置，其主要处置对象是危险废物。在这种情况下，垃圾填埋场主要发挥其贮存功能、阻断功能、处理功能。

按生物降解原理分类可分为：

（1）厌氧填埋。厌氧填埋是垃圾中可降解物质在无外界空气或氧气供应状况下进行的降解过程。由于无须强制鼓风供氧，简化了填埋场结构和管道设备系统，降低了电耗，使投资和运营费大为减少，管理变得简单，同时不受气候条件、垃圾成分和填埋高度限制，适应性广。

（2）准好氧填埋。利用渗滤液收集系统末端与外界大气的畅通，利用自然通风，让空气通过渗滤液收集系统和导气系统向填埋层中流通，使得垃圾堆体处于准好氧状态，这种填埋方法叫做准好氧填埋。堆体中的有机废物和空气接触，发生好氧降解，产生二氧化碳气体，气体经导气系统排出。随着垃圾堆体的堆填和压实，空气被上层垃圾和覆盖土屏藏而无法继续深入下层，下层生成的气体穿过垃圾间的空隙，由导气系统排出。这样使得在堆体中形成了一定的负压，空气从开放的渗滤液收集系统出口吸入，向堆体扩散，由此扩大了好氧范围，促进有机物分解。但是，当垃圾层变厚以后，空气无法达到堆体中心区域则成为厌氧状态。准好氧填埋在工程投资和运行成本费用上与厌氧填埋没有明显的差别，在有机物分解方面又不比好氧填埋逊色，因而得到普及。

（3）好氧填埋。好氧填埋是在垃圾堆体内布设通风管网，用鼓风机向垃圾堆体内送入空气。垃圾堆体内有充足的氧气，使好氧分解加速，垃圾稳定化速度加快，堆体迅速沉降，反应过程中产生了较高温度（60℃左右），使垃圾中大肠杆菌等得以消灭。由于通风加大了垃圾体的蒸发量，可部分甚至完全消除垃圾渗滤液，因此填埋场底部只需做简单的防渗处理，不需布设收集渗滤液的管网系统。好氧填埋结构较复杂，施工要求较高，单位造价较高，适应于干旱少雨地区的中小城市。

然而自20世纪70年代以来，填埋处置主要遇到两大问题：一是填埋场容量是有限的，旧的填埋场封闭以后，新的填埋场选择是非常困难的，填埋处理在世界各国都出现地荒。此外，填埋设施难以受当地居民欢迎，新场址的选择往往遭到反对，因此现在世界各国填埋的主要潮流是尽量设法延长填埋场的寿命。填埋场由原始废物的直接填埋转向在填埋处理前先进行预处理，例如先经过焚烧，对焚烧残渣再进行填埋，这样可使填埋容积减少80%左右。

c 深井灌注处置

深井灌注处置是指把液体注入地下与饮用水和矿脉层隔开的可渗性岩层内。一般废物和有害废物可采用深井灌注方法处置，但主要还是用来处置那些实践证明难于破坏、难于转化、不能采用其他方法处理或采用其他方法处理费用昂贵的废物。深井灌注处置前，需使废物液化，形成真溶液或乳浊液。

深井灌注处置系统的规划、设计、建造与操作主要分废物的预处理、场地的选择、井的钻探与施工、环境监测等几个阶段。

7.2 环境矿物材料在处理处置固体废物中的应用

7.2.1 城市生活垃圾

近年来随着环境矿物材料的兴起，许多研究学者利用环境矿物材料的优良性能，将环境矿物材料应用于城市生活垃圾的处理，很大程度上减少了城市生活垃圾处理技术的弊端。

7.2.1.1 填埋防渗层

在城市垃圾填埋技术中，主要工艺之一就是在垃圾堆体与地表之间设置防渗层，将垃圾污染物与土壤、地下水隔开，防止垃圾堆体中流出的渗滤液污染土壤和地下水。传统的天然黏土衬里以其低廉的成本被广泛用于卫生填埋场，但是容易受垃圾渗滤液侵蚀、干燥收缩等因素的影响而导致防渗效果不理想和衰减有害物质的能力下降。

陈磊等利用赤泥、沸石、膨润土为防渗材料，研究衬里的渗透性能和衰减有害物质的能力，探讨其作为垃圾填埋场底部衬里的可行性，结果表明，两种多层矿物衬里的渗透系

数均达到 10^{-8} cm/s 量级，满足垃圾填埋场对防渗材料的要求。多层矿物衬里对垃圾渗滤液中有害物质的衰减作用良好，对 COD、电导率、氨氮的衰减率达到甚至优于 3 种材料单独用作防渗衬里时的最好水平，出水 pH 值与原液相当，这对于综合利用铝工业废物赤泥具有积极的意义。刘长礼等研究了用膨润土沙土混合材料作为填埋场防渗层，渗透系数可以达到 10^{-9} cm/s；史敬华等研究了一种复合土防渗层，主要为石灰和膨润土的混合物，它对垃圾渗滤液中的无机物、有机物都有较强的衰减能力，衰减比例达到 80% 以上；何俊宝利用粉煤灰对天然黏土进行改性，将天津郊区的普通黏土与发电厂产生的粉煤灰相互混合，在密度达到 1.8g/cm³，粉煤灰配比为 25%，含水量在 15%~25% 范围内时，渗透系数可以达到 10^{-7} cm/s。

7.2.1.2 飞灰处理

在焚烧处理垃圾的过程中将产生主灰和飞灰两种焚烧产物，其中飞灰在填埋前必须经过处理，才能使其中有害重金属 Pb^{2+} 达到稳定化状态，减少对环境的二次污染。采用沸石、磷灰石、浮石和钙基膨润土等可作为飞灰中 Pb^{2+} 的处理剂，特别是沸石。有研究表明，沸石的添加量达到 15% 时，对 Pb^{2+} 的处理效果最好，添加量继续增大，处理效果变化不明显。从工艺的角度来说，添加量过大也不合适。另外，经酸化处理的沸石对 Pb^{2+} 的处理效果最佳。这与沸石的矿物结构有很大关系，天然沸石结构中有许多孔洞，这些孔洞里存在有阳离子 Na^+、K^+、Ca^{2+}、Mg^{2+} 等和水分子，用无机酸对天然沸石进行处理时孔洞中的离子被交换出来，半径小的离子置换了半径大的阳离子 Na^+、K^+、Ca^{2+}、Mg^{2+} 等，沸石的比表面积明显增大，使得其对 Pb^{2+} 交换趋势明显增强，飞灰中铅的溶出量由原来未处理前的 17.7mg/L 降至几毫克每升，处理效果比较明显。

7.2.1.3 垃圾降解

铁氧化物为重要矿产资源，在自然界中广泛存在，其与微生物交互作用往往能促进有机物厌氧分解，铁氧化物在微生物作用下会发生溶解、还原等作用，可影响微生物群落组成，对有机物降解进行调控。

铁氧化物促进有机物厌氧降解报道已有很多，杨露露等通过加入一定量的针铁矿使得垃圾产气量增加了 20%，提高厌氧微生物活性，加速生活垃圾降解。马金莲对养殖污泥进行厌氧降解，加入磁铁矿后产甲烷速率加快 35%，污泥降解速率明显加速；另一组试验中，铁氧化物加快了硫酸盐还原条件下苯甲酸降解速率。杨海滨等人通过模拟柱实验研究，探讨褐铁矿对生活垃圾降解影响，结果表明，褐铁矿可以促进体系的厌氧环境，提高厌氧微生物的微生物活性，加速生活垃圾厌氧降解速率，同时还可以降低渗滤液中腐殖质的含量。

7.2.2 垃圾填埋场渗滤液

垃圾渗滤液，又称渗沥水或浸出液，是指垃圾在堆放和填埋过程中由于发酵和降雨的冲刷，地表水和地下水的浸泡而渗出来的污水。据长期对不同垃圾填埋场渗滤液的监测可知，垃圾渗滤液的水质具有与城市污水不同的特点：

（1）有机物浓度高。垃圾渗滤液中的 BOD_5 和 COD 最高可达几万毫克每升，主要是在酸性发酵阶段产生，pH 值达到或略低于 7，BOD_5 和 COD 比值为 0.5~0.6。

（2）金属含量高。垃圾渗滤液中含有十多种金属离子，其中铁和锌在酸性发酵阶段较高，铁的浓度可达 2000mg/L 左右，锌的浓度可达 130mg/L 左右。

（3）水质变化大。垃圾渗滤液的水质取决于填埋场的构造方式，垃圾的种类、质量、数量以及填埋年数的长短，其中构造方式是最主要的。

（4）氨氮含量高。垃圾渗滤液中的氨氮浓度随着垃圾填埋年数的增加而增加，氨氮浓度过高时，会影响微生物的活性，降低生物处理的效果。

（5）营养元素比例失调。对于生化处理，污水中适宜的营养元素比例是 $BOD_5 : N : P = 100 : 5 : 1$，而一般的垃圾渗滤液中的 BOD_5/P 大都大于 300，与微生物所需的磷元素相差较大。

（6）其他特点。渗滤液在进行生化处理时会产生大量泡沫，不利于处理系统正常运行。由于渗滤液中含有较多难降解有机物，一般在生化处理后，COD 浓度仍在 500~2000mg/L 范围内。

全国渗滤液的污染排放量约占年总排污量的 1.6%，以化学耗氧量核算却占到 5.27%，可见，垃圾渗滤液排放量虽小，但污染"威力"却不可小视。渗滤液处理是卫生填埋场的最后一道环节，如果不高标准严要求，不仅对周围环境带来不可估量的污染和危害，对人体健康带来威胁，同时也使卫生填埋丧失原有的意义。而且渗滤液的成分组成会随着填埋时间的延长发生很大的变化，更对处理工艺的选择增加了难度。

大多数填埋场对垃圾渗滤液的处理主要采用生物处理法，但是由于垃圾渗滤液的特殊性，其物理、化学性质不同于一般的生活污水或工业污水，各种污染物指标很高，所以它在经过生物处理后，出水水质很不理想，特别是出水的 COD、BOD 仍相当高。环境矿物材料有很强的吸附性能，由于其低廉的价格和丰富的来源，已经成为垃圾渗滤液治理的一个主要研究方向。选择效能优良、储量丰富、廉价易得，甚至能够实现"以废治废"的吸附材料，并探究其应用的最佳条件将是吸附处理技术发展的方向。同时，这种效果显著、成本低廉、运行管理极为方便的技术适合在我国农村地区广泛应用。

Musso 等人探究了三种不同类型的黏土对垃圾渗滤液中重金属 Cu 和 Zn 的吸附能力，为垃圾填埋场底部防渗层黏土种类的选取提供了依据。Aydm 等人对沸石吸附渗滤液中 NH_3-N 的各项参数、热力学及动力学等进行了全面的探究，得出沸石是去除 NH_3-N 的最佳阳离子交换剂。肖筱瑜等人用聚合氯化铝改性后的膨润土吸附垃圾渗滤液中的 COD，去除率可达 65.8%，并采用化学絮凝沉淀联合聚合氯化铝改性膨润土应急处理 3 万吨渗滤液，SS、COD、BOD、NH_3-N 及色度的去除率分别为 74.6%、92.6%、93.1%、99.8% 和 97.5%，达到了控制污染的目的。凌辉等人研究认为溶解性有机物（DOM）是导致垃圾渗滤液处理难以达标的主要污染物，DOM 可划分为亲水性和疏水性两大类物质，可以采用亲水性的天然膨润土处理亲水性有机物，疏水性的有机膨润土处理疏水性有机物，结合鸟粪石结晶法去除垃圾渗滤液中的氨氮，再利用膨润土本身具备的吸附与离子交换性能去除重金属，从而提出针对可生化性差的中晚期垃圾渗滤液的低成本与高效率的组合型矿物法处理技术。采用 GC-MS 技术鉴定经矿物法处理后的垃圾渗滤液，亲水性和疏水性有机污染物的种类和含量都明显降低。检测进水与出水的 COD、氨氮及重金属浓度这三项关键指标，垃圾渗滤液原液 COD 为 2566mg/L，氨氮为 3859mg/L，重金属 Hg 为 0.305mg/L。矿物法组合处理后出水的 COD 为 245mg/L，氨氮为 48mg/L，重金属 Hg 未检出。矿物组合法为垃圾渗滤液的无害化处理提供了新的思路。

7.2.3　其他固体废物

7.2.3.1　尾矿基质改良

在中国，矿山开采和金属冶炼带来了大量的尾矿，占用了土地资源，引起对周边环境的二次污染。尾矿中严重的酸化、高浓度的有毒重金属（如 Cu、Zn、Pb、Cd）、养分水平低、物理结构缺失、过高的盐分含量等限制条件都给植被复垦带来了困难，而环境矿物材料以其来源广、具有特定的化学性质、成本低等优势，被广泛应用于尾矿的基质改良。

石灰、膨胀土、凹凸棒土、硅藻土、泥炭、腐殖酸等多种有机、无机改良剂均用于金属尾矿稳定化修复。这些改良剂通过吸附、沉淀、离子交换等作用，改变了重金属在尾矿中的赋存形态，降低了重金属生物有效性，改变了修复植物生理和生长状态。

付雄略的研究结果表明，矿渣的改良有效改善了植物的生长环境，减缓了植物受胁迫程度，其中蛭石对重金属离子具有较强的吸附性能，吸附速度快，蛭石和泥土碳处理能显著提高尾矿植物的株高。蓖麻和夹竹桃在蛭石改良矿渣处理中株高增高最多，泡桐在泥炭土改良矿渣中的株高长势最好；蓖麻和泡桐在蛭石改良处理中生物量最好，夹竹桃生物量改良效果最好的是泥炭土，其次是蛭石；三种植物的根系生长状况为：蛭石改良>泥炭土改良>红壤改良。蛭石和泥炭土可作为铅锌矿尾矿库重金属污染的改良剂。

王兴民等将矸石作为改良剂用于尾矿生态修复，结果表明，矸石添加入铜尾砂后，提高了基质 pH 值、有机质和营养元素含量，降低了有效态重金属浓度（Cd、Cu、Pb 和 Zn），改善了尾矿贫瘠环境。随矸石添加比例增加，香根草体内重金属浓度呈下降趋势，生物量和光合色素含量呈现低促高抑性变化。同时，可溶性蛋白质和脯氨酸含量随矸石添加比例增加而增加，MDA 随添加比例增加而降低，低添加比例的矸石选择性提升了 SOD 和 CAT 酶活性，增强了香根草清除体内多余活性氧的能力。矸石加入铜尾砂可稳定铜尾矿中有效态重金属，同时也能在一定添加比例内，提高香根草抵御铜尾矿胁迫环境的能力。

7.2.3.2　污泥治理

污泥作为一种固体废物，对有机污染物的吸附能力强，采用生物降解或传统的方法难以达到治理效果。若加入对有机污染物吸附能力更强的有机黏土矿物，使污染物重新分配，则有可能去除污泥中有机污染物。有人在处理含油污泥时，先通过精制、分离的方法提炼出油类，再利用 25%的膨润土和 0.75%的草酸液对油类进行脱色使其成为可利用的油品。

国外对膨润土的应用也很多，例如，比利时有研究用比表面积 $300 \sim 400 \mathrm{m^2/kg}$ 的膨润土、燃煤飞灰和水等加到有危险和毒性的废浆液和淤泥中，经 $4.5 \sim 5 \mathrm{min}$ 即可使之固化，固化后废浆液和淤泥中的有害成分不会被再浸出，有利于环境保护。日本则将膨润土 20%、吸水性高的丙烯酸-甲烯基双丙烯酰共聚铵盐 40%、阳离子树脂 40%与含油淤泥混合，混合后也能达到很好的固化效果。

7.2.3.3　农业固体废物堆肥处理

传统好氧堆肥存在发酵周期长、有机物降解缓慢、有效养分含量较少、腐殖化程度低和腐熟困难等问题，这些问题已逐渐成为限制好氧堆肥产业化发展的关键因素。矿物添加剂由于具有来源广、产量大、时效长、经济成本低等优点，可作为加快堆肥进程，促进有机物转化和提升堆肥品质的有效方法。

好氧堆肥中常用的矿物添加剂有沸石、海泡石等。一般而言，堆肥矿物添加剂具有多孔性、高比表面积及吸附特性，其在堆肥过程中的作用机制包括：（1）堆肥过程中加入矿物添加剂，能够有效调节堆肥孔隙，改善通风，促进有机物降解；（2）矿物添加剂具有大量的微孔，利于堆肥物料微生物的生长和繁殖；（3）矿物添加剂具有高比表面积能够有效保留堆肥养分。

矿物添加剂在堆肥中的保氮作用主要依靠于添加剂的吸附性能和离子交换性，矿物添加剂如沸石、膨润土、蛭石和麦饭石等具有多孔性或富含腐殖质以及高比表面积，对堆肥过程中产生的铵态氮和氨气具有一定吸附作用，从而减少堆肥过程中的氮素损失。黄灿等研究表明斜发沸石对铵态氮具有很强的选择性和亲和性，能够有效减少畜禽粪便堆肥过程中氨气的挥发。猪粪堆肥过程中添加生物炭能够显著降低堆肥过程中氮素的损失。李吉进等发现添加5%的膨润土能够减少堆肥过程中36%的氨气累积释放。有研究表明，添加膨胀珍珠岩、膨胀蛭石、浮石和沸石在鸡粪堆肥过程中可减少26.39%~77.78%的氨气释放。此外，沸石、膨润土和麦饭石等矿物质对堆肥物料具有缓冲调节作用，能够调节堆肥的pH值，从而降低氨气的释放。

近年来，利用矿物添加剂减少堆肥过程中温室气体的释放逐渐引起人们的重视。好氧堆肥过程中 CH_4 的释放，主要是由于堆肥物料厌氧区的形成。好氧堆肥过程中添加矿物添加剂，能够增加堆肥物料的孔隙率，提升空气的扩散，降低产甲烷菌生物数量，从而能够有效降低 CH_4 的排放。李慧杰等在鸡粪好氧堆肥过程中发现，添加沸石能够减少47.23%的 CH_4 排放。此外，矿物添加剂具有较多的孔隙和高比表面积，能够较好地吸附物料中的亚硝态氮和 N_2O，使其更多地被完全硝化或反硝化，从而降低堆肥过程中 N_2O 的释放。

7.2.3.4 金属废渣固化

稳定/固化是危险废物处置采用的预处理方法。目前根据所用固化剂不同分为水泥固化、石灰固化、塑性材料固化、玻璃熔融固化、自胶结固化和化学药剂固化等。由于技术、经济方面的原因，目前采用最多的依然是水泥固化，尤其是对于金属废物。水泥固化的最大优点是"价廉"，但是随着环保法规对废物浸出率的要求日益严格，水泥作固化剂时的用量也在不断加大，有时甚至达到1∶10（废物∶水泥），"价廉"优势正在逐渐消失。找到一种或几种与水泥理化性质相似的废物代替水泥作固化剂，实现"以废治废"，将具有非常重要的意义。

粉煤灰和电石渣为工业废弃物，对金属废渣有良好的稳定/固化作用，利用粉煤灰处理固体废物实现了以废治废、保护环境的目的。利用粉煤灰不但可以用于治理钻井泥浆，还可以和一些固体废物制成免烧砖和优质水泥。它为建材工业提供了省投资、减能耗、无污染、增利润的制造方法，同时也为煤矿、燃煤电厂、建材企业和城镇提供节能利废、消除污染及增加经济和社会效益的实用技术。电石渣也有很好的稳定/固化作用，它与粉煤灰结合可以替代水泥用于金属废渣和酸性铬污泥的固化剂。粉煤灰和电石渣是生产水泥的原料，在理化性质方面与水泥有很多相似之处，已经有研究显示，用粉煤灰和电石渣分别对金属废渣和酸性铬污泥进行稳定/固化试验，有较好的固化效果，粉煤灰和电石渣完全可以替代水泥用于金属废物和酸性铬污泥的固化剂。

研究发现，当粉煤灰和电石渣用量达到6%时，固体废物中的铁和镍已检测不出来。

但当电石渣用量在 4%以上时，铅的溶出量反而会增大，这是由于电石渣的主要成分为 Ca
$(OH)_2$ 和 Mg $(OH)_2$，两者都为强碱性物质，因此电石渣的用量对 pH 值影响很大，当电
石渣用量由 4%增加到 6%时，pH 值从 8.20 激增到 12.41。由于铅为两性金属，遇到强碱
性环境时原来的氢氧化物沉淀会反溶出来。而粉煤灰则不同，它的主要成分为 SiO_2，因而
用量变化对 pH 值影响不如电石渣那样敏感，当用量小于 30%时，pH 值不会超过 8.5，因
此没有反溶现象发生。同时粉煤灰中的 SiO_2 和 CaO 会类似于水泥一样遇水发生水合反应，
生成水和硅酸盐晶体，水合反应过程中会将部分金属捕集到晶格中，因此粉煤灰的稳定/
固化效果要好于电石渣。

思 考 题

7-1　固体废物有什么特点？

7-2　简述固体废物的分类。

7-3　固体废物的处置技术有哪些？

7-4　固体废物的处理技术有哪些？

7-5　如何将环境矿物材料应用于城市生活垃圾的处理？

7-6　与其他方法相比，环境矿物材料在城市生活垃圾处理中的应用有什么优势？请举例说明。

7-7　垃圾渗滤液的特点有哪些？

7-8　与其他方法相比，环境矿物材料在垃圾渗滤液处理的应用有什么优势？请举例说明。

7-9　简述环境矿物材料在尾矿基质改良中的应用。

参 考 文 献

[1] 陈磊. 垃圾填埋场底部多层矿物衬里的研究 [D]. 北京：中国地质大学（北京），2009.

[2] 付雄略，陈永华，刘文胜，等. 湖南省衡阳市某铅锌尾矿区植物多样性及其重金属富集性研究 [J].
中南林业科技大学学报，2017，37（7）：130~135.

[3] 傅伯杰，陈利顶，马克明，等. 景观生态学原理及应用 [M]. 第二版. 北京：科学出版社，2002.

[4] 何俊宝，高亮，王永盛，等. 垃圾卫生填埋场防渗衬层材料——复合土的试验研究 [J]. 环境卫生
工程，1998（4）：144~147+169.

[5] 何芮，李双志. 关于我国固体废物处置中的现状与问题研究 [J]. 资源节约与环保，2018
（3）：121.

[6] 黄万抚. 矿物材料及其加工工艺 [M]. 北京：冶金工业出版社，2012.

[7] 纪涛. 城市生活垃圾堆肥处理现状及应用前景 [J]. 天津科技，2008，35（5）：46~47.

[8] 蒋建国，陈嫣，邓舟，等. 沸石吸附法去除垃圾渗滤液中氨氮的研究 [J]. 给水排水，2003，29
（3）：6~9+1.

[9] 李颖. 垃圾渗滤液处理技术及工程实例 [M]. 北京：中国环境科学出版社，2008.

[10] 凌辉，鲁安怀，王长秋，等. 矿物法组合处理垃圾填埋场渗滤液的研究 [J]. 矿物学报，2011，
31（1）：95~101.

[11] 刘长礼，王秀艳，张云. 城市垃圾卫生填埋场粘性土衬垫的截污容量及其研究意义 [J]. 地质评
论，2000，46（1）：79~85.

［12］ 马金莲. 磁铁矿促进有机质厌氧降解过程及微生物机制初探［D］. 广州：中国科学院研究生院（广州地球化学研究所），2016.

［13］ 史敬华，赵勇胜，洪梅. 垃圾填埋场防渗衬里粘性土的改性研究［J］. 吉林大学学报（地球科学版），2003，33（3）：355~359.

［14］ 王菲菲，吴晔昶，俞锐. 铁层柱蒙脱石处理垃圾渗滤液［J］. 山西建筑，2009，35（36）：357~358.

［15］ 王琳. 固体废物处理与处置［M］. 北京：科学出版社，2014.

［16］ 杨海斌，杨录，沈梅芝. 褐铁矿对生活垃圾降解影响的模拟柱实验研究［J］. 生物化工，2018，4（2）：50~52.

［17］ 杨露露，岳正波. 针铁矿对城市生活垃圾有机组分厌氧发酵的影响［J］. 环境科学，2014，35（5）：1988~1993.

［18］ 张蕾. 固体废物污染控制工程［M］. 徐州：中国矿业大学出版社，2014.

［19］ 周爱芳，章光. 垃圾填埋场防渗材料研究［J］. 能源与环境，2007（4）：84~86.

［20］ 朱莺莺. 中国生活垃圾处理技术应用现状及未来主流技术探讨［J］. 台州学院学报，2017，39（3）：23~29+66.

［21］ 中华人民共和国环境保护部. 2017年全国大、中城市固体废物污染环境防治年报［J］. 环境保护，2018，46（Z1）：90~106.

［22］ 庆承松，韦玲，陈天虎，等. 褐铁矿和白云石对垃圾渗滤液厌氧消化增强作用的初步研究［J］. 岩石矿物学杂志，2014，33（2）：365~369.

［23］ Musso T B, Parolo M E, Pettinari G, et al. Cu（Ⅱ）and Zn（Ⅱ）adsorption capacity of three different clay liner materials［J］. Journal of Environmental Management, 2014, 146：50~58.

［24］ 王兴明，王运敏，储昭霞，等. 矸石添加对铜尾矿中香根草生长及生理生态的影响［J］. 水土保持学报，2018，32（2）：329~334.

［25］ Aydin T F, Kuleyin A. Ammonium removal from landfill leachate using natural zeolite：kinetic, equilibrium, and thermodynamic studies［J］. Desalination and Water Treatment, 2016, 57（50）：1~20.

［26］ 肖筱瑜，张静，黄伟. 改性膨润土成功用于去除垃圾渗滤液中的COD_{Cr}［J］. 广州化工，2014（14）：148~149.

［27］ 王兴明，王运敏，储昭霞，等. 矸石添加对铜尾矿中香根草生长及生理生态的影响［J］. 水土保持学报，2018，32（2）：329~334.

［28］ 李国学，李玉春，李彦富. 固体废物堆肥化及堆肥添加剂研究进展［J］. 农业环境科学学报，2003，22（2）：252~256.

［29］ Wang Q, Awasthi M K, Zhao J C, et al. Improvement of pig manure compost lignocellulose degradation, organic matter humification and compost quality with medical stone［J］. Bioresource Technology, 2017, 243：771~777.

［30］ 李荣华，张广杰，王权，等. 添加矿物质对猪粪好氧堆肥中有机物降解的影响［J］. 农业机械学报，2014，45（6）：190~198.

［31］ Wang Q, Wang Z, Awasthi M K, et al. Evaluation of medical stone amendment for the reduction of nitrogen loss and bioavailability of heavy metals during pig manure composting［J］. Bioresource Technology, 2016, 220：297~304.

［32］ Turan N G. Nitrogen availability in composted poultry litter using natural amendments［J］. Waste Magement and Research, 2009, 27（1）：19~24.

［33］ Awasthi M K, Pandey A K, Bundela P S, et al. Co-composting of gelatin industry sludge combined with organic fraction of municipal solid waste and poultry waste employing zeolite mixed with enriched nitrifying bacterial consortium [J] . Bioresource Technology, 2016, 213: 181~189.

[34] 李慧杰, 王一明, 林先贵, 等. 沸石和过磷酸钙对鸡粪条垛堆肥甲烷排放的影响及其机制 [J] . 土壤, 2017, 49 (1): 63~69.

[35] 黄向东, 韩志英, 石德智, 等. 畜禽粪便堆肥过程中氮素的损失与控制 [J] . 应用生态学报, 2010, 21 (1): 247~254.

[36] 杜龙龙, 李国学, 袁京, 等. 不同添加剂对厨余垃圾堆肥 NH_3 和 H_2S 排放的影响 [J] . 农业工程学报, 2015, 31 (23): 195~200.

[37] 李吉进, 郝晋珉, 邹国元, 等. 高温堆肥碳氮循环及腐殖质变化特征研究 [J] . 生态环境学报, 2004, 13 (3): 332~334.

[38] 吴伟祥, 李丽劫, 吕豪豪, 等. 畜禽粪便好氧堆肥过程氧化亚氮排放机制 [J] . 应用生态学报, 2012, 23 (6): 1704~1712.

[39] 李新国, 许增贵. 粉煤灰电石渣用作金属废渣和酸性铬污泥的稳定/固化剂的试验研究 [J] . 环境保护科学, 2002, 28 (3): 32~34.

8 环境矿物材料在土壤污染修复中的应用

本章要点：

本章主要介绍土壤中主要污染物的种类及来源、常规土壤污染治理修复技术；之后重点介绍了环境矿物材料在污染土壤修复中的应用及工程实例，包括土壤中有机物的治理、重金属的吸附、移除、钝化与稳定化以及土壤质量的调理；最后介绍了环境矿物材料修复污染土壤的机理。通过学习，主要掌握土壤主要污染物种类及治理修复技术，了解环境矿物材料对污染土壤中污染物的作用机理。

8.1 土壤污染及治理修复技术

土壤污染是人类活动所产生的污染物通过各种途径进入土壤，当输入的污染物数量超过土壤的容量和自净能力时，必然引起土壤情况恶化，发生土壤污染，使土壤的性质、组成及性状发生变化，污染物的积累过程逐渐占据优势，破坏了土壤的自然生态平衡，并导致土壤的自然功能失调、土壤质量恶化及土壤生产力下降。

土壤污染的特点有：

（1）土壤污染具有隐蔽性、潜伏性。土壤污染之后，很难被人的感觉器官察觉，一般要通过植物进入食物链积累到一定程度时才能反映出来。

（2）不可逆性和长期性。由于土壤中的污染物积累到一定程度时，会导致土壤结构与功能发生变化，且由于许多污染物很难降解，因此，土壤一旦污染很难恢复。

（3）后果的严重性。土壤污染往往是通过食物链危害人体和动物健康。土壤污染是环境污染的重要环节，污染物摄入人体，影响人体健康。它可导致土壤的组成、结构和功能发生变化，进而影响植物的正常生长发育，造成有害物质在植物体内积累，并通过食物链使污染物进入人体，进而危害人体健康。

随着工业快速发展，土壤污染日益加重。可使用土地的缺乏、污染事件的频频发生和工业对环境副作用的不断增长，使污染土壤的治理问题亟待解决。土壤污染已成为世界性问题，我国的土壤污染也比较严重，据初步统计，全国至少有 1300 万 ~ 1600 万公顷（1 公顷＝1 万平方米）耕地受到农药污染，每年因土壤污染减产粮食 1000 万吨，因土壤污染而造成的各种农业经济损失合计约 200 亿元。有关专家指出："不断恶化的土壤污染形势已经成为影响我国农业可持续发展的重大障碍，将对我国经济的高速发展提出严峻挑战。"现在，无论是发展中国家还是发达国家，加强修复受污染土壤已成为不可避免的问题。

我国土壤环境状况总体不容乐观，部分地区土壤污染较重，耕地土壤环境质量堪忧，工矿业废弃地土壤环境问题突出。2014 年，全国土壤污染状况调查公报显示我国土壤总的点位超标率为 16.1%，其中轻微、轻度、中度和重度污染点位比例分别为 11.2%、2.3%、1.5% 和 1.1%。从土地利用类型看，耕地、林地、草地土壤点位超标率分别为 19.4%、10.0%、10.4%。从污染类型看，以无机型为主，有机型次之，复合型污染比重较小，无机污染物超标点位数占全部超标点位的 82.8%。从污染物超标情况看，镉、汞、砷、铜、铅、铬、锌、镍 8 种无机污染物点位超标率分别为 7.0%、1.6%、2.7%、2.1%、1.5%、1.1%、0.9%、4.8%。从污染分布情况看，南方土壤污染重于北方；长江三角洲、珠江三角洲、东北老工业基地等部分区域土壤污染问题较为突出，西南、中南地区土壤重金属超标范围较大；镉、汞、砷、铅 4 种无机污染物含量分布呈现从西北到东南、从东北到西南方向逐渐升高的态势。

8.1.1　土壤污染物

土壤污染物泛指影响土壤正常功能，降低农作物产量和品质，影响人体健康的物质。根据污染物的性质，土壤环境污染物大致分为无机、有机和生物三大类。无机污染物主要包括 Hg、Cd、Cu、Zn、Cr、Pb、As 等重金属，Sr、Cs、U 等放射性元素，N、P、S 等营养物质及其他无机物质如酸、碱、盐、氟等；有机污染物主要包括有机农药、酚类、石油、多环芳烃、多氯联苯、洗涤剂等；生物污染物主要指由城市污水、污泥及厩肥带来的有害微生物等。

8.1.1.1　无机污染物

部分无机污染物是随着地壳变迁、火山爆发、岩石风化等天然过程进入土壤，部分是随着人类的生产和生活活动进入土壤。采矿、冶炼机械制造、建筑材料、化工等生产部门，每天都排放大量的无机污染物，包括有害的元素、氧化物、酸、碱和盐类等。生活垃圾中的煤渣，也是土壤无机污染物的重要组成成分，一些城市郊区长期、直接施用的结果造成了土壤环境质量下降。土壤无机污染物主要包括重金属类和放射性污染物类。

A　重金属污染物

污染土壤的重金属主要包括汞（Hg）、镉（Cd）、铅（Pb）、铬（Cr）和类金属砷（As）等生物毒性显著的元素，以及有一定毒性的锌（Zn）、铜（Cu）、镍（Ni）元素。重金属进入土壤后可以被作物吸收积累，引起植物生理功能紊乱、营养失调，镉、汞等元素在作物籽实中富集系数较高，即使超过食品卫生标准，也不影响作物生长、发育和产量，此外汞、砷会减弱和抑制土壤中硝化细菌、氨化细菌活动，影响氮素供应。重金属污染物在土壤中移动性很小，不易随水淋滤，不为微生物降解，通过食物链进入人体后，潜在危害极大。如日本 20 世纪初发生的"骨痛病"就是因食用含镉大米所致。有些重金属还有三致效应（致畸、致癌、致突变作用），因此应特别注意防止重金属对土壤污染。

重金属进入土壤主要有自然来源和人为干扰输入两种途径。自然源主要包括成土母质、岩石风化、火山喷发等，人为源主要包括工业源（工业废物排放）、农业源（化肥、农药、畜禽粪便等）、生活源（城乡生活废水、农家肥等）、交通源以及其他污染源（废弃物焚烧等）等。在自然因素中，成土母质对土壤重金属含量的影响很大，当然成土过程也会影响重金属含量。而在各种人为因素中，工业生产中重金属处置不当、农业活动和交通等来源引起的土壤重金属污染所占比重较高。

工业生产尤其是矿山开采过程中，存在很大的重金属污染土壤的风险。金属矿产开采、洗选、运输等过程中废气、废水的排放及固体废物的堆放。露天开采或坑采的钻孔、爆破和矿石装载运输等过程产生的粉尘和扬尘中含有大量重金属，经过雨水的淋溶，重金属进入周边土壤。废水包括采矿生产中排出的地表渗透水、岩石孔隙水、矿坑水、地下含水层的疏放水以及井下生产防尘、灌浆、充填污水、废石场的雨淋污水和选矿厂排出的洗矿、尾矿废水等。这些废水大多呈酸性，溶有大量重金属离子。矿山固体废物中一般都含有大量重金属，其中又以尾矿和废弃的低品位矿石中重金属量最高。这些固体废物若在露天堆放，容易迅速风化，并通过降雨、酸化等作用向矿区周边扩散，从而导致土壤重金属污染。

农业生产过程中含重金属的化肥、有机肥、城市废弃物和农药的不合理施用以及污水灌溉、污泥利用等，都可以导致土壤中重金属的污染。有研究表明国外农田土壤重金属污染主要是由于化肥的施用及污水灌溉。农田施用的肥料中含有一定数量的 Hg、Cd，大多数肥料中含 Hg 量小于 1mg/kg，因此施肥过程将肥料中 Hg、Cd 带入土壤中。据中国农业部进行的全国污灌区调查，在约 140 万公顷的污水灌区中，遭受重金属污染的土地面积占污水灌区面积的 64.8%，特别是重金属 Hg、Cd 的农田污染。其中轻度污染的占 46.7%，中度污染的占 9.7%，严重污染的占 8.4%。据资料记载，日本在 1953~1969 年间，共消耗了 6800t 有机 Hg 农药，导致了土壤 Hg 污染，部分农田 Hg 含量在 1mg/kg 以上。此外，畜禽养殖业也是一个不可忽视的重要方面，因为配方饲料中往往添加适当比例的重金属元素。

污泥作为一种固体废物，是污水处理厂产生的必然产物，但是污泥中含有丰富的有机质、N、P 和 K 等营养物质，可满足作物生长需要，因此污泥土地利用备受关注，英国、法国、瑞士、瑞典和荷兰等国家城市污泥土地利用率达到 50% 左右，卢森堡达 80% 以上。但是污泥中除含有作物生长的营养物质外，还含有不利于作物生长的有毒有害重金属，因此在污泥土地利用的同时，重金属污染物也随之进入土壤，如污泥利用不加以限制，可造成土壤重金属超标准积累，通过食物链循环，对人类构成危害。因此，我国在 1984 年就提出污泥农用标准 GB 4284—84，要求 Hg 含量不得超过 5mg/kg。

B 放射性污染物

土壤环境中放射性污染物质有天然来源和人为来源。天然放射性核素有 ^{40}K、^{238}U、^{232}Th 等，形成土壤放射性的本底值。地壳中 U 的含量为 $3.5 \times 10^{-4}\%$，Th 的含量为 $1.1 \times 10^{-3}\%$。土壤中 U 的含量为 $1 \times 10^{-4}\%$，Th 的含量为 $6 \times 10^{-4}\%$。但是，由天然放射性核素所造成的人体内照射剂量和外照射剂量都很低，对人类的生活没有表现出不良影响。自第二次世界大战后，人为放射性物质大量出现，使地球上的放射性污染发生了明显的变化，人为放射性核素主要有 ^{137}Cs、^{134}Cs、^{90}Sr、^{240}Pu、^{131}I 等。

当前，土壤环境中放射性污染人为来源主要有以下几个方面：

（1）核试验。核试验分为大气层核试验和地下核试验两种。大气层核试验产生的放射性落下灰是迄今土壤环境的主要放射性污染源。放射性沉降物对公众的照射包括经由吸入近地空气中的放射性核素和食入放射性污染的食物及水引起的内照射、空气中核素造成浸没外照射和地面沉积核素造成的直接外照射。导致内照射的主要有核素 ^{14}C、^{137}Cs、^{90}Sr、^{144}Ce、^{3}H、^{131}I、$^{239\sim241}Pu$、^{241}Am、^{89}Sr、^{140}Ba、^{238}U 和 ^{54}Mn 等，导致外照射的主要有核素 ^{137}Cs、

^{95}Zr、^{106}Ru、^{140}Ba、^{144}Ce、^{103}Ru 和 ^{140}Ce 等。封闭较好的地下核爆炸对参试人员造成的剂量或剂量负担都很小，但偶然情况泄漏和气体扩散使放射性物质从地下泄出，造成局部范围的污染。

（2）核武器制造、核能生产和核事故。军事放射性物质生产和核武器制造可能导致放射性核素的常规和事故释放，造成局地和区域性环境污染。核能生产涉及整个核燃料循环，其中包括的主要环节有铀矿开采和水冶、^{235}U 的浓缩、燃料元件制造、核反应堆发电、乏燃料贮存或后处理及放射性废物的贮存和处置，放射性物质在整个核燃料循环的各个环节间循环。核事故主要有民用核反应堆事故、军用核设施事故、核武器运输事故、卫星重返事故和辐射源丢失等。这些生产过程和核事故都有可能释放放射性污染物质，成为重要污染源。

（3）放射性同位素的生产和应用。放射性同位素的生产及其在工业、医疗、教学、研究等日益广泛的应用和相关的废物处置，也会对公众造成一定剂量的照射。密封源中的放射性同位素一般不会被释放，但放射性药盒中的同位素、^{14}C 和 ^{3}H 最终会向环境释放，其释放总量与生产总量大致相当。商用及医用同位素的生产量一般很难估计，对其生产和应用过程中的释放报道也很少见。

（4）矿物的开采、冶炼和应用。除作为核燃料原料的含铀矿物以外，煤、石油、泥炭、天然气、地热水（或蒸汽）和某些矿砂中的含量也比较高，其开采、冶炼和应用一定程度上也会释放放射性废物到环境中去，给土壤环境带来一定的污染。煤矿会排放放射性物质氡。磷酸盐矿物中含有放射性核素 ^{232}T、^{40}K、^{238}U 和 ^{226}Ra 等，全球每年消耗的磷肥量相当于 3000×10^4t P$_2$O$_5$，成为环境中可迁移的 ^{226}Ra 最重要的来源之一。

8.1.1.2　有机污染物

土壤中有机污染物按溶解性难易可分成为两类：易分解类，如有机磷农药、三氯乙醛；难分解类，如有机氯等。部分有机污染物在生物和非生物，特别是微生物的作用下，可转化为无害物质，但仍然有相当一部分不易转化，造成农作物减产，并在植物中残留，成为植物残毒。含有机氯、多氯联苯（PCB）、多环芳烃（PAN）等的农药，由于其化学性质稳定、在土壤中残留时间长，被作物吸收后，经生物之间转移、浓缩和积累，可使农药的残毒直接危害人体的健康。全国土壤污染状况调查公报指出，六六六、滴滴涕、多环芳烃 3 类有机污染物点位超标率分别为 0.5%、1.9%、1.4%。有机磷、有机氯等物质进入土壤后会导致土壤动物致畸、繁殖行为也会受到较大影响。

喷施于农作物上的农药，除部分被植物吸收或逸入大气外，约有一半散落在农田土壤中。农作物从土壤中吸收农药，在植物根、茎、叶、果实和种子中积累，通过食物链进入人体。受污染的粮食、蔬菜随食物进入人体后，会导致倦乏、头疼、食欲不振等症状，还会降低人体免疫力、危害神经中枢、诱发肝脏酶的改变以及致畸、致癌等。

多环芳烃是焦化类工业场地土壤中最常见的有机污染物，包括萘、蒽、菲、芘等 150 余种化合物。多环芳烃具有致癌、致畸和致突变性，且其毒性随着苯环的增加而增加。目前已知的 500 多种致癌化合物中，有 200 多种是多环芳烃及其衍生物。其中，苯并芘、蒽等具有强致癌性。多环芳烃很容易吸附在土壤颗粒上，并通过消化道、呼吸道、皮肤进入人体，从而诱发皮肤癌、肺癌、直肠癌、膀胱癌等。

石油类物质渗入土壤的量超过土壤的自净容量后，积累的油类物质将长期残留于其中，破坏土壤结构、影响土壤通透性；还会黏着在植物根系上，阻碍植物根系对养分和水分的吸收，引起根系腐烂，影响农作物生长或者穿透到植物组织内部，破坏植物正常生理机能，严重影响土壤的生产力和农作物产量。石油中的苯、甲苯、二甲苯等单环芳烃危害较大，其急性中毒主要作用于人体神经系统，慢性中毒主要作用于造血组织和神经系统。如果较长时间与较大浓度污染物接触，还会引起恶心、头疼、眩晕等症状。

　　土壤有机物主要来源于人类活动，部分有机物可来源于自然源，如某些植物和微生物体内可以合成微量多环芳烃，火山活动和森林火灾也可以产生一定量的多环芳烃。常见的挥发性有机污染物有汽油、苯、甲苯、二甲苯等，其主要来自加油站地下储油罐、贮油池、排油沟及输油管中汽油、柴油的泄漏及石油炼制过程中的跑、冒、滴、漏等；有机磷农药、有机氯农药、石油、多环芳烃及多氯联苯等都是土壤中常见的半挥发性有机污染物，其中有机磷农药和有机氯农药主要来源于耕种过程中大量使用的化学农药，石油、多环芳烃、多氯联苯主要来源于石油、化工、制药、油漆、染料等工业排出的三废污染物。

8.1.1.3　生物污染物

　　土壤生物污染是指病原体和带病的有害生物种群从外界侵入土壤，破坏土壤生态系统的平衡，引起土壤质量下降的现象。有害生物种群来源是用未经处理的人畜粪便施肥、生活污水、垃圾、医院含有病原体的污水和工业废水（作农田灌溉或作为底泥施肥），以及病畜尸体处理不当等。未经处理的城市生活污水、饲养场和屠宰场废水、医院污水可能携带大量病原微生物和寄生虫卵，灌溉时可污染土壤及蔬菜。污泥、垃圾、粪肥、医院未经消毒处理的固体废物均可带入有害病原体，造成土壤微生物污染。禽畜排泄物及其掩埋在土壤中的尸体是土壤中致病菌的一大来源，通过动物-土壤-人的途径危害人体。通过上述主要途径，大量传染性细菌、病毒、虫卵被带入土壤，引起植物体各种细菌性病原体病害，进而引起人体患有各种细菌性和病毒性的疾病，威胁人类生存。

　　表8-1列出了土壤中主要污染物的来源。这些污染源通过大气沉降、废水排放、农业施肥等途径进入土壤中，并在土壤中积累。

表8-1　土壤中主要污染物的来源

污染物类型	污染物	主要来源
重金属污染物	汞	氯碱工业、仪器仪表工业、造纸工业等，含汞农药，煤和化石燃料燃烧
	镉	电镀、电池、颜料、塑料、涂料等的工业生产，采矿和冶炼，农业施肥
	铜	冶炼、铜制品生产，采矿业，含铜农药
	锌	电镀、金属制造、皮革、化工，含锌农药，磷肥，采矿业
	铅	油漆、颜料、冶炼等，铅蓄电池，汽车排放，含铅化肥
	铬	冶炼、电镀、制革、印染等
	镍	冶炼、电镀、炼油、燃料等，含镍电池生产
	砷	硫酸，化肥农药，医药，玻璃
有机污染物	多环芳烃	汽车尾气、燃煤、石油源、生物质燃烧、炼焦、炼油等
	多氯联苯	垃圾焚烧、化工、造纸、变压器生产
	二噁英	废物焚烧、钢铁生产、有色金属冶炼、PCP和CNP的使用
	有机氯农药	农药的生产和使用

8.1.2 土壤污染修复技术

污染土壤修复是指利用物理、化学或生物的方法，转移、吸收、降解和转化土壤中的污染物，使其浓度降低到可接受的水平，或将有毒有害污染物转化为无害物质的过程。污染土壤修复的研究起步于 20 世纪 70 年代后期，欧洲、美国、日本、澳大利亚等制定了大量的土壤修复计划，并投资研究了大量土壤修复技术与设备，积累了丰富的现场修复技术与工程应用经验，成立了许多土壤修复公司，使土壤修复技术得到了迅猛发展。而我国的污染土壤修复研究起步较晚，在"十五"规划期间才得到重视，随后列入国家高技术研究规划发展计划，但研发水平和应用经验与美国、英国等发达国家存在很大差距。近年来，生态环境部等有关部门有计划地部署了一些土壤修复研究项目和专题，有力促进和带动了土壤污染控制与土壤修复技术的研究与发展。尤其是 2016 年 5 月 28 日，国务院印发了《土壤污染防治行动计划》，即"土十条"。这一计划的发布是整个土壤修复事业的里程碑事件，为我国污染土壤修复技术的研究和发展起到了引领和推动作用。

根据修复原理的不同，污染土壤修复可分为物理修复、化学修复和生物修复 3 种类型。物理修复技术主要包括工程措施（客土、换土和深耕翻土等）、热脱附、电动修复等，化学修复法主要包括淋洗技术和固化、稳定化技术，生物修复技术主要包括植物修复、微生物修复和动物修复以及多种技术的联合。目前普遍接受的污染土壤修复的技术原理可概括为：（1）以降低污染风险为目的，即通过改变污染物在土壤中的存在形态或同土壤的结合方式，降低其在环境中的可迁移性与生物可利用性；（2）以削减污染总量为目的，即通过处理将有害物质从土壤中去除，以降低土壤中有害物质的总浓度。目前，污染土壤修复技术研究和应用已经比较广泛，包括冶金及化工等工业污染场地修复、农田污染土壤修复、矿区污染修复及油田污染修复等，由于不同污染土壤类型和性质不同，使用的修复手段也不完全相同，并出现了一些修复技术手段的交叉融合使用。

8.1.2.1 物理修复技术

物理修复是指通过各种物理过程将污染物从污染土壤中去除或分离的技术。其中热处理技术是应用于场地土壤有机物污染去除的主要物理修复技术，常用的包括土壤蒸气浸提、超声/微波加热、热脱附等技术。物理修复方法彻底、稳定，但是投资高，存在破坏土壤结构、导致土壤肥力下降、工程量大、易造成二次污染等问题。因此，只适用于小面积严重污染土壤的即时修复。

A 热脱附技术

热脱附技术是指通过直接或间接的热交换，加热土壤中有机污染组分到足够高的温度，使其蒸发并与土壤介质相分离的过程。热脱附技术具有污染物处理范围宽、设备可移动、修复后土壤可再利用等优点，特别是对 PCBs 等含氯有机污染物，非氧化燃烧的处理方式可以显著减少二噁英的生成。目前，欧美国家已将土壤热脱附技术工程化，广泛应用于高浓度污染场地的有机物污染土壤的异位或原位修复，但是诸如相关设备价格昂贵、脱附时间过长、处理成本过高等问题尚未得到很好解决，限制了热脱附技术在持久性有机物污染土壤修复中的应用。

B 土壤蒸气浸提技术

土壤蒸气浸提技术为能有效去除土壤中挥发性有机污染物（VOCs）的一种原位修复技术。该技术是将新鲜空气通过注射井注入污染区域，利用真空泵产生负压，空气流经污染区域时，解吸并夹带土壤孔隙中的VOCs经由抽取井流回地上；抽取出的气体在地上经过活性炭吸附法以及生物处理法等净化处理，可排放到大气中或重新注入地下循环使用。该方法具有成本低、可操作性强、可采用标准设备、处理有机物的范围宽、不破坏土壤结构和不引起二次污染等优点。李炳智等以6种挥发性苯系物（BTEX）为目标污染物，考察了抽气速率、搅拌速率、土壤温度、蒸汽加热功率等对土壤污染物去除的影响及抽提过程特征，最佳条件下污染物整体去除率均超90%。

C 超声/微波加热技术

超声/微波加热技术是利用超声空化现象所产生的机械效应、热效应和化学效应对污染物进行物理解吸、絮凝沉淀和化学氧化作用，从而使污染物从土壤颗粒上解吸，并在液相中被氧化降解成CO_2和H_2O或环境易降解的小分子化合物。超声波不仅能对土壤有机污染物进行物理解吸，还能通过氧化作用将有机污染物彻底清除，例如超声波技术可有效修复石油污染土壤。

8.1.2.2 化学修复技术

污染土壤的化学修复技术发展较早，主要有土壤固化-稳定化技术、淋洗技术、氧化-还原技术、光催化降解技术和电动力学修复技术等。化学淋洗技术适用于沙质土壤，对于地质黏重、渗透性比较差的土壤修复效果较差，高效淋洗剂价格昂贵，洗脱废液可能造成土壤和地下水的二次污染。化学稳定化技术由于其对环境破坏较小、费用较低、易操作而受到人们的重视，是一类实用性较强的污染土壤改良技术，针对各污染地区复合污染的情况，化学稳定更能同时对多种重金属发挥作用，但是也存在外界条件变化时，重金属再次被活化的风险。

A 钝化/稳定化技术

钝化/稳定化技术是指将污染物固定在土壤中，使其长期处于稳定状态，防止或降低污染土壤释放有害化学物质的修复技术。该技术通过将特殊添加剂与污染土壤相混合，利用化学、物理或热力学过程来降低污染物的物理、化学溶解性或在环境中的活泼性。该处理技术费用比较低廉，对一些非敏感区的污染土壤可大大降低治理成本。常用的钝化/稳定剂有飞灰、石灰、沥青和硅酸盐水泥等，其中水泥应用最为广泛，国际上已有利用水泥固化/稳定化处理有机与无机污染土壤的报道。钝化/稳定化技术可以处理多种复杂金属废弃物，形成的固体毒性低、稳定性强、处置费用也较低，但其所需的仪器设备较多，如螺旋转井、混合设备、集尘系统等。另外，污染物埋藏深度、土壤pH值和有机质含量等都会在一定程度上影响该技术的应用效果。钝化/稳定化技术在美国处理各类污染物已有40多年的历史，有30%已完成的美国超级资助项目是用于污染源控制的，平均运行时间约为1个月，比土壤蒸气提取、堆肥等其他修复技术的运行时间短许多。钝化/稳定化技术也应用于我国部分重金属污染土壤和铬渣清理后的堆场的修复，获得了较好效果。

B 淋洗/浸提技术

淋洗/浸提是将水或含有冲洗助剂的水溶液酸/碱溶液、配合剂或表面活性剂等淋洗剂注入污染土壤或沉积物中，洗脱土壤中污染物的过程。淋洗的废水经处理后达标排放，处理后的土壤可以再安全利用。该技术在多个国家已被工程化应用于修复重金属污染或多污染物混合污染介质的处理。同其他修复技术相比，淋洗/浸提技术的优势在于其可用来处理难以从土壤中去除的有机污染物，如 PCBs、油脂类等易吸附或黏附在土壤中的物质，溶剂浸提技术可轻易去除该类土壤污染物。该技术用水较多，修复场地要求靠近水源，需要处理废水而增加成本。因此，研发高效专性的表面增溶剂、提高修复效率、降低设备与污水处理费用、防止二次污染等是该技术的研究重点。

　　C　化学氧化-还原技术

　　化学氧化-还原技术是通过向土壤中投加化学氧化剂（Fenton 试剂、臭氧、H_2O_2、$KMnO_4$ 等）或还原剂（SO_2、FeO、气态 H_2S 等）使其与污染物发生化学反应来实现净化土壤的目的。化学氧化法可用于土壤和地下水同时被有机污染物污染的修复。运用化学还原法修复对还原作用敏感的有机污染物是当前研究的热点。例如，纳米级粉末零价铁的强脱氯作用已被接受和运用于土壤与地下水的修复。但是，目前零价铁还原脱氯降解含氯有机化合物技术的应用还存在诸如铁表面活性的钝化、被土壤吸附产生聚合失效等问题，需要开发新的催化剂和表面激活技术。

　　D　光催化降解技术

　　土壤光催化降解技术是一项新兴的深度土壤氧化修复技术，可应用于农药等有机污染物污染土壤的修复。土壤质地、粒径、氧化铁含量、土壤水分、土壤 pH 值和土壤厚度等对光催化氧化有机污染物有明显的影响，如高孔隙度的土壤中污染物迁移速率快，黏粒含量越低，光解越快；土壤中氧化铁对有机物光解起着重要调控作用。

　　E　电动力学修复技术

　　电动力学修复是通过电化学和电动力学的复合作用（电渗、电迁移和电泳等）驱动污染物富集到电极区，再进行集中处理或分离的过程。即通过在污染土壤两侧施加直流电压形成电场梯度，土壤中污染物质在电场作用下通过电迁移、电渗流或电泳的方式被带到电极两端从而修复污染土壤。目前，电动修复技术已进入现场修复应用阶段，我国也先后开展了菲和五氯酚等有机污染土壤的电动修复技术研究。电动修复速度较快、成本较低，特别适用于小范围黏质可溶性有机物污染土壤的修复，其不需要化学药剂的投入，修复过程对环境几乎没有任何负面影响，与其他技术相比，电动修复技术也更容易为大众所接受。但电动修复技术对电荷缺乏的非极性有机污染物去除效果不好，对于不溶性有机污染物，需要化学增溶，易产生二次污染。

8.1.2.3　生物修复技术

　　生物修复技术研究开始于 20 世纪 80 年代中期，到 20 世纪 90 年代有了成功应用的实例。广义的污染土壤生物修复技术是指利用土壤中的各种生物（包括植物、动物和微生物）吸收、降解和转化土壤中的污染物，使污染物含量降低到可接受的水平或将有毒有害的污染物转化为无害物质的过程。根据污染土壤生物修复主体的不同，分为微生物修复、植物修复和动物修复 3 种，其中以微生物修复与植物修复应用最为广泛。狭义的污染土壤生物修复是指微生物修复，即利用土壤微生物将有机污染物作为碳源和能源，将土壤中有害的有机污染物降解为无害无机物（CO_2 和 H_2O）或其他无害物质的过程。

生物修复技术近几年发展非常迅速，不仅较物理、化学方法经济，同时也不易产生二次污染，适于大面积污染土壤的修复。同时由于其具有低耗、高效、环境安全、纯生态过程的显著优点，已成为土壤环境保护技术最活跃的领域。生物修复绿色环保，但是修复周期较长、效率低，只能针对污染较轻的土壤，且修复效果易受气候影响，通常与其他修复手段联合使用以提高修复效果。

A 植物修复技术

植物修复技术是指利用植物忍耐和超量积累某种或某些化学元素的功能，或利用植物及其根际微生物体系将污染物降解转化为无毒物质的特性，通过植物在生长过程中对环境中的金属元素、有机污染物以及放射性物质等的吸收、降解、过滤和固定等功能来净化环境污染的技术。包括利用植物超积累功能的植物吸取修复、利用植物根系控制污染扩散和恢复生态功能的植物稳定修复、利用植物代谢功能的植物降解修复、利用植物转化功能的植物挥发修复、利用植物根系吸附的植物过滤修复等技术。

可被植物修复的污染物有重金属、农药、石油、持久性有机污染物、炸药和放射性核素等。其中，污染土壤的植物吸取修复技术在国内外都得到了广泛研究，已经应用于砷、镉、铜、锌、镍、铅等重金属以及与多环芳烃复合污染土壤的研究与修复，并发展出包括配合诱导强化修复、不同植物套作联合修复、修复后植物处理处置的成套集成技术。该技术应用的关键在于筛选具有高产和高去污能力的植物，摸清植物对土壤条件和生态环境的适应性。污染土壤的植物修复技术与其他修复技术相比有许多优点，如技术成本低、对环境影响小、能使地表长期稳定、可在清除土壤污染的同时清除污染土壤周围的大气和水体中的污染物，从而有利于改善生态环境。

B 微生物修复技术

微生物修复是指利用天然存在的或筛选培养的功能微生物群（土著微生物、外源微生物和基因工程菌），并在人为优化的适宜环境条件下，促进或强化微生物代谢功能，从而达到降低有毒污染物活性或降解成无毒物质以修复受污染土壤的修复技术。另外，微生物也可通过改变土壤环境的理化特征降低有机污染物的有效性，从而间接起到修复污染土壤的作用。通常一种微生物能降解多种有机污染物，如假单胞杆菌可降解 DDT、艾氏剂、毒杀酚和敌敌畏等。因此，微生物已成为污染土壤生物修复技术的重要组成部分和主力军。

目前，微生物修复研究工作主要体现在筛选和驯化特异性高效降解微生物菌株，提高功能微生物在土壤中的活性、寿命和安全性，以及修复过程参数的优化和养分、温度、湿度等关键因子的调控等方面。例如，刘宪华等用分离筛选出的假单胞菌 AEBL3 降解呋喃丹，结果发现未加菌土壤呋喃丹在 $0\sim7cm$ 土层中含量达 90mg/kg，加菌土壤呋喃丹含量为 48mg/kg，有效地降低了土壤呋喃丹的含量。当前，微生物修复有机污染物的研究已进入基因水平，通过基因重组、构建基因工程菌来提高微生物降解有机污染物的能力。在我国，已构建了有机污染物高效降解菌筛选技术、微生物修复剂制备技术和有机污染物残留微生物降解田间应用技术。蒋建东等通过同源重组法构建多功能农药降解基因工程菌 CD-mps 和 CDS-2mpd，在 $1\sim24h$ 内便可迅速降解甲基对硫磷，呋喃丹也可在 30h 内被完全降解。

C 动物修复技术

近几十年来，微生物修复和植物修复污染土壤已经有了长足的发展，但动物修复污染土壤的研究相对很少。动物修复是指通过土壤动物群的直接（吸收、转化和分解）或间接作用（改善土壤理化性质、提高土壤肥力、促进植物和微生物的生长）而修复土壤污染的过程。土壤中的一些大型土生动物，如蚯蚓和某些鼠类，能吸收或富集土壤中的污染物，并通过自身的代谢作用，把部分污染物分解为低毒或无毒产物。此外，土壤中丰富的小型动物种群，如线虫纲、弹尾类、稗螨属、蜈蚣目、蜘蛛目、土蜂科等，均对土壤中的污染物有一定的吸收和富集作用，可以从土壤中带走部分污染物。例如，寇永纲等通过研究污染土壤不同铅浓度梯度下，蚯蚓在培养期内对铅的富集量，结果表明，蚯蚓对铅有较强的富集作用，且随铅浓度的增加蚯蚓体内的铅含量也增加；蚯蚓培养期内吸收铅量与铅浓度梯度表现出极显著的相关性。周际海等研究发现食细菌线虫与土壤微生物相互作用可以促进污染土壤中扑草净的降解。但关于土壤微型动物在污染土壤修复方面却少有研究，今后还需进一步加强对土壤微型动物在污染土壤修复中作用的研究。

8.1.2.4 联合修复技术

协同两种或两种以上修复方法，形成联合修复技术，不仅可以提高单一污染土壤的修复速率与效率，而且可以克服单项修复技术的局限，实现对多种污染物的复合污染土壤的修复。

A 物理–化学联合修复技术

物理–化学联合修复技术适用于污染土壤异位处理。例如，挖土后进行异位玻璃化用来防治放射性污染物的危害，电动力学–芬顿联合用来去除污染黏土矿物中的菲，利用光调节的 TiO 催化修复农药污染土壤等。溶剂萃取–光降解联合修复技术是利用有机溶剂或表面活性剂提取有机污染物后进行光解的物理–化学联合修复新技术。

B 微生物/动物–植物联合修复技术

微生物（细菌、真菌）–植物、动物（如蚯蚓、线虫）–植物联合修复是土壤生物修复技术在实际应用中较常采用的技术。研究表明，种植紫花苜蓿和土壤微生物互作，可大幅度降低土壤中多氯联苯浓度；根瘤菌和菌根真菌双接种能强化紫花苜蓿对多氯联苯的修复作用；接种食细菌线虫可以促进污染土壤扑草净的去除。利用能促进植物生长的根际细菌或真菌，发展植物–降解菌群协同修复、动物–微生物协同修复及其根际强化技术，促进有机污染物的吸收、代谢和降解是生物联合修复技术新的研究方向。

C 化学/物理–生物联合修复技术

发挥化学或物理化学修复的快速优势，结合非破坏性的生物修复特点，发展基于化学–生物修复的联合修复技术，是最具应用潜力的污染土壤修复方法之一。化学淋洗–生物联合修复是基于化学淋溶剂作用，通过增加污染物的生物可利用性来提高生物修复效率；利用有机配合剂的配位溶出，增加土壤溶液中重金属浓度，提高植物有效性，从而实现强化诱导植物吸取修复；化学预氧化–生物降解和臭氧氧化–生物降解等联合技术已经应用于污染土壤中多环芳烃的修复；电动力学–微生物修复技术可以克服单独的电动修复或生物修复技术的缺点，在不破坏土壤质量的前提下，加快污染土壤修复进程；硫氧化细菌与电动综合修复技术用于强化污染土壤中铜的去除；应用光降解–生物联合修复技术可以提高石油中 PAHs 污染物的去除效率。

8.2　环境矿物材料在污染土壤修复中的应用

土壤是岩石圈表层与大气圈、水圈、生物圈、人类圈长期相互作用的产物，是由地表岩石经过长期的风化成土作用过程转化而来的。植物的矿物质营养学说认为，土壤中的矿物质是一切绿色植物唯一的养料。刘建明等将地质学、矿物学、岩石学、地球化学与土壤学、土壤生态学、植物营养学、植物栽培学等学科相结合，提出了土壤修复改良的矿物技术这一概念，并认为这是矿物岩石地球化学一个重要的、新的应用研究方向。

环境矿物材料是用于环境治理的矿物、岩石材料和某些工业废弃物。与传统矿物材料概念相比，突出材料及技术本身要具备环境协调性和相容性，被赋予了环境属性和环境功能。根据其特性分为天然矿物材料（黄铁矿、磁铁矿、黑锰矿、电气石、石棉、沸石、海泡石等）、复合及合成环境矿物材料（活性炭、陶粒、岩棉）及工业废弃物（煤矸石、粉煤灰、电石渣、钢渣等）。环境矿物材料储量丰富，加工处理工艺相对简单，价格低廉，用于环境治理具有很大的社会效益和经济效益。目前常将环境矿物材料用于有机物污染土壤、重金属污染土壤及土壤质量的调控。

8.2.1　有机污染土壤的修复

土壤中有机污染物不仅来源广泛，而且种类繁多，且有些有机污染物能在土壤中长期残留，并在生物体内富集，对土壤环境和人类健康均有危害。环境矿物材料对有机污染土壤修复主要通过催化氧化降解和吸附固定等作用。目前针对硅酸盐矿物材料对有机污染物吸附、解吸特征和机理的研究相对较多。

8.2.1.1　吸附

环境矿物材料多具有较大的比表面积和吸附容量，利用这一特点，可以将污染物质从环境介质中吸附固定。比如富含氧化铁和以高岭石为主的砖红壤，对 Cr（Ⅵ）有强烈的吸附作用，对 Cr（Ⅵ）吸附能力大致顺序是：高岭石>伊利石>蛭石=蒙脱石。Gianotti 等通过研究蒙脱石和高岭石对 2，4，6-三氯苯和 4-氯苯酚吸附性能和机理研究发现，这两种黏土矿物对 2，4，6-三氯苯有较强的黏合力，且蒙脱石对两种污染物的饱和吸附量大于高岭石，原因主要是蒙脱石有较大的比表面积，污染物能够进入膨润土层之间。吴大清等通过高岭石、蒙脱石和伊利石 3 种黏土矿物对五氯苯酚的吸附实验表明，3 种矿物对五氯苯酚吸附性质属表面配合反应，吸附量大小顺序为：高岭石>蒙脱石>伊利石，最大吸附量为 0.24mmol/kg、0.12mmol/kg 和 0.03mmol/kg。

8.2.1.2　催化氧化

硅酸盐矿物除对有机污染物吸附固定外，还具有催化氧化作用。黏土矿物在其表面或者内部存在氧化中心导致自由基产生从而氧化有机污染物。黏土矿物比表面积和表面酸度、矿物类型、可交换阳离子类型决定其催化活性的不同。Tao 等研究黏土矿物对三氯乙烯的催化氧化作用发现，黏土矿物促进三氯乙烯的光催化降解，且不同类型的黏土矿物光催化降解作用表现为：蒙脱石-Zn^{2+}>硅胶>高岭石>蒙脱石-Ca^{2+}>蒙脱石-Cu^{2+}。另外，金属类的矿物材料与有机物可通过氢键作用、配位体交换、阳离子架桥等吸附有机物，而且对有机物起到氧化、催化降解作用。Julian 通过研究铁锰氧化物对大环内酯类抗生物吸附研究实验，发现该氧化物通过表面配位反应，矿物表面大量吸附抗生物类物质。陈佳鑫发现先用阳离子表面活性剂修饰而后用 TiO_2 柱撑更有利于提高复合柱撑蒙脱石光催化剂的吸附性能，表面活性剂可以有效提高复合材料的疏水性和比表面积，进而提高复合材料对亲水性甲基橙（MO）、疏水性卤代化合物 2，4，6-三氯苯酚（2，4，6-TCP）和十溴联苯醚（BDE209）等有机污染物的吸附性能。

8.2.2　重金属污染土壤的修复

根据目前对土壤中重金属的治理原理，可以将修复思路概括为两个方面：一是提高生物有效性，然后从土壤中去除，即活化、吸附、移除；二是降低生物有效性和可迁移性，即钝化与稳定化。

8.2.2.1　土壤中重金属的吸附与移除

A　含铁/铁氧化物矿物

随着铁碳（Fe-C）共沉机理被越来越多的学者认可，Fe-C 共沉物成为近年环境科学领域内的研究热点之一。铁氧化物包括水铁矿、针铁矿、赤铁矿、纤铁矿、磁铁矿、四方纤铁矿、磁赤铁矿、斯沃特曼铁矿、氢氧化亚铁、六方纤铁矿、方铁矿、β-Fe_2O_3、ε-Fe_2O_3、纳伯尔矿、绿锈和 FeOOH 等 16 种，因其具有较大的比表面积和高表面活性，即使在土壤环境中含量很低，也可控制和影响其中重金属的形态、转化和迁移，是一类吸附重金属的有效物质，作为常用吸附剂。铁氧化物表面存在吸附、台阶、空位和扭折点位，加之有机质不溶性疏水基的聚合作用，两者通过螯合、吸附、共沉淀和絮凝等作用形成具有新吸附点位、更小颗粒和结晶度且稳定存在的铁碳（Fe-C）共沉物。相比单一铁氧化物，Fe-C 共沉物表面性能好（孔隙率和表面负电荷增大）、吸附效果强、在水土介质中可稳定存在 8 年以上，这充分体现了 Fe-C 共沉物在固定重金属离子方面的优势所在。Lu 等人采用二步沉淀法合成磁性 Fe_3O_4-rGO-MnO_2 复合纳米材料，将其应用于处理 As（Ⅲ）和 As（Ⅴ），异相材料之间的协同作用增强材料的去除效率，并可以通过外加磁场分离，且吸附后离子在 pH 值处于 2~10 之间都能保持稳定。Guo 等合成了 GO-Fe-Fe_2O_3（核-双壳层纳米颗粒修饰的磁性石墨烯复合材料）并进行砷污染的吸附研究，核中的铁具有磁性，壳层中 Fe_2O_3 存在较多的吸附位点可用于吸附砷。

B　磁性材料

由中国地质大学（武汉）、中国农业科学院农业环境与可持续发展研究所等共同研发成功可移除土壤中重金属的"新型磁性固体螯合剂材料技术"。该磁性固体螯合剂颗粒材料可"靶向螯合钝化"土壤有害重金属，减少种植农作物对它的吸收；又可在休耕农闲时，用磁选方法快速将负载了重金属的磁性材料与土壤分离，使土壤重金属"移除减量"净化，直接消除重金属被土壤生物或其他原因再度活化污染的隐患。湖南株洲铅锌冶炼厂区附近表层土壤净化试验显示，镉、铅去除率约为 75%，锌去除率约为 50%。铅、镉含量由重度污染级别降至 40.15mg/kg、1.28mg/kg，接近土壤自然背景值和国家二级标准，去除效果显著。

欧阳光明等采用室内盆栽模拟方法，研究了磁性固体螯合材料在土壤耕层垂直分布以及基于移除效果的最佳材料投加量。结果表明：磁性固体螯合材料施入水田土壤后，经搅拌在耕层是均匀分布；固体螯合材料投加量为 0.4% 时，土壤总 Cd、DTPA-Cd 和 HCl-Cd

移除率达到最大，增加投加量土壤 Cd 移除率趋于稳定。

8.2.2.2 土壤中重金属的钝化与稳定化

A 钝化/稳定化材料

a 天然矿物材料

这一类物质分布在土壤环境中，拥有特别的结构和显著的特性，易于获取，且具有修复周期短和高效的吸附性能，是我国乃至全世界宝贵的矿物资源。天然矿物材料在土壤污染治理中有着较好的效果，可以维持土壤结构的稳定，避免产生二次污染，是净化土壤最佳的选择之一。

天然矿物材料又分为三类：硅酸盐类、磷灰石、金属氧化物等材料，常用的几种有海泡石、沸石、凹凸棒、高岭土等，由于其本身特性，在修复土壤方面已经有了一些研究。

王林等研究了海泡石、高岭土和膨润土对 Cd 污染的土壤稳定化效果，结果表明，海泡石的固化效果更好，土壤 pH 值升高，有效态 Cd 含量降低；形态分布上，交换态与碳酸盐结合态 Cd 含量降低，残渣态 Cd 含量升高，对土壤中 Cd 的固定有一定的成效，同时促使油菜的生长，降低其体内 Cd 含量，在三种矿物材料的稳定化效果上表现突出。谢霏等则是采用海泡石、钙基膨润土和钠基膨润土等几种材料处理 Cd 污染的土壤，使得土壤 pH 值升高 0.1~0.7，酸提取态 Cd 比例下降 3.27%~8.68%，另外通过对小白菜重金属含量变化的研究，发现随着几类材料的施用量增加，小白菜的地上部分和根部的 Cd 含量降低，所施用的几种天然型矿物材料对 Cd 的固化/稳定化作用明显有效，表明天然矿物材料在土壤修复治理中起重要的作用。

黄现统等研究了包括天然沸石在内的五种固定剂对土壤中 Cr 的稳定化修复效果，发现沸石的施用能减少易于被植物所吸收利用的酸提取态 Cr 含量，同时残渣态 Cr 比例提升，残渣态 Cr 转化率达到 2.43%，这就降低了 Cr 进入生物链的概率。也有研究将多种矿物材料混合或与其他物质混合后使用，以此来提高对重金属的钝化效果。杜彩艳等研究表明，沸石添加进土壤中能促进玉米生长，增加玉米的生物量，提高产量，另外，通过沸石粉和生物炭等组合应用可以显著降低玉米籽粒中 Pb、Cd、As 等重金属含量，得到较好的效果。蔡轩等研究表明，在添加"石灰+沸石"的基础上，采用无机-有机复合材料，主要有磷矿粉、猪粪或蘑菇渣，处理受重金属污染的土壤，能够增加土壤中 pH 值，并降低如 Cd 和 Pb 等重金属的活性，促使其由交换态向铁锰氧化物结合态的转化，以减少植物的吸收，对重金属进行有效的固化/稳定化。

凹凸棒石独特的吸附性能可以用在土壤污染修复中。许多研究者通过盆栽试验验证了土壤中添加凹凸棒石可提高土壤的 pH 值，改善土壤酸性，有效降低植株对 Cu、Zn 和 Cd 等重金属离子的吸收。Shirvani 等对土壤中的凹凸棒石和海泡石在有机配合基和老化时间的影响条件下进行重金属 Cd 的解吸研究，发现在有机配合基条件下解吸量和解吸速度都有所提高，而随着 Cd 与黏土矿物结合时间的增加，解吸量和解吸速度都显著下降。刘娟采用静态试验的方法研究了水溶液中铀的吸附特性，发现吸附等温线符合 Langmuir 等温吸附模型，而且通过 FTIR 分析得知铀在凹凸棒石的吸附机制表现为离子交换和配位作用，为土壤中铀的污染治理提供了很好的借鉴。

b 人工合成材料

此类材料能与重金属反应后生成氢氧化物沉淀，降低土壤中不同重金属的迁移性、有效性和生态毒性。沸石是人工合成材料中应用较多的材料，很多研究以粉煤灰作为合成沸石材料，研究发现将其应用于农业土壤中，能降低 Cu 的有效性，且有较强的渗透性。2012 年，在国土资源部行业专项项目"海西区地质灾害监测预警与环境地质问题"中，再次设立"海西经济区缓变型地球化学灾害研究"课题。在该课题中，根据缓变型地球化学灾害的基本理论，基于 Hg 元素在土壤中的积累、释放、迁移转化及其影响因素，探索了 Hg 元素缓变型地球化学灾害链的组成与阻断途径，将天然矿物的改性与纳米技术结合起来，研发了一种新型 Hg 稳定化剂，可使初始 Hg 元素含量为 $10 \times 10^{-6} \sim 80 \times 10^{-6}$ 的土壤中的活动态 Hg 下降 65% 以上，敏感作物空心菜中 Hg 含量下降 80% 以上，而且活动态 Hg 的含量随着时间的增加而更加稳定。

B　钝化/稳定化的影响因素

根据土壤重金属稳定化的机理可总结出稳定化效率影响因素，主要有土壤理化性质和稳定化条件等。土壤理化性质主要包括土壤质地、空隙度、酸碱度及其缓冲性、离子交换作用、胶体化学性质、各种矿物营养元素、有机质含量、氧化还原电位等，是土壤肥力的重要保障，对于驱动土壤中碳、氮、磷及其各种矿物元素的转化和循环具有重要意义，是土壤有机体生存发展的基础。土壤理化性质是影响土壤重金属迁移性、可给性、活性等的重要因素，与污染土壤修复密切相关。

a　土壤 pH 值

土壤酸碱性不仅通过影响重金属在土壤环境中的沉淀溶解、吸附解吸和配合解络来改变其赋存形态，还可以通过影响土壤微生物的群落结构、丰度和活性来改变重金属毒性。有研究表明，土壤中重金属的可交换态含量随 pH 值的升高而降低，且呈极显著负相关，而碳酸盐结合态、铁锰氧化态和有机结合态的含量与 pH 值呈显著正相关。有学者通过土壤对重金属的吸附能力的研究表明，土壤 pH 值上升 0.5，其对 Cd 的吸附量变为原来的两倍。土壤 pH 值还可以通过影响土壤中碳酸盐的含量影响重金属碳酸盐的沉淀和溶解。有学者利用 X 射线衍射、扫描电镜等技术研究发现磷酸盐对重金属 Cd 的钝化作用主要受土壤 pH 值的影响，而与磷酸盐种类呈不显著相关性。除此之外，土壤 pH 值与重金属对植物的吸收也存在显著相关性，在不同 pH 值处理的重金属污染土壤中，天蓝遏蓝菜对 Zn 和 Cr 的吸收量随土壤 pH 值的下降而增加。因此，在土壤重金属钝化修复过程中，对于土壤 pH 值的调节至关重要。通过提高土壤 pH 值来降低重金属在土壤中的植物有效性和移动性，进而降低其危害性，是一种主要的土壤重金属钝化修复措施。

b　土壤氧化还原电位

土壤氧化还原电位（Eh）主要取决于土体的通气性、土壤水分状况、植物根系代谢作用和土壤中易分解有机质含量，对重金属的环境毒性有显著影响。旱地土壤的正常 Eh 为 $200 \sim 750 mV$，水田适宜的 Eh 为 $200 \sim 400 mV$。氧化还原电位太高，则土壤处于氧化状态，有机养分消耗快；氧化还原电位太低，则土壤处于还原状态，不利于作物生长。土壤中大多数重金属元素是亲硫元素，在低 Eh 的土壤环境下易生成难溶性硫化物，降低毒性和危害，但此时大部分重金属的铁锰氧化态较不稳定；当土壤转为氧化状态时，难溶性硫化物逐渐转化为易溶性硫酸盐，重金属的有机结合态在此条件下较不稳定，重金属的生物有效性和移动性增加。对于变价金属及类金属污染物来说，在不同价态下，其生态毒性、生物可利用性及移动性的差异很大。因此，选择合适的氧化剂或还原剂可降低污染物毒性，达到钝化的目的。在三价铁离子存在的条件下，As（Ⅲ）易于转化成毒性相对较小的 As（Ⅴ），同时，砷酸根吸附量相对于三价亚砷酸根吸附量也相对较大，从而促进了 As 的钝化。对于 Cr 污染物，施加有机质或铁还原性物质可促进 Cr（Ⅵ）还原成毒性较小的 Cr（Ⅲ），并可使 Cr 污染物在土壤环境中相对稳定。此外，一些还原细菌也可将硫酸盐还原成硫化物，致使重金属形成沉淀（生物沉淀作用），从而降低其生物有效性。

c　土壤阳离子交换当量

土壤阳离子交换当量（CEC）是指在 pH 值一定的条件下，单位质量的干燥土壤可用于与土壤溶液交换的阳离子数目，反映了土壤胶体的负电荷量。在其他环境条件相似的情况下，土壤改良剂对重金属的钝化能力随着土壤 CEC 的升高而增强。有研究表明，在不同 Pb 含量的土壤处理中，随着 CEC 的下降，大豆植株中的 Pb 含量均显著增加。

d　土壤有机质含量

土壤有机质是反映土壤肥力的一个重要指标，它不仅有利于改良土壤结构，提高土壤的持水能力，而且对土壤中重金属的吸附及存在形态有很大影响。土壤有机质是土壤的重要组成部分，大量研究表明，它能与进入环境中的 Pb^{2+}、Cd^{2+} 发生物理或化学作用，提高两种重金属离子的固定和富集量，从而影响它们在环境中的形态、迁移、转化和生物有效性及毒性。有机质常常与重金属形成配合物，降低重金属的生物有效性和移动性。廉玲等通过研究 Cu^{2+} 在脱除与未脱除有机质土壤中吸附行为的差异，探讨有机质对铜吸附行为的影响，结果表明，两种土壤对铜的吸附等温线均满足 Freundlich 方程；有机质脱除后土壤对铜的吸附量明显下降，有机质在土壤吸附铜的过程中发挥重要作用。而对于土壤中溶解性有机质，国际上普遍认为其可通过干预植物细胞与重金属的结合位点以及重金属在植物体内的运送和贮存作用来影响植物对重金属的吸收。

e　土壤含水率

土壤水分变化可显著改变土壤性质进而影响土壤重金属有效性。张大庚等的研究表明施用草炭和猪粪明显降低了土壤中可交换态 Zn、Cd 的含量，增加了铁、锰氧化物结合态 Zn、Cd 的含量，且随培养时间的增加其影响逐渐显著，其中淹水处理的效果优于 65% 相对含水量的处理。邓林等通过测定土壤溶液和采用薄层凝胶梯度法（DGT）表征的 Zn、Cd、Cu、Ni 浓度，研究土壤含水量变化对重金属有效性的影响。结果表明，不同水分处理显著影响土壤溶液中可溶性有机碳（DOC）含量和土壤中重金属的有效性；随土壤水分降低，DGT 表征的 Zn、Cd、Cu 和 Ni 浓度和土壤溶液中 Cu 和 Ni 浓度呈下降趋势，且随干湿交替次数增加而降低；与长期风干土壤相比，经干湿交替后风干土壤重金属有效性降低或显著降低。在农业生产中可通过适当水分管理措施降低重金属的有效性，从而缓解重金属的毒害作用。

f　稳定材料种类及用量

常用重金属污染土壤稳定材料通常具有比表面积大、孔道发达、阳离子交换量大、吸附能力强等优点。然而，不同的稳定材料其适用的土壤重金属对象不同，且土壤性质不同，相同的稳定化处理材料对同样的重金属，处理效果也会出现差异。因此，有必要根据土壤的类型和性质，污染物性质、特点和含量等，对稳定材料种类及用量进行优化。

近年来大量研究人员对于稳定材料的筛选做了很多工作：王长伟选取海泡石、膨润土、高岭土为试验材料,研究黏土矿物种类及用量对铅镉复合污染土壤上生长小油菜的影响及重金属吸收情况。结果表明海泡石对于增大小油菜生物量、降低其体内重金属含量效果最佳,而且海泡石能显著提高土壤 pH 值,从而降低土壤重金属有效态含量。分析原因可能与海泡石独特的内部结构有关。王冬柏比较了天然硅藻土、聚羟基铝改性硅藻土、沸石、膨润土、蛭石 5 种矿物材料对土壤 Cd 的赋存形态的影响,结果表明对降低 Cd 可利用态效果依次为:沸石>聚羟基铝改性硅藻土>膨润土>蛭石>天然硅藻土。这可能与沸石具有许多独特的特征有关:晶体架状结构的沸石,中间形成很多的空腔和孔道,就使其能吸附并储存大量分子,具有很强的吸附作用;沸石晶体骨架中阳离子与骨架联系较弱,当其与某种金属盐的水溶液相接触时,两种容易发生阳离子交换;沸石的内部比表面积很大,每克沸石的比表面积可达 $355 \sim 1000m^2$,其结晶骨架上和平衡离子上的电荷局部密度较高,并在骨架上出现酸性位置,使其具有固体酸性质,是有效的固体催化剂和载体。

8.2.3   土壤质量的调理

近些年,随着大量元素肥料的过量使用,作物产量和复种指数大幅度提高,中、微量元素出现了严重缺乏的现象,越来越多地区的土壤养分严重失衡。根据第二次土壤普查数据,土壤缺锌、缺硼、缺钼面积增加。土壤营养状况不平衡,直接影响农产品的产量和质量。新品种、杂交品种的大面积推广应用也加剧了土壤中微量元素缺乏的影响,比如超级杂交稻对硼、钼等需求量大,而且对低含量硼、钼不敏感,由于土壤养分的临界值升高,使得缺乏微量元素的土壤面积扩大。土壤中营养元素失衡会导致作物产量降低,农产品品质变差,花不艳、瓜不香、果不甜;营养失调还可能会引发植物病变,并限制了氮、磷肥的利用率。这些都限制了农业增产的潜力,提高了农业生产成本。

目前对于农田土壤的调理主要包括通过良好农田水分管理措施、良好肥料运筹、良好耕作及轮作措施,以及酸性土壤 pH 值调节措施等,降低土壤中重金属有效性,阻控重金属向农作物可食部位的迁移累积。通过向农田耕作表层土壤中添加环境友好型钝化材料,借助土壤重金属在钝化材料表面及内孔的吸附、配合、沉淀、置换等作用,降低土壤中重金属离子的活性,实现重金属离子在土壤中的钝化/固定化,阻控重金属离子在土壤中向农作物根系的运移,降低农作物可食部位对土壤重金属的吸收累积,实现农产品安全生产;同时,矿物施用能改善土壤营养状况,促进土肥营养平衡。矿物质土壤调理剂营养丰富全面,尤其是富含钾,有助于解决钾肥不足的问题,又可以补充多种中、微量元素,具有提高土壤肥力,促进植物养分平衡供给的作用。

8.2.3.1   改善土壤结构

矿物施用能改善土壤结构,防治土壤板结。土壤的团粒结构是土壤肥力的重要指标,土壤团粒结构的破坏致使土壤保水、保肥能力及通透性降低,土壤板结,影响作物生长。矿物质土壤调理剂能够活化疏松土壤,促进土壤团粒结构的形成,改善因长期滥用化肥造成的土壤板结问题,使板结土壤恢复活力,增加土壤的孔隙度,提高土壤的通透性,改善土壤营养元素的供应状况,调节水气矛盾和水肥供应,协调土壤的水、肥、气、热,改善土壤微生物活动,为农业高产稳产创造良好的土壤条件。

8.2.3.2   调节土壤成分

矿物质土壤调理剂作为一种含有丰富钙、镁的碱性矿物质肥料,含有氧化钙等多种碱性氧化物，水解后可增加土壤中 OH⁻ 的浓度，中和土壤中的致酸离子。另外，硅酸钙可与土壤中 Al^{3+} 等反应形成稳定的非晶形羟基铝硅酸盐，也能提高土壤 pH 值。在酸性、中性和微碱性土壤条件下，土壤有效硅与 pH 值呈正相关。矿物质土壤调理剂含有丰富的硅，可提高土壤中有效二氧化硅的含量，进而提高土壤的 pH 值，减缓土壤酸化。

研究显示，矿物质土壤调理剂的使用对盐碱地改良有很好的作用。分析其可能的机理如下：（1）促进植物营养平衡，减少盐分物质在土壤中的残留；（2）硅酸盐矿物质土壤调理剂为硅酸盐肥料，其中的硅酸根可与土壤中产生盐碱危害的钠离子反应，降低其活度。例如，硅酸根可与土壤中的重金属铅、铬等离子反应生成硅酸盐沉淀，改变重金属在土壤中的存在形态，降低其在土壤中的生物有效性，钝化土壤中的这些有害元素，减轻重金属污染。此外，矿物质土壤调理剂还可通过调节土壤微生物区系、提高土壤 pH 值等途径，降低重金属在土壤中的有效性。

8.2.3.3　改善作物品质

研究显示，矿物质土壤调理剂对于水稻、小麦、玉米、红薯、花生、棉花、芝麻、甘蔗等多种作物，均有明显的增产和改善品质的作用，一般增产幅度可达 5%～30%。在一些障碍因子比较严重的土壤上使用，增产效果更加明显。此外，施用矿物质土壤调理剂后，所产蔬菜的硝酸盐含量明显降低；瓜果糖分提高、口感好、果实色泽鲜艳、着色均匀、果型一致；花生的脂肪含量提高；谷物的淀粉和蛋白质含量增加；有利于瓜果的膨大、着色和早熟，并可延长其保鲜期，增强果实的耐贮性，提高农产品的商品价值。

矿物质土壤调理剂改善作物品质体现在以下方面：

（1）矿物质土壤调理剂养分全面，又有硅元素，施用后，作物充实、苗壮，株型挺拔，茎叶直立，利于作物通风透光，提高光合作用强度，积累更多有机物。

（2）形成的细胞致密，糖分增加，有利于提高作物抗寒性。

（3）作物吸收硅和钾后，植物组织中会形成硅化细胞，可以在生理上调节作物叶片气孔的关闭度。在缺水的时候，可使气孔半开或关闭，减少作物水分蒸发；同时可以促进根系发育，增强其吸收能力，提高植物的抗旱能力。

（4）硅酸对真菌和细菌的孢子萌发和菌丝生长具有强烈的抑制作用，可明显提高果树对根腐病、霜霉病、灰霉病、白腐病、黑斑病、炭疽病、烂果病、蚜虫等病虫害的抵抗能力。

（5）矿物质土壤调理剂含有大量的硅、钙，可使作物细胞壁厚实、坚韧，起到组织结构抗病的作用；同时因此肥中其他中量、微量元素的存在，可以减轻许多生理病害。例如，矿物质土壤调理剂中的硅、钙等中微量元素能显著增强农作物的抗盐能力。硅可缓解植物盐胁迫，通过提高根质膜 H^+–ATPase 活性、维持叶片较高含水量及提高植物抗氧化能力等来应对盐胁迫；Si 可以提高盐胁迫下作物的发芽力和植物根系的活力，增强 SOD、CAT、POD 等抗氧化酶的活性。

8.2.4　工程实例

8.2.4.1　工程实例一

云南省牟定县境内某关停企业原址内受六价铬及砷污染土壤，修复面积约 11680m²，土方量共计 2.62 万 m³。工程采用异位还原稳定化对重金属污染土壤进行了无害化处理，所用还原稳定化药剂为某环境技术公司自主研发的环境矿物材料以及化学药剂。无害化处理后的近3万立方米土壤采用安全填埋进行处置。本项目为重金属复合污染，其中重点关注的污染物为六价铬和砷。六价铬修复不同于其他重金属，具有特殊性，首先需要改变铬在土壤中的赋存形态，将Cr（Ⅵ）还原为Cr（Ⅲ），降低其毒性，然后再对其进行稳定化修复以降低其环境的迁移性，而砷污染不需要改变其赋存形态，只需进行稳定化修复降低其在自然环境状态下的浸出浓度，限制其迁移性即可。

修复原理主要通过向污染土壤中加入特定矿物材料与复配的还原稳定化药剂，使矿物材料、药剂与土壤中的重金属污染物发生吸附、沉淀、配合、螯合和还原等反应，改变土壤重金属的价态及赋存形态，降低重金属的迁移能力和生物有效性，从而将污染物转化为不易溶解、迁移能力或毒性更小的形态，实现其无害化，降低对环境的风险。

本项目采用的还原稳定化材料为 Meta Fix，其前身产品已列入《2014年国家重点环境保护实用技术名录》（第二批），是经过大量案例实践和国家认可的重点环境保护实用技术。Meta Fix 材料包括A、B两种成分，是由强还原性、反应性矿物质、活化剂、催化剂、pH调节剂和吸附剂组成的复合配方产品，结合了生物化学还原、配合和吸附作用，其主要组成均以天然矿物质为原材料，安全且无毒害。其中A药剂主要成分为零价铁、钠盐、钾盐及缓释碳源，有降低土壤中重金属污染物的迁移能力和浸出能力的作用，主要用于除六价铬以外重金属的稳定化修复；B药剂是含有S、Mg、Ca、Si和Al等成分的复合稳定化药剂，B药剂将Cr（Ⅵ）还原成毒性较小的Cr（Ⅲ），主要用于修复六价铬污染土壤。

8.2.4.2　工程实例二

江苏某重金属铜污染场地治理工程采用了天然矿物混合材料的稳定化技术。该项目采用以沸石类的天然矿物，混合少量盐及黏性土对 $1600m^3$ 重金属铜超标土壤进行修复，修复目标为铜浸出浓度满足《地下水环境质量标准》Ⅳ类标准，实施周期为45d。该工程的技术路线为：首先是制作混合材料，该混合材料是以沸石类天然矿物为主要成分，混合少量钙镁化合物、铁盐、铝盐及黏性土等制备而成。之后根据重金属污染浓度，经试验确定材料配比和添加量，添加比例一般为1%~10%，将材料与污染土壤充分混匀，保持含水率25%，自然养护7天，对于土壤清挖、运输过程中可能产生的扬尘污染，采取洒水、覆盖等措施进行控制。该混合材料的主要指标为：混合材料中污染物含量符合国家相关标准要求，粒径小于1mm，pH值为7.5左右，颗粒含水率为3%~5%，比表面积平均为 $30m^2/g$，阳离子交换量大于140cmol/kg，处理后土壤重金属浸出率可降低96%。

本工程的工艺流程首先为污染土壤调查：对重金属铜污染土壤进行采样检测，确定土壤污染程度。修复设计：根据土壤中铜含量及浸出浓度，经实验室小试和中试工程，确定针对铜污染修复的稳定化材料配比和添加量。修复实施：使用从日本引进的自走式土壤修复专用设备，计算机控制材料添加量，三阶段破碎混合，确保材料与污染土壤充分定量混匀。管理与评估：修复后在土壤含水率25%条件下自然养护7天。养护完成后每 $200m^3$ 土壤采样自检确定是否已达到修复目标，如未达标，重新返回修复。

本工程的稳定化材料的添加比例为5%（按污染土壤质量确定）；修复后土壤在含水率25%条件下自然养护5~7d；自走式土壤修复专用设备处理能力为 $40~150m^3/h$，修复材料供给量为 $0.9~15m^3/h$，修复材料供给量调整范围为 $9~400kg/m^3$，混合方式刀盘切削+

3轴大型旋转锤+末端切削，行走速度为3.2km/h，吊臂能力为2.63t/1.6m。本技术使用的修复材料基于天然矿物制备，材料本身重金属等含量不超过国家相关标准，不会产生二次污染。在修复施工过程中，由于材料是粉末状，在设备封闭状态下与土壤混合，不造成粉尘污染。对于土壤清挖、运输过程中可能产生的扬尘污染，采取洒水、覆盖等措施控制。施工过程中产生的少量废水统一收集后与待修复土壤混合一并处理。对于车辆、设备可能存在的噪声污染，采取降噪装置，设置临时声障等。

8.2.4.3 工程实例三

贵冶周边区域九牛岗土壤修复项目：《江铜贵冶周边区域九牛岗土壤修复示范项目》实施区域是我国最大铜冶炼企业周边最典型的铜、镉复合污染区域，是目前国内面积最大的重金属污染土壤修复技术示范区。该项目主要采用的是以凹凸棒、钠基蒙脱石与膨润土为主体的环境矿物材料，采用单独施加与复合施加的方式添加到污染土壤中，进而修复该地区的铜、镉污染。项目采用物理/化学-植物-农艺管理联合修复技术，修复治理重金属污染土壤的面积为2075.6亩（1亩 = （10000/15）m^2），其中重度污染面积为1111亩，中度污染面积271.7亩，轻度污染面积约为692.9亩。区域污染呈现一个以冶炼厂污染源为中心向周边扩散的点源污染趋势。随着污染灌溉水的使用，耕地又呈现非点源污染的趋势。所以，整个区域呈现点源污染与非点源相叠加的重金属污染状态。

该工程修复污染土壤的技术路线分为四步，分别为：（1）调理。用物理调节+化学改良，调理被污染土壤中重金属铜或镉的介质环境（pH/Eh/OM等）。（2）消减。用物理化学-植物/生物联合的方法，降低污染土壤重金属铜和镉总量或有效态含量。（3）恢复。在调理污染土壤介质环境、消减土壤重金属铜和镉浓度基础上，联合生物及农艺管理技术，建立植被，逐次恢复污染土壤生态功能。（4）增效。增加污染修复治理区土地的生态效益、经济效益和社会效益。

具体工作中，实行"一区一策"的办法，对拟修复的污染区首先进行全面采样、监测。对污染较重原来没有种植作物的，完善各项工程措施，复合施用改良剂，分别种植能源草和花卉苗木经济作物，实现了植物修复以经济效益换时间空间的模式。以污染严重的区域作为核心区，种植重金属超积累植物，如海州香薷、伴矿景天，以及重金属耐性植物，如香根草、黑麦草等。

该项目所用改良剂以凹凸棒土、钠基蒙脱石、膨润土等环境矿物材料为主体，采用单施或复合的方式添加到污染土壤中，有效地降低了土壤中Cu、Zn、Pb、Cd等重金属的活性。试验发现，当在污染土壤中添加8%凹凸棒土与钠基蒙脱石后，植物的生物量分别增加了2.84倍与2.13倍，污染土壤有效铜含量较未加入改良剂时分别降低了51.5%与48.7%；而加入膨润土后对于增加植物生物量与降低土壤中铜含量效果不明显。当污染土壤经过一段时间的固化后，土壤中离子交换态Cu下降了102.3mg/kg，残渣态上升了27.4mg/kg；离子交换态Cd下降了160μg/kg，残渣态上升了279.7μg/kg，有效调节了土壤质量，提高了土壤团聚体数量、土壤pH值。同时，土壤中细菌、线虫和真菌的数量和种类较修复前得到极大的提高，土壤生物学性质得到恢复。稳定化过程之后，修复土壤上种植了重金属耐性植物、能源菜（黑麦草）和花卉苗木等，生物量得到较大的提升，植物体内重金属含量大大降低。

8.3 环境矿物材料修复污染土壤的机理

8.3.1 重金属污染土壤的修复机理

8.3.1.1 吸附

矿物材料对土壤重金属稳定化修复的效果与不同的反应过程和反应机制息息相关。稳定剂施入土壤后，由于大多数稳定剂自身具有较好的吸附性。能够吸附土壤中的重金属污染物，此外有些稳定剂的施入可以改变土壤性质，提高土壤对重金属的吸附容量。沸石主要通过自身的硅氧四面体和铝氧八面体结构对重金属产生较强的吸附能力，而赤泥主要通过化学吸附过程使重金属进入铁铝矿物的晶格内形成稳定复合物，降低污染物的迁移能力。

例如，在铁氧化物-有机质-重金属（Fe-C-HMs）三元体系中，有机质和重金属都会吸附在铁氧化物的表面，并进行相互作用。在铁氧化物-土壤溶液界面，重金属离子和有机配体之间可能存在以下 4 种作用机制：（1）有机质和重金属离子在铁氧化物表面竞争吸附点位；（2）有机质和重金属离子在溶液中形成共沉物；（3）在铁氧化物表面形成 Fe-C-HMs 三元共沉物；（4）改变铁氧化物-水界面的静电性能。在不同条件下，三元体系的作用机理仍存在差异：如富里酸共存下针铁矿对 Ca^{2+} 的吸附主要是静电相互作用；而富里酸-针铁矿共沉物对 Cu^{2+} 的吸附研究结果显示，一方面 Cu^{2+} 与有机质会竞争铁氧化物表面的吸附点位，另一方面 Cu^{2+} 与有机质之间的高亲和力又使得两者在铁氧化物表面形成三元共沉物，造成该差异的原因可能主要来自溶液 pH 值，可以看出，确定铁氧化物与腐殖质共沉淀的作用机理及影响因素对共沉物吸附重金属机制研究十分必要。

Fe-C 共沉物在水、土环境介质中对重金属离子的迁移、转化及其生物有效性方面发挥着重要作用。在土壤介质中，针铁矿-腐殖酸共沉物可以促进水溶态 Hg 向残留态 Hg 的积极转化，对缓解土壤重金属 Hg 污染起到了有效的作用；水铁矿与胡敏酸共沉物有效降低了土壤中水溶态 Pb 的含量，为重金属 Pb 污染土壤的修复提供了新的思路和方法。

8.3.1.2 固化与稳定化

矿物材料具备优良的吸水膨胀性、催化活性、悬浮性、黏结性、阳离子交换性和吸附性等特点，而涉及重金属钝化的相关机理主要包括表面吸附、层间吸附、离子交换作用、配位反应、共沉淀作用、地球化学作用，从而降低金属离子的迁移能力和生物毒性。

A 表面吸附

黏土矿物多为高度分散的细粉状或者多孔状，由于表面积大、表面能高、存在层间域等特点，使黏土矿物显现出较高的表面吸附能力。朱一民等借助 SEM 观察钙基膨润土，观察到厚薄不同的鳞片状与絮状集合体聚集在膨润土表面，而且膨润土表面清晰可见的孔隙和孔道，为重金属离子的吸附提供了良好的场所。

B 层间吸附

选择性吸附与非选择性吸附构成了重金属离子被黏土矿物吸附的作用，其中非选择性吸附即为交换吸附。膨润土层间存在的 K^+、Na^+、Mg^{2+}、Ca^{2+} 可离子交换 Cu^{2+}、Zn^{2+} 等金属阳离子。XRD 图谱显示膨润土能层间吸附重金属离子，可交换性阳离子由于水分子进入晶层间转变为水化离子，水化增加了层间距，易于发生层间离子与重金属离子的交换吸附。

C 离子交换作用

黏土矿物孔道、表面与层间是离子交换通常发生的场所，离子交换吸附是凭借静电吸附作用进行，具体为土壤溶液里的重金属离子与被吸附在黏土矿物层间的离子发生交换。杨秀红等研究了 Cd^{2+} 被膨润土吸附的行为，XRD 显示 Cd^{2+} 被膨润土吸附后 d（001）发生迁移，表明离子交换吸附是 Cd^{2+} 被膨润土吸附的主要方式。

D 配位反应

重金属离子与黏土矿物间的反应类型由黏土矿物表面的性质决定，静电作用使羟基化表面与离子产生表面配位反应。矿物材料中含氧官能团为重金属配合提供配位基，形成具有一定稳定程度的重金属配合物。此外，与腐熟度较高的有机物形成的重金属配合物可以有效增加土壤吸附重金属的能力。

通过红外光谱测试发现大量 AlO_4^{5-}、SiO_4^{4-} 基团出现在硅酸盐中，并与水作用产生水合氧化物盖层使表面荷负电，有助于配合反应的进行。陈文等发现，Pb^{2+} 与改性膨润土表面的巯基在 pH = 5.5~6.0 作用，生成稳定的配合物。

E 共沉淀作用

当溶液的酸碱度呈碱性时，重金属离子与黏土矿物表面的—OH 以及溶液中的 OH^- 作用，形成沉淀物并黏附于吸附剂表面。冯超等在进行吸附实验的过程中发现，随着溶液 pH 值的升高膨润土表面携带的负电荷增多，羟基作用于重金属离子生成氢氧化物沉淀进而被材料吸附，与此同时，位于膨润土结构中的 Al—O—H 键拥有两性，酸性环境中由于 OH^- 易电离致使膨润土表面荷正电，削弱了对重金属离子吸附。

与重金属离子沉淀形成难溶性盐：不少稳定剂呈碱性，施入土壤可以提高土壤的 pH 值，促进土壤中 Zn、Pb、Cd 等重金属形成氢氧化物、碳酸盐沉淀或磷酸盐沉淀。亦有稳定剂呈酸性，如硫酸铁或硫酸亚铁，施入土壤后 Fe 与 As、Mo 等形成共沉淀，抑制植物对 As、Mo 的吸收。任凌伟通过向土壤中添加不同用量及组合的矿物材料，研究发现土壤中 Cu、Pb、Zn 等重金属有效态含量下降。

F 地球化学作用

地球化学工程技术是应用地球化学原理，通过人工制造的某些地球化学作用或利用地球化学原理制造的产品实现环境污染治理与管理的途径、方法和技术。例如，应用环境矿物材料作为污染土壤修复的材料，将污染物质形成不溶解的矿物，或者污染元素进入矿物晶体中形成类质同象替代物，或被某些矿物牢牢吸附，此时污染物质就已经被固定，建立具有对重金属元素有特征吸附、固定、隔离作用的地球化学障，阻断污染元素向生态链的运移，从而保障农作物的健康。

对于 Cr、As 等变价金属污染物，可以通过稳定剂的施入改变土壤的氧化还原状态使污染物的化合价改变，降低其生物毒性，实际应用中，稳定化的修复效果往往通过多种稳定机制复合实现。

8.3.2 有机污染土壤的修复机理

进入到土壤环境中的有机污染物，在与环境介质作用时可发生吸附-解吸、植物吸收、动物吞食、微生物降解、光降解、挥发等许多复杂的物理、化学、生物螯合过程。由于这些过程相互关联、相互耦合，且同时受到多种环境因素的共同影响，有机污染物在环境中的行为极为复杂。环境介质与有机污染物的相互作用是影响有机污染物环境行为的关键过程。第一，环境介质可通过其与有机污染物的吸附行为，使有机污染物在环境介质中滞留、锁定，影响有机污物环境暴露和生物可利用性；第二，吸附过程发生后，环境介质可携带有机污染物在环境中移动，影响有机污染物的环境迁移；第三，某些环境介质可以催化有机污染物的光降解、生物降解等，影响有机污染物在环境中的反应活性；第四，对某些环境介质进行人工处理后，可作为环境友好材料施放到环境中，治理环境污染，减少其他治理手段可能产生的生态风险。综上所述，黏土矿物作为重要的环境介质，其与有机污染物的相互作用，势必会对有机污染物的环境行为产生重要影响。

    环境矿物材料具有丰富的多孔结构，其孔隙结构使其具有良好的吸附性能，能够吸附、聚集环境中的有机污染物。矿物材料对于环境中有机物的去除机理有以下几方面：(1) 矿物材料通过吸附作用影响有机污染物在环境中的赋存。疏水性有机污染物主要通过疏水分配作用吸附于有机质含量较高的土壤或者底泥之中，而在有机质含量较低的环境中，矿物与有机物之间的作用会强烈地影响甚至决定有机污染物的环境分配。(2) 矿物材料可以通过水力作用和风力作用等在整个环境系统中进行迁移，进而影响吸附于材料上的有机物在环境中的迁移。(3) 黏土矿物表面具有催化特性，可催化有机物的转化的降低。

思 考 题

8-1 土壤中主要污染物的种类及来源有哪些？

8-2 土壤污染的危害有哪些？

8-3 简述各种土壤污染修复技术的原理。

8-4 对比各种土壤修复技术的优缺点。

8-5 环境矿物材料应用于土壤污染修复的优势在哪里？

8-6 常用的土壤污染治理的环境矿物材料有哪些？简述各自的作用机理。

8-7 环境矿物材料修复污染土壤的机理有哪些？如何表征？

8-8 矿物材料对土壤中有机物污染物的作用包括哪些？

8-9 土壤重金属钝化稳定化过程的影响因素有哪些？

8-10 结合工程实例，谈谈你对于环境矿物材料应用于土壤修复的发展前景的看法。

参 考 文 献

[1] 赵艺，赵保卫. 土壤污染对植物根系生长影响的研究进展 [J]. 环境科学与管理，2008，33 (6)：13~15.

[2] Salmanzadeh M, Schippera L A, Balksa M R, et al. The effect of irrigation on cadmium, uranium, and phosphorus contents in [J]. Agriculture, Ecosystems & Environment, 2017, 247：84~90.

[3] 齐学斌. 不同潜水埋深污水灌溉氮素运移及对作物影响试验研究 [D]. 杨凌：西北农林科技大学，2008.

［4］ 赵丽娜.土壤有机污染对土壤动物的影响［J］.黑龙江科技信息, 2016 (28)：109.

［5］ 环境保护部, 国土资源部.全国土壤污染状况调查公报［R］.2014.

［6］ 骆永明.污染土壤修复技术研究现状与趋势［J］.化学进展, 2009, 21 (2)：558~565.

［7］ 李炳智, 朱江, 吉敏, 等.蒸汽强化气相抽提修复苯系物污染粘性土壤［J］.上海交通大学学报 (农业科学版), 2016, 34 (5)：58~67.

［8］ Kumpiene J, Lagerkvist A, Maurice C.Stabilization of As, Cr, Cu, Pb and Zn in soil using amendments—a review.［J］.Waste Management. 2008, 28 (1)：215~225.

［9］ 刘宪华, 冯炘, 宋文华, 等.假单胞菌 AEBL3 对呋喃丹污染土壤的生物修复［J］.南开大学学报 (自然科学版), 2003, 36 (4)：63~67.

［10］ 寇永纲, 伏小勇, 侯培强, 等.蚯蚓对重金属污染土壤中铅的富集研究［J］.环境科学与管理, 2008, 33 (1)：62~64.

［11］ 周际海.线虫与微生物相互作用及其对污染土壤扑草净解影响的研究［D］.南京：南京农业大学, 2011.

［12］ 苏彬彬.改良剂对重金属污染土壤的稳定化修复效果及健康风险评估［D］.淮南：安徽理工大学, 2016.

［13］ Dermont G, Bergeron M, Mercier G, et al. Soil washing for metal removal：A review of physical/chemical technologies and field applications［J］.Journal of Hazardous Materials, 2008, 152 (1)：1~31.

［14］ 吴耀楣.中国土壤重金属污染修复技术的专利文献计量分析［J］.生态环境学报, 2013, 22 (5)：901~904.

［15］ 刘建明, 刘善科, 韩成, 等.论土壤修复改良的矿物技术——矿物岩石地球化学一个新的应用研究方向［J］.矿物岩石地球化学通报, 2014, 33 (5)：556~560.

［16］ 鲁安怀.环境矿物材料基本性能——无机界矿物天然自净化功能［J］.岩石矿物学杂志, 2001, 20 (4)：371~381.

［17］ Gianotti V, Benzi M, Croce G, et al. The use of clays to sequestrate organic pollutants. Leaching experiments［J］.Chemosphere, 2008, 73 (11)：1731~1736.

［18］ 吴大清, 刁桂仪, 彭金莲.高岭石等黏土矿物对五氯苯酚的吸附及其与矿物表面化合态关系［J］.地球化学, 2003 (5)：501~505.

［19］ Li J, Smith J A, Winquist A S. Permeability of earthen liners containing organobentonite to water and two organic liquids［J］.Environmental Science & Technology, 1996, 30 (10)：3089~3093.

［20］ Ting T, Yang J J, Maciel G E. Photoinduced decomposition of trichloroethylene on soil components［J］.Environmental Science & Technology, 1999, 33 (1)：74~80.

［21］ Feitosa-Felizzola J, Hanna K, Chiron S. Adsorption and transformation of selected human-used macrolide antibacterial agents with iron (Ⅲ) and manganese (Ⅳ) oxides［J］.Environmental Pollution, 2009, 157 (4)：1317~1322.

［22］ Hamdan I I. Comparative in vitro investigations of the interaction between some macrolides and Cu (Ⅱ), Zn (Ⅱ) and Fe (Ⅱ)［J］.Die Pharmazie. 2003, 58 (3)：223~224.

［23］ 陈嘉鑫.有机纳米钛柱撑蒙脱石的制备及其对卤代有机物的光催化降解［D］.广州：中国科学院研究生院 (广州地球化学研究所), 2007.

［24］ 赵转军, 杨艳艳, 庞瑜, 等.铁碳共沉作用对土壤重金属的吸附性能研究进展［J］.地球科学进展, 2017, 32 (8)：867~874.

［25］ 欧阳光明, 聂新星, 刘骏龙, 等.磁性固体螯合材料修复农田镉污染土壤研究［J］.环境科学与技术, 2018, 41 (4)：122~126.

［26］ 李剑睿, 徐应明, 林大松, 等.农田重金属污染原位钝化修复研究进展［J］.生态环境学报,

2014, 23 (4): 721~728.

[27] 谢霏, 余海英, 李廷轩, 等. 几种矿物材料对 Cd 污染土壤中 Cd 形态分布及植物有效性的影响 [J]. 农业环境科学学报, 2016, 35 (1): 61~66.

[28] 孙约兵, 徐应明, 史新, 等. 海泡石对镉污染红壤的钝化修复效应研究 [J]. 环境科学学报, 2012, 32 (6): 1465~1472.

[29] 黄现统, 曹洪涛, 刘洋. 不同固定剂对铬污染土壤的原位修复 [J]. 广东化工, 2014, 41 (12): 171~172.

[30] 杨昆, 杜彩艳, 段宗颜, 等. 不同改良剂处理对玉米生长和吸收 Cd 影响研究 [J]. 中国农学通报, 2017, 33 (22): 7~12.

[31] 蔡轩, 龙新宪, 种云霄, 等. 无机-有机混合改良剂对酸性重金属复合污染土壤的修复效应 [J]. 环境科学学报, 2015, 35 (12): 3991~4002.

[32] 谭科艳, 刘晓端, 刘久臣, 等. 凹凸棒石用于修复铜锌镉重金属污染土壤的研究 [J]. 岩矿测试, 2011, 30 (4): 451~456.

[33] 杨秀红, 胡振琪, 高爱林, 等. 凹凸棒石修复铜污染土壤 [J]. 辽宁工程技术大学学报, 2006, 25 (4): 629~631.

[34] Shirvani M, Shariatmadari H, Kalbasi M. Kinetics of cadmium desorption from fibrous silicate clay minerals: Influence of organic ligands and aging [J]. Applied Clay Science, 2007, 37 (1-2): 175~184.

[35] 陈明, 刘晓端, 王蕊, 等. 发扬地学学科优势, 形成具有国土资源部门特色的土壤修复理论与技术体系 [J]. 地质通报, 2016, 35 (8): 1217~1222.

[36] Kumpiene J, Lagerkvist A, Maurice C. Stabilization of As, Cr, Cu, Pb and Zn in soil using amendments - A review [J]. Waste Management, 2008, 28 (1): 215~225.

[37] 何冰, 陈莉, 李磊, 等. 石灰和泥炭处理对超积累植物东南景天清除土壤重金属的影响 [J]. 安徽农业科学, 2012, 40 (5): 2948~2951+2954.

[38] Kumpiene J, Ore S, Lagerkvist A, et al. Stabilization of Pb- and Cu-contaminated soil using coal fly ash and peat [J]. Environmental Pollution, 2007, 148 (1): 365~384.

[39] 王立群, 罗磊, 马义兵, 等. 重金属污染土壤原位钝化修复研究进展 [J]. 应用生态学报, 2009, 20 (5): 1214~1222.

[40] 任凌伟. 典型矿物材料钝化修复重金属污染农田土壤的作用及机理研究 [D]. 杭州: 浙江大学, 2017.

[41] Uyguner-Demirel C S, Bekbolet M. Significance of analytical parameters for the understanding of natural organic matter in relation to photocatalytic oxidation [J]. Chemosphere, 2011, 84 (8): 1009~1031.

[42] 潘胜强, 王铎, 吴山, 等. 土壤理化性质对重金属污染土壤改良的影响分析 [J]. 环境工程, 2014 (S1): 600~603.

[43] 赵云杰, 马智杰, 张晓霞, 等. 土壤-植物系统中重金属迁移性的影响因素及其生物有效性评价方法 [J]. 中国水利水电科学研究院学报, 2015, 13 (3): 177~183.

[44] 黄昌勇, 徐建明. 土壤学 [M]. 3 版. 北京: 中国农业出版社, 2010.

[45] 杨凤, 丁克强, 刘廷凤. 土壤重金属化学形态转化影响因素的研究进展 [J]. 安徽农业科学, 2014, 42 (29): 10083~10084.

[46] Yang Z, Lu W, Long Y, et al. Assessment of heavy metals contamination in urban topsoil from Changchun City, China [J]. Journal of Geochemical Exploration, 2011, 108 (1): 27~38.

[47] 王莲莲, 杨学云, 杨文静. 土壤碳酸盐几种测定方法的比较 [J]. 西北农业学报, 2013, 22 (5): 144~150.

[48] 旷远文，温达志，周国逸．有机物及重金属植物修复研究进展［J］．生态学杂志，2004，23（1）：90~96.

[49] Lucchini P, Quilliam R S, Deluca T H, et al. Increased bioavailability of metals in two contrasting agricultural soils treated with waste wood-derived biochar and ash［J］．Environmental Science and Pollution Research, 2014, 21（5）: 3230~3240.

[50] 潘胜强，王铎，吴山，等．土壤理化性质对重金属污染土壤改良的影响分析［J］．环境工程，2014（S1）：600~603.

[51] 陈英旭，陈新才，于明革．土壤重金属的植物污染化学研究进展［J］．环境污染与防治，2009，31（12）：42~47.

[52] Leupin O X, Hug S J. Oxidation and removal of arsenic（Ⅲ）from aerated groundwater by filtration through sand and zero-valent iron［J］．Water Research, 2005, 39（9）: 1729~1740.

[53] Xu Y, Zhao D. Reductive immobilization of chromate in water and soil using stabilized iron nanoparticles［J］．Water Research, 2007, 41（10）: 2101~2108.

[54] Vanbroekhoven K, Van Roy S, Gielen C, et al. Microbial processes as key drivers for metal（im）mobilization along a redox gradient in the saturated zone［J］．Environmental Pollution, 2007, 148（3）: 759~769.

[55] 陈怀满．环境土壤学［M］．二版．北京：科学出版社，2018.

[56] 吴曼．土壤性质对重金属铅镉稳定化过程的影响研究［D］．青岛：青岛大学，2011.

[57] Alvarenga P, Goncalves A P, Fernandes R M, et al. Organic residues as immobilizing agents in aided phytostabilization：（Ⅰ）Effects on soil chemical characteristics［J］．Chemosphere, 2009, 74（10）: 1292~1300.

[58] 廉玲，张晓园，袁晓莉．有机质对土壤吸附重金属的影响［J］．大连民族学院学报，2012，14（1）：95.

[59] 沈亚婷．土壤溶解性有机质对植物吸收-输送-贮存重金属的影响研究现状与进展［J］．岩矿测试，2012，31（4）：571~575.

[60] 张大庚，依艳丽，李亮亮，等．水分和有机物料对土壤锌-镉形态及化学性质的影响［J］．农业环境科学学报，2006，25（4）：939~944.

[61] 邓林，李柱，吴龙华，等．水分及干燥过程对土壤重金属有效性的影响［J］．土壤，2014，46（6）：1045~1051.

[62] 王长伟．黏土矿物对重金属污染土壤钝化修复效应研究［D］．天津：天津理工大学，2010.

[63] 林大松，刘尧，徐应明，等．海泡石对污染土壤镉、锌有效态的影响及其机制［J］．北京大学学报（自然科学版），2010，46（3）：346~350.

[64] 王冬柏．五种矿物固化剂对土壤镉污染的原位化学固定修复［D］．长沙：中南林业科技大学，2014.

[65] 蒙冬柳，宋波．沸石在重金属污染土壤修复中的应用进展［J］．吉林农业，2011（3）：200.

[66] 贡铁军，李春萍，郭红江．膨润土对重金属污染土壤的稳定化效果研究［J］．混凝土世界，2017（1）：62~65.

[67] 孙朋成．三种环境材料对土壤铅镉固化及氮肥增效机理研究［D］．北京：中国矿业大学（北京），2016.